高等职业教育教材

环境工程专业实训

王国庆　王宜莹　主编

·北京·

内容简介

本书共十一部分，内容包括绪论、实训数据的处理、环境样品采集、水质监测实训、大气环境监测实训、室内空气质量监测实训、污水处理实训、噪声监测实训、环境微生物实训、环境土壤学实训、固体废物处理与处置实训。

本书可供高等职业院校环境保护类专业使用，也可作为环保工作者的参考用书。

图书在版编目（CIP）数据

环境工程专业实训 / 王国庆，王宜莹主编． -- 北京：化学工业出版社，2025.2． -- （高等职业教育教材）．
ISBN 978-7-122-46956-4

Ⅰ．X5

中国国家版本馆 CIP 数据核字第 2025GM8699 号

责任编辑：王文峡　　　　　文字编辑：张　琳　杨振美
责任校对：田睿涵　　　　　装帧设计：韩　飞

出版发行：化学工业出版社
　　　　　（北京市东城区青年湖南街 13 号　邮政编码 100011）
印　　装：北京盛通数码印刷有限公司
787mm×1092mm　1/16　印张 14¼　字数 332 千字
2025 年 3 月北京第 1 版第 1 次印刷

购书咨询：010-64518888　　　售后服务：010-64518899
网　　址：http://www.cip.com.cn
凡购买本书，如有缺损质量问题，本社销售中心负责调换。

定　　价：49.00 元　　　　　版权所有　违者必究

前言

为适应高等职业院校人才培养的要求,提升实践教学的地位和比重,濮阳职业技术学院环境工程技术专业教研室结合多年的教学实践,编写了这本《环境工程专业实训》教材。为更好地服务教学,教材将专业课程中环境监测、水污染治理技术、土壤污染及治理、大气污染治理技术、环境微生物、固体废物处理与处置等课程中的实训结合起来。本书共十一部分,内容包括:绪论、实训数据的处理、环境样品采集、水质监测实训、大气环境监测实训、室内空气质量监测实训、污水处理实训、噪声监测实训、环境微生物实训、环境土壤学实训、固体废物处理与处置实训。

本教材由濮阳职业技术学院环境工程技术专业教研室成员合作完成,由王国庆、王宜莹担任主编,李双妹、方娜任担任副主编。其中,王国庆、王宜莹编写第一、第五部分,李珊珊编写第二、第三部分,李双妹、朱桐豆编写第四部分,王彦娜编写第六部分,张丽丽编写第七部分,魏姗编写第八部分,董莹编写第九部分,王志韩编写第十部分,方娜编写第十一部分。全书由王宜莹统稿并校对。

本书可供高等职业技术学院环境保护类专业使用,也可作为环保工作者的参考用书。全书在编写过程中参阅了相关书籍和资料,在此一并致谢。

由于时间和水平所限,书中疏漏之处在所难免,敬请读者批评指正。

编者
2024 年 10 月

目 录

第一部分 绪论 001
第一节 环境综合实训的意义 001
第二节 实训教学目的 001
第三节 实训教学要求 002
第四节 实训教学考核 003

第二部分 实训数据的处理 004
第一节 误差 004
第二节 准确度和精密度 006
第三节 工作曲线中可疑值的检验 007
第四节 有效数字及修约规则 008
第五节 实训数据表示方法 009

第三部分 环境样品采集 012
第一节 自然水体和污水样品的采集 012
第二节 大气样品的采集与保存 021
第三节 土壤样品的采集与制备 024

第四部分 水质监测实训 027
实训一 pH值的测定 027
实训二 电导率的测定 028
实训三 浊度的测定（分光光度法）........ 029
实训四 残渣的测定 031
实训五 色度的测定（铂钴标准比色法）........ 032
实训六 溶解氧（DO）的测定（碘量法）........ 033
实训七 氨氮的测定（纳氏试剂分光光度法）........ 035
实训八 水质总磷的测定（钼酸铵分光光度法）........ 038
实训九 游离氯的测定（N,N-二乙基-1,4-苯二胺分光光度法）........ 039
实训十 化学需氧量的测定（重铬酸钾法）........ 042

实训十一　高锰酸盐指数的测定（酸性法）──────── 043
实训十二　生化需氧量的测定 ──────────────── 045
实训十三　六价铬的测定 ────────────────── 049
实训十四　酚类的测定（4-氨基安替比林分光光度法）──── 051
实训十五　石油类和动植物油类的测定（红外分光光度法）── 053
实训十六　阴离子表面活性剂的测定（亚甲蓝分光光度法）── 057

第五部分　大气环境监测实训　061

实训一　大气中二氧化硫的测定（甲醛吸收-盐酸副玫瑰
　　　　苯胺分光光度法）────────────── 061
实训二　大气中氮氧化物的测定（盐酸萘乙二胺分光光度法）── 065
实训三　环境空气 PM_{10} 和 $PM_{2.5}$ 的测定（重量法）────── 070
实训四　总悬浮颗粒物的测定（重量法）─────────── 072
实训五　大气中氯气的测定（甲基橙分光光度法）────── 074
实训六　环境空气中铅的测定（AAS 法）─────────── 076
实训七　环境空气中挥发性有机物的测定（FTIR 法）──── 078
实训八　环境空气中总烃、甲烷和非甲烷总烃的测定
　　　　（气相色谱法）───────────────── 081
实训九　有机氯农药的测定（气相色谱法）──────── 084
实训十　旋风除尘 ───────────────────── 089
实训十一　碱液吸收法净化二氧化硫 ─────────── 092
实训十二　湿法烟气除尘脱硫循环实训 ──────── 095
实训十三　袋式除尘器除尘性能实训 ─────────── 097
实训十四　UV 光解实训 ──────────────────── 099
实训十五　有机废气处理 ────────────────── 100

第六部分　室内空气质量监测实训　103

实训一　甲醛的测定（AHMT 分光光度法）─────────── 103
实训二　苯系物的测定（气相色谱法）──────────── 106
实训三　氨的测定（靛酚蓝分光光度法）─────────── 109
实训四　总挥发性有机化合物的测定（气相色谱法）──── 111

第七部分　污水处理实训　116

实训一　颗粒自由沉淀 ────────────────── 116
实训二　混凝沉淀 ───────────────────── 117
实训三　污泥沉降比（SV）和污泥容积指数（SVI）的测定── 120
实训四　序批式活性污泥法 ──────────────── 122
实训五　活性炭吸附 ──────────────────── 124
实训六　加氯消毒 ───────────────────── 127

实训七　塔式生物滤池 ———————————————— 129
   实训八　过滤 ——————————————————————— 131
   实训九　加压溶气气浮 —————————————————— 134
   实训十　活性污泥的生物相观察 ————————————— 136

第八部分　噪声监测实训　140

   实训一　环境噪声的监测 ————————————————— 140
   实训二　交通噪声的监测 ————————————————— 141
   实训三　工业企业厂界噪声监测 ————————————— 143
   实训四　小区主要噪声源的调查分析 ——————————— 145

第九部分　环境微生物实训　147

   实训一　显微镜的构造及使用 —————————————— 147
   实训二　培养基的制作与灭菌 —————————————— 150
   实训三　微生物的染色 —————————————————— 153
   实训四　细菌的接种、分离纯化及培养 —————————— 155
   实训五　水中细菌总数的测定 —————————————— 160

第十部分　环境土壤学实训　163

   实训一　土壤 pH 值的测定 ——————————————— 163
   实训二　土壤有机质的测定 ——————————————— 165
   实训三　土壤汞的测定 —————————————————— 168
   实训四　土壤速效钾的测定 ——————————————— 170
   实训五　土壤有效磷的测定 ——————————————— 172
   实训六　土壤总铬的测定 ————————————————— 174
   实训七　土壤总砷的测定 ————————————————— 176

第十一部分　固体废物处理与处置实训　179

   实训一　垃圾好氧型填埋实训 —————————————— 179
   实训二　固体废物风力分选实训 ————————————— 181
   实训三　固体废物厌氧发酵实训 ————————————— 184
   实训四　固体废物的破碎实训 —————————————— 186
   实训五　垃圾渗滤液处理模拟实训 ———————————— 189

附录　191

   附录一　《社会生活环境噪声排放标准》(GB 22337—2008)
　　　　　内容摘录 ——————————————————— 191
   附录二　《工业企业厂界环境噪声排放标准》(GB 12348—2008)

　　　　内容摘录 ··· 192
附录三　《环境空气质量标准》(GB 3095—2012)内容摘录 ········ 192
附录四　《大气污染物综合排放标准》(GB 16297—1996)内容摘录 ···· 193
附录五　《室内空气质量标准》(GB/T 18883—2022)内容摘录 ········ 205
附录六　《生活饮用水卫生标准》(GB 5749—2022)内容摘录 ········· 206
附录七　《地表水环境质量标准》(GB 3838—2002)内容摘录 ········· 208
附录八　《地下水质量标准》(GB/T 14848—2017)内容摘录 ·········· 210
附录九　《农田灌溉水质标准》(GB 5084—2021)内容摘录 ············ 212
附录十　《城镇污水处理厂污染物排放标准》(GB 18918—2002)
　　　　内容摘录 ··· 214
附录十一　常用原始数据记录表参考样式 ································· 216

参考文献　219

第一部分 绪 论

第一节 环境综合实训的意义

高等职业教育环境保护类专业许多课程都是以实训为基础的，例如，环境监测、环境影响评价、环境规划、环境管理、污染源控制、环境工程等，而这些专业或课程之间又是相互联系的，单独的某一个课程实训不能将所学的知识贯穿起来，不能综合运用所学知识去解决实际问题。因此，在课程设置时要适当减少课程实训，增加综合性实训。

环境综合实训根据实训的内容和范围分为小综合和大综合。小综合是一类实训项目的多个实训综合。例如，进行一个区域环境监测或一个污染源综合监测，涉及水质的、气体的、固体废物的和噪声的综合监测；在进行环境规划或环境影响评价时，需要进行监测布点、设计监测方案、实施环境监测，对污染源进行调查和监测，再进行规划或评价，这样就需要设计一系列综合性实训，来完成数据的收集与处理。大综合是不同类的实训项目的综合。例如，对一个污水处理工艺实训需要进行采样、监测、系统运行，而这样的一个过程需要化学分析、生物监测、数据处理、确定工艺运行参数等。因此，环境实训项目中没有完全独立存在的，都是相互联系、相互支持的。

综合实训可以理论联系实际，培养观察问题、分析问题和解决问题的能力，提高综合运用知识的能力，提高动手和科研能力，增强创新能力和就业能力。综合实训课应该在专业课基本完成后进行，较大的综合实训项目，可以结合毕业设计、毕业论文写作等进行。

第二节 实训教学目的

实训教学的目的如下：加深对环境化学、环境监测、环境工程、环境微生物学等课程所学理论知识的理解；掌握常用水质、大气、噪声等环境要素的监测方法；掌握常规采样仪器、分析仪器的原理及使用方法；了解各种指标的意义；掌握监测数据的整理、分析、处理方法，包括如何收集数据、如何正确分析和归纳数据、如何运用结果验证已有的概念和理论等；能够对各类污水处理系统进行操作、管理和维护，通过实训确定工艺参数；通过工艺性和设计性实训，了解如何进行实训方案的设计，并初步掌握环境实训研究方法和基本测试技术，运用工艺实训数据进行工程设计，为企业提供咨询和服务。

1. 大气环境监测实训目的

能够设计布点采样方案，制订采样计划；了解便携式大气采样器的工作原理、仪器结构、操作规程，掌握采样器的使用方法；掌握二氧化硫、氮氧化物等的实验室化学分析方法，掌握 TSP、PM_{10}、可沉降颗粒物的质量分析方法；提高现场工作能力和处理问题能力。

2. 室内空气环境质量监测实训目的

根据《室内环境空气质量监测技术规范》，制订某建筑物采样方案；能够正确使用仪器对现场进行监测、采集样品；能够进行实验室内分析，正确书写监测报告。

3. 噪声监测实训目的

对区域和交通噪声进行监测布点，制订噪声监测计划；掌握精密声级计的使用方法；掌握各种声环境的监测方法；对各种噪声量进行计算，达到独立工作的目的；掌握对工业厂界、施工场界噪声监测的基本方法，运用噪声控制的理论和方法进行噪声控制实训。

4. 水监测实训目的

对地面水体、地下水、污染源进行布点采样，正确理解和采用瞬时样、混合样、综合样进行样品的监测；掌握现场测试的基本方法，正确选择实验室分析方法；进行实验室质量控制，保证数据的准确；对数据进行分析与处理，正确剔除离群数据；提高动手能力和研究能力。

5. 污水处理工艺实训目的

针对不同的污水以及出水水质的要求，选择适宜的处理技术与工艺；设计处理方案，制订研究计划；了解各种工艺的优缺点、适用范围，以及所能达到的出水水质；加深对各种工艺的理论和方法的理解，了解各指标之间的关系及控制方法；掌握污水处理过程中污染物去除的基本规律，以改进和提高现有的处理技术及设备，开发新的污水处理技术和设备，实现水处理设备的优化设计和优化控制，解决水处理技术开发中的难题；积累污水处理装置运行、管理和维护的经验。

6. 环境微生物学实训目的

掌握微生物实训的基本原理与方法，培养基的制备与灭菌操作，微生物接种、分离、纯化与培养；掌握微生物镜检技术；可以对污水、垃圾生物处理进行相关的实训研究。

第三节　实训教学要求

一、实训课前预习

为完成好每个实训，在课前必须认真阅读实训教材，清楚地了解实训目的及要求、实训原理和实训内容，写出简明的预习报告。预习报告包括：实训目的、实训方法、实训步骤、注意事项、可能出现的问题、预期结果和准备向老师提出的问题。准备好实训记录表格。实训之前要将预习报告提交给指导老师。

二、综合实训设计

对综合性的实训来说，实训设计是实训的重要环节，掌握实训设计的方法是获得理想结果的基本保证。在实训教学中，宜将此环节的训练放在部分实训项目完成后进行。

三、实训操作

实训前应仔细检查实训设备、仪器仪表是否完整齐全，能否正常运行。实训时要严格按照操作规程认真操作，仔细观察实训现象，精心测定实训数据并详细填写实训记录。实训结束后，要将实训设备和仪器仪表恢复原状，将周围环境整理干净。应注意培养自己严谨的科学态度，养成良好的工作学习习惯。

四、实训数据处理

通过实训取得大量数据以后，必须对数据进行科学的整理分析，以得到正确可靠的结论。

五、编写实训报告

将实训结果整理编写成一份实训报告，是实训教学必不可少的组成部分。这一环节的训练可为今后写好科研论文或科研报告打下基础。实训报告应独立完成，内容应包括：对实训目的和实训原理的认识、实训装置和方法、实训现象的观察与记录、实训数据处理、结果讨论与分析。

对于综合性实训或科研论文，最后还要列出参考文献。

对于分小组完成的实训项目，要提交小组实训报告。在实训过程中和全部实训结束后，由小组长主持全组总结、讨论、交流经验，完成小组实训报告。其内容应包括实训计划、实训日志、观测记录、事故分析、失败原因、计划执行情况评估、对每个人的评估、实训收获、技能提高等。小组实训报告是锻炼团队精神、增强合作意识、提高综合素质的一个重要而有效的教学环节。

第四节　实训教学考核

教学考核是对教学效果进行评估、保证教学质量、不断改革教学内容与方法的重要手段，也是评估学习效果、知识掌握程度、能力和素质提高程度的重要教学环节。而实训教学考核与其他理论课不同，应针对实训教学内容、方法与规律，探索实训课的考核方法，其考核的内容应包括以下几方面：

① 对理论知识的应用能力；
② 动手能力，对实训现象的观察能力，分析问题、解决问题的能力；
③ 工作态度、学习态度、团队合作精神、语言交流能力、提出问题能力；
④ 实训方法、实训结果表述是否正确，实训预习报告、实训报告的正确性、完整性。

对于不同的实训，单项实训和综合实训考核的方法、内容应有所不同。确定一个量化考核评分指标体系，便于更加客观公正地对实训教学进行考核。

第二部分

实训数据的处理

第一节 误差

在定量分析实训中，实训人员往往要用同一种方法对同一个试样进行多次重复测定，即使实训人员技术相当熟练，仪器设备也足够先进，但其测定结果却常常不会完全一致。这说明在定量分析中，测量误差是普遍存在的。

因此，在进行各项测试工作时，既要掌握各种分析测定方法，也要对测量结果进行评价。通过对测量结果的准确性、误差的大小及其产生原因进行分析，可以不断提高测量结果的准确性。

一、误差的种类

根据误差性质的不同，可以分为系统误差、随机误差、过失误差。

1. 系统误差

系统误差又称为可测误差、恒定误差，一般是由某种固定的原因造成的，具有重复性和单向性。根据系统误差产生的性质和原因，又可具体分为以下几种。

（1）方法误差：由分析方法本身所造成的误差。

（2）仪器和试剂误差：仪器误差主要来源于仪器未经校准，或仪器本身不够精确；试剂误差来源于试剂不纯、含有干扰物质等。

（3）操作误差：由操作人员的分析操作不规范所引起的。

（4）主观误差：又称个人误差。由分析人员本身的一些主观因素引起的。

系统误差可通过以下途径进行修正：

① 对同一样品用不同原理的分析方法进行分析；

② 校准仪器；

③ 进行标准物质对比分析；

④ 进行回收率实验；

⑤ 加强操作人员的规范操作培训。

2. 随机误差

随机误差又称为偶然误差，是由一些偶然的原因造成的，如测量过程中的环境温度、湿度、气压的微小波动，仪器的微小变化，操作人员对各份试样处理时的微小差别等。随机误差是可变的，时大时小，时正时负，在实训中是不可避免的，且无规律性。因此，可通过严格控制实训条件、按操作规程正确处理和分析样品、增加测量次数等方法,以减小随机误差。

3. 过失误差

过失误差又称为粗大误差或粗差,是由操作人员在操作过程中不应有的过失或错误造成的。如数据读取错误、记录和运算错误、仪器异常而未纠正、加错试剂等均可造成过失误差。由过失误差所得到的数据,往往都是离群数据,一般情况下,该数据的取舍应当由数理统计的结果来决定。实际上,只要能够保证实训操作规范正确,过失误差是完全可以避免的。

二、误差的表示方法

1. 误差

测量结果（x）与真值（x_T）之间的差值称为**误差**（E）,即

$$E = x - x_T$$

误差越小,说明测量结果与真值越接近,准确度越高;反之,误差越大,准确度越低。误差为正值时,说明测量结果偏高;反之,测量结果偏低。

误差可用绝对误差（E_a）和相对误差（E_r）来表示。

(1) **绝对误差**（E_a）：是单一测量值或多次测量值的平均值与真值之差,即

$$E_a = x - x_T$$

(2) **相对误差**（E_r）：指误差在真值中所占的百分率,即绝对误差与真值的比值,常用百分数表示,即

$$E_r = \frac{E_a}{x_T} \times 100\%$$

2. 偏差

偏差常用来衡量测量结果的精密度,分为绝对偏差、相对偏差、平均偏差、相对平均偏差。

(1) **绝对偏差**（d）：是测量值与平均值之差,即

$$d = x_i - \overline{x}$$

(2) **相对偏差**（d_r）：是绝对偏差与平均值之比,常以百分数表示,即

$$d_r = \frac{d}{\overline{x}} \times 100\%$$

(3) **平均偏差**（$\overline{d}$）：是各次测定偏差的绝对值的平均值,即

$$\overline{d} = \frac{1}{n}(|d_1| + |d_2| + \cdots + |d_n|)$$

(4) **相对平均偏差**：是平均偏差与平均值之比,常以百分数表示,即

$$相对平均偏差 = \frac{\overline{d}}{\overline{x}} \times 100\%$$

3. 标准偏差与相对标准偏差

(1) **差方和**：也称为离差平方或平方和,是指绝对偏差的平方之和,以 S 表示。

$$S = \sum_{i=1}^{n}(x_i - \overline{x})^2$$

(2) **样本方差**：用 s^2 或 V 表示。

$$s^2 = \frac{1}{n-1}\sum_{i=1}^{n}(x_i - \overline{x})^2$$

（3）**样本标准偏差**：用 s 或 s_D 表示。

$$s = \sqrt{\frac{1}{n-1}\sum_{i=1}^{n}(x_i - \overline{x})^2}$$

$$= \sqrt{\frac{S}{n-1}}$$

$$= \sqrt{\frac{\sum_{i=1}^{n}x_i^2 - \frac{\left(\sum_{i=1}^{n}x_i\right)^2}{n}}{n-1}}$$

（4）**样本相对标准偏差**：又称为变异系数，是样本标准偏差在样本平均中所占的百分数，记作 C_V。

$$C_V = \frac{s}{\overline{x}} \times 100\%$$

（5）**总体方差和总体标准偏差**：分别以 σ^2 和 σ 表示。

$$\sigma^2 = \frac{1}{N}\sum_{i=1}^{n}(x_i - \mu)^2$$

$$\sigma = \sqrt{\sigma^2}$$

$$= \sqrt{\frac{1}{N}\sum_{i=1}^{n}(x_i - \mu)^2}$$

式中，N 为总体容量；μ 为总体平均。

（6）**极差**：一组测量值中最大值（$x_{\max}$）与最小值（$x_{\min}$）之差，表示误差的范围，以 R 表示。

$$R = x_{\max} - x_{\min}$$

第二节 准确度和精密度

一、准确度

准确度是指测得值与真值之间的符合程度，用来评价在规定的条件下，样品的测定值（单次测定值或重复测定值的平均）与假定的或公认的真值之间的符合程度。

在实际操作中，即便使用同一种方法分析，多次测定同一样品，也无法保证测定结果完全一致，这说明测定中不可避免地存在误差。因此，分析结果的准确度主要取决于方法的系统误差和随机误差。为了提高分析结果的准确度，必须了解误差的产生原因及其表示方法，尽可能地将误差减小到最小。

根据误差产生的原因不同，可按照以下方法修正误差：严格控制实训条件，按操作规程正确处理和分析样品，增加测量次数，将同一样品用不同原理的分析方法进行分析，校准仪器，进行标准物质对比分析，进行回收率实验，等等。

分析方法的准确度常用绝对误差和相对误差来表示，也可通过分析标准样品、测定加标回收率、比较不同原理的分析测定方法等来对准确度进行评价。

二、精密度

精密度是指在相同条件下，n 次重复测定结果彼此相符合的程度，即在规定的条件下，用同一方法对同一样品进行重复测定，所得结果的一致性或分散程度。

精密度的大小用偏差表示，偏差越小说明精密度越高。具体的表示方法有绝对偏差、相对偏差、平均偏差、相对平均偏差、标准偏差、相对标准偏差、差方和、方差、极差等形式。

在一般的分析工作中，通常多采用平均偏差来表示测量的精密度。而要考虑一种分析方法达到的精密度，判断一批分析结果的分散程度，则常采用标准偏差。

准确度和精密度是两个不同的概念，但它们之间又有一定的联系。测定的精密度高，测定结果也越接近真实值。但不能认为精密度高，准确度也高，因为系统误差的存在并不会影响测定的精密度，相反，如果没有较好的精密度，就很难获得较高的准确度。可以说精密度是保证准确度的先决条件，但是高的精密度不一定能保证高的准确度。

第三节　工作曲线中可疑值的检验

在实际分析测定工作中，往往需要对同一样品进行多次平行测定，以减小误差对测定的影响。但是在重复多次测定时，有时会出现个别测量值偏离其他测量值较远的情况，该异常数值称为**可疑值**或**离群值**。对于可疑值是否应该舍去，一般情况下可用以下两种方法进行检验。

一、四倍法

四倍法通常又称为 $4\bar{d}$ 检验法。该检验法的要点有以下几点。

（1）先找出数据中的可疑值 $Z_{可疑}$。

（2）找出除可疑值 $Z_{可疑}$ 外其余数据的平均值 $\bar{x}$ 和平均偏差 $\bar{d}$。

（3）根据可疑值 $Z_{可疑}$ 偏离平均值 $\bar{x}$ 的大小，判断可疑值的取舍：

若 $|Z_{可疑}-\bar{x}| \geqslant 4\bar{d}$，则该可疑值可舍去；

若 $|Z_{可疑}-\bar{x}| \leqslant 4\bar{d}$，则该可疑值保留。

用四倍法处理可疑值的取舍是有较大误差的，所以只适用于处理测定 4~8 个数据的实训中，其应用具有一定的局限性。但是由于该法简单，且不必查表，故至今仍为人们所采用，仅限于要求不高的数据处理方面。

二、Q 检验法

当测定次数满足 3~10 次时，根据所要求的置信度，可按照下列步骤，用 Q 检验法判断可疑值的取舍。

(1) 将该组数据按照从小到大的顺序依次排列：$x_1, x_2, x_3, \ldots, x_n$。

(2) 求出该组数据的极差 R，即最大值与最小值之差：

$$R = x_n - x_1$$

(3) 求出邻差，即可疑值与其最邻近数据之间的差：

$$x_n - x_{n-1} \text{ 或 } x_2 - x_1$$

(4) 求出 Q 值：

$$Q = \text{邻差}/\text{极差}$$

若可疑值为 x_1，则 $Q = (x_2 - x_1)/(x_n - x_1)$；

若可疑值为 x_n，则 $Q = (x_n - x_{n-1})/(x_n - x_1)$。

(5) 根据测定次数 n 和要求的置信度，查表 2-1，得 $Q_表$。

表 2-1 舍弃可疑值的 Q 值（置信度为 90% 和 95% 时）

测定次数	3	4	5	6	7	8	9	10
$Q_{0.90}$	0.94	0.76	0.64	0.56	0.51	0.47	0.44	0.41
$Q_{0.95}$	1.53	1.05	0.86	0.76	0.69	0.64	0.60	0.58

(6) 比较 Q 与 $Q_表$ 的大小，若 $Q > Q_表$，则该可疑值可舍去；若 $Q < Q_表$，则该可疑值应保留。

在三个以上数据中，需要对一个以上的数据用 Q 检验法决定取舍时，应首先检查相差较大的数据。

第四节 有效数字及修约规则

在定量分析中，分析结果不仅表达的是试样中待测组分的含量，同时还反映了分析测定的准确程度。因此，在整个实训过程中，实训数据的记录和计算与实训步骤的准确操作同样重要。实训数据的记录和计算结果保留几位数字要根据分析方法的准确度、分析仪器等来决定。

一、有效数字

在科学试验中，对任一物理量的测定，其结果的准确度都是有一定限度的。只有用有效数字表示的测定结果，才能精确地表示数字的有效意义。例如，读取分析天平的读数，甲为 1.3651g，乙为 1.3652g，丙为 1.3653g，这几个测定结果中，由于最后 1 位是估读的，所以稍有差别，而前 4 位数字都一样，是很准确的。一个**有效数字**，其倒数第 2 位以上的数字应该是可靠的，即是确定的数字，而末位数字是可疑的，即是不确定的。因此，有效数字由确定的数字和一位不确定的数字构成。所以，由有效数字表示的数据必然是近似值，实训过程中测定值的记录和实训报告必须按有效数字的运算规则进行。

表示测定结果时，"0"的记录要特别注意，主要与"0"在有效数字中的位置有关。

当它用于表示与准确度有关的数字时，即为有效数字；若用于指示小数点的位置，不表示测定的准确度时，则不是有效数字。具体如下。

（1）在第一个非零数字前的"0"不是有效数字。例如，0.0045，有两位有效数字；0.004，则有一位有效数字。

（2）非零数字及其后的"0"是有效数字。例如，4.0056，有五位有效数字；4.056，则有四位有效数字。

（3）小数中最后一个非零数字后的"0"都是有效数字。例如，4.5600，有五位有效数字；4.560，则有四位有效数字。

（4）以零结尾的整数，有效数字的位数难以判断，建议根据有效数字的准确度改写为科学记数法表述。例如，45600，若要求保留三位有效数字，则可表示成 4.56×10^4；若要求保留四位有效数字，则可表示成 4.560×10^4。

在环境综合实训中，还常会遇到倍数、分数关系，这些数据不是测量所得到的，所以可视为无限多位有效数字。

对于环境综合实训中出现的 pH、lg$K$ 等对数值，其有效数字的位数取决于小数部分（尾数）数字的位数，因其整数部分只代表该数的方次。例如，pH=11.20，其有效数字为两位，而不是四位，当其换算成 H^+ 浓度时，应为 $[H^+] = 6.3 \times 10^{-12} \text{mol/L}$。

二、数字修约规则

目前一般采用"四舍六入五成双"规则。

（1）当测量值中被修约的数字小于或等于4时，该数字舍去。例如，将3.148修约成两位有效数字，得3.1。

（2）当测量值中被修约的数字大于或等于6时，进位。例如，将3.148修约成三位有效数字，得3.15。

（3）当测量值中被修约的数字等于5时，若进位后末位数为偶数则进位，若进位后末位数为奇数则舍去。例如，将75.5修约成两位有效数字，得76。

（4）当测量值中被修约的数字等于5时，如果其后还有数字，则该数字以进位为宜。例如，将2.451修约成两位有效数字，得2.5；将83.5009修约成两位有效数字，得84。

（5）对有效数字进行修约时，只允许对原测量值一次修约到位，不能分次修约。例如，将2.5491修约成两位有效数字，不能先修约为2.55，再修约为2.6，而应一次修约为2.5。

第五节 实训数据表示方法

在对实训数据进行误差分析后，实训结果一般用列表表示法、图形表示法、函数表示法等进行表示，可以选用其中的一种，也可同时使用两种或两种以上方法。

一、列表表示法

列表表示法是以表格的形式对实训结果进行表达，即反映的是实训数据中的自变量、因变量之间的关系。该表示方法具有简单易操作、形式紧凑、实训数据容易参考对比等优点，便于阅读、理解和查询，但不适用于进行理论分析。

完整的表格应包括表的序号、表题、表内项目的名称和单位、备注等内容。

在制作表格时，还应注意下述几点。

（1）表格的形式要规范，排列要科学，重点要突出。每一表格均应有一完整又简明的名称。一般将每个表格分成若干行和若干列，每一变量应占表格中的一行或一列。

（2）在表格中，每一行的第一列（或每一列的第一行）是变量的名称及量纲。使用的物理量单位和符号要标准化。

（3）同一项目（每一行或列）所记的数据，应注意其有效数字的位数尽量一致，并将小数点对齐，以便查对数据。

二、图形表示法

图形表示法，即利用测定的实训数据，通过正确的作图方法，画出合适的直线或曲线，以图的形式表达实训结果。该法的优点是各实训数据间的相互关系简明直观，能清楚地显示研究对象的变化规律，便于比较，而且从图上也能轻易地找出所需的数据，还可以用外推法或内插法求得实训难以直接获得的物理量和数据。

图形表示法的一般步骤及规则如下。

1. 坐标纸的选择

常用的坐标纸有直角坐标纸、半对数坐标纸、双对数坐标纸等。可根据各变量间的关系，确定选用哪一种坐标纸。

2. 坐标轴的确定

一般以自变量为 x 轴，因变量（函数）为 y 轴。坐标轴上的分度值和单位的选择要合理，要使测量数据在坐标图中处于适当的位置，不使数据群落点偏上或偏下，不致使图形细长或扁平。如果某一物理量的起始与终止的范围过大，可考虑采用对数坐标轴。各坐标的比例和分度，原则上要与原始数据的精密度一致，与实训数据的有效数字相对应，以便很快从图上读出任一点的坐标值。

3. 描点、作曲线

将数据标在坐标图上时，每个数据可用"·"来表示，该点称为实验点、数据点或代表点。该点的中心应与数据的坐标相重合，点的面积大小应代表测量的精密度，不可太大或太小。如果同一坐标图中要表示多条曲线，则以不同的符号分别表示，且要注明各符号所代表的意义。

作曲线的方法通常有以下两种：

（1）数据较少时，不易确定自变量和因变量之间的对应关系，或二者之间呈现的不一定是函数关系时，可直接将各点以直线相连接；

（2）当数据充分，且自变量和因变量之间呈现函数关系时，则可作出光滑的连续曲线。

三、函数表示法

用一定的数学方法将实训数据进行处理，可得出实训参数的函数关系式，这种关系式也称经验公式。

当通过实训得到一组数据之后，可用该组数据在坐标纸上粗略地描述一下，看其变化趋势是接近直线还是曲线。如果接近直线，则可认为其函数关系是线性的，就可用线性函数关系公式进行拟合，用最小二乘法求出线性函数关系的系数。

　　用函数形式表达实训结果，不仅给微分、积分、外推或内插等运算带来极大的方便，而且便于进行科学讨论和交流。随着计算机的普及，用函数形式来表达实训结果的应用越来越广泛。

第三部分

环境样品采集

第一节 自然水体和污水样品的采集

为了能够真实反映自然水体、工业企业排放的废水、污水处理设施进水和出水的质量，除了分析方法标准化和操作程序规范化之外，要特别注意水样的采集和保存。首先，采集的样品要能代表水体的质量。其次，采样后易发生变化的成分应在现场测定，带回实验室的样品，在测试之前要妥善保存，确保样品在保存期间不发生明显的物理、化学、生物学变化。

采样的地点、时间和采样频率，应根据监测目的，水质的均一性，水质的变化，采样的难易程度，所采用的分析方法，有关的环境保护法规、条例、规范，以及人力、物力等因素综合考虑。

一、水样的分类

1. 综合水样

从不同采样点同时采集的各个瞬时水样混合起来所得到的样品称为**综合水样**。综合水样在各点的采样时间虽然不能同步进行，但越接近越好，以便得到可以对比的资料。

综合水样是获得平均浓度的重要方式，有时需要把代表断面上的各点或几个污水排放口的污水按相对比例流量混合，取其平均浓度。

什么情况下采集综合水样，视水体的具体情况和采样目的而定。例如，为几条排污河渠建设综合处理厂，从各河道取样分析就不如综合水样更为科学合理，因为不同污水的相互反应可能对设施的处理性能及污水成分产生显著的影响，取综合水样可得到更科学、更准确的数据。相反，有些情况单独取样更合理，如湖泊或水库在深度和水平方向常出现组分上的变化，这种情况下，大多数的平均值或总值的变化不显著，局部变化明显，综合水样不能反映空间上的变化规律。

2. 瞬时水样

对于组成较稳定的水体，或水体的组成在相当长的时间和相当大的空间范围内变化不大时，瞬时样品具有很好的代表性。当水体的组成随时间发生变化时，则要在适当时间间隔内进行瞬时采样，分别对样品进行分析，测出水质变化的程度、频率和周期。当水体的组成发生空间变化时，就要在各个相应的部位采样。

3. 混合水样

在大多数情况下，所谓**混合水样**是指在同一采样点上于不同时间所采集的瞬时样的混合样,有时用"时间混合样"的名称与其他混合样相区别。时间混合样在观察平均浓度时非常有用。当不需要测定每个水样而只需要平均值时,混合水样能节省监测分析工作量,减少试剂等的消耗。混合水样不适用于测定成分在水样储存过程中发生明显变化的水样,如挥发酚、油类、硫化物等。

如果污染物在水中的分布随时间而变化,必须采集"**流量比例混合样**",即按一定的流量采集适当比例的水样(例如每10t采样100mL)混合而成。往往使用流量比例采样器完成水样的采集。

4. 平均污水样

对于排放污水的企业而言,生产的周期性影响着排污的规律性。为了得到具有代表性的污水样(往往要求得到平均浓度),应根据排污情况进行周期性采样。不同的工厂、车间生产周期长短不相同,排污的周期性差别也很大。一般来说,应在一个或几个生产排放周期内,按一定的时间间隔分别采样。对于性质稳定的污染物,可对分别采集的样品进行混合后一次测定;对于不稳定的污染物可在分别采样、分别测定后取平均值为代表。

生产的周期性也影响污水的排放量,在排放量不稳定的情况下,可将一个排污口不同时间的污水样,依照流量的大小,按比例混合,可得到称之为平均比例混合的污水样。这是获得平均浓度最常采用的方法,有时需将几个排污口水样按比例混合,用以代表瞬时综合排污浓度。

5. 其他水样

监测洪水期或退水期的水质变化,调查水污染事故的影响等都必须采集相应的水样。采集这类水样时,须根据污染物进入水系的位置和扩散方向布点并采样,一般采集瞬时水样。

二、地表水和地下水水样的采集

1. 水样的类型

(1)表层水:在河流、湖泊可以直接汲水的场合,可用适当的容器如水桶采样;从桥上等地方采样时,可将系着绳子的聚乙烯桶或带有坠子的采样瓶投于水中汲水。要注意采集的水样中不能混入漂浮于水面上的物质。

(2)一定深度的水:在湖泊、水库等处采集一定深度的水时,可用直立式或有机玻璃采水器。这类装置在下沉过程中,水从采样器中流过,当达到预定的深度时,容器能够闭合从而汲取水样。在河水流动缓慢的情况下,采用上述方法时,最好在采样器下系上适宜重量的坠子,当水深流急时要系上相应重的铅鱼,并配备绞车。

(3)泉水、井水:对于自喷的泉水,可在涌口处直接采样;采集不自喷泉水时,将停滞在抽水管的水汲出,待新水更替之后再进行采样;从井水采集水样,必须在充分抽汲后进行,以保证水样能代表地下水水源。

(4)自来水或抽水设备中的水:采集这些水样时,应先放水数分钟,使积留在水管中的杂质及陈旧水排出,然后再取样。

采集水样前,应先用水样洗涤采样容器、盛样瓶及塞子2~3次(油类除外)。

2. 地表水采样的注意事项

(1)采样时不可搅动水底的沉积物。

（2）采样时应保证采样点的位置准确。必要时使用定位仪定位。

（3）认真填写"水质采样记录表"，用签字笔或硬质铅笔在现场记录，字迹应端正、清晰，项目应完整。

（4）保证采样按时、准确、安全。

（5）采样结束前，应核对采样计划、记录与水样，如有错误或遗漏，应立即补采或重来。

（6）如采样现场水体很不均匀，无法采到有代表性的样品，则应详细记录不均匀的情况和实际采样情况，供使用该数据者参考，并将此现场情况向生态环境行政主管部门反映。

（7）测定油类的水样，应在水面至水下300mm处采集柱状水样，单独采样，全部用于测定。采样瓶（容器）不能用采集的水样冲洗。

（8）测定溶解氧、生化需氧量和有机污染物等项目时，水样必须注满容器，不留空间，并有水封口。

（9）如果水样中含沉降性固体（如泥沙等），则应分离除去。分离方法为：将所采水样摇匀后倒入筒形玻璃容器（如1~2L量筒），静置30min，将已不含沉降性固体但含有悬浮性固体的水样移入样品容器并加入保存剂。测定总悬浮物和油类的水样除外。

（10）测定COD、高锰酸盐指数、叶绿素a、总氮、总磷时，水样静置30min后，用吸管一次或几次移取水样，吸管进水尖嘴应插至水样表层50mm以下位置，再加保存剂保存。

（11）测定油类、BOD_5、DO、硫化物、余氯、粪大肠菌群、悬浮物、放射性等项目要单独采样。

3. 水质采样记录

《地表水和污水监测技术规范》（HJ/T 91—2002）要求的水质采样记录表中（表3-1），一般包括采样现场描述与现场测定项目两部分内容，均应认真填写。

表3-1 水质采样记录表

监测站名＿＿＿＿＿＿＿＿＿＿ 年　度＿＿＿＿＿＿＿＿＿＿

编号	河流(湖库)名称	采样时间	断面名称	采样位置			气象参数					现场测定记录							备注
				断面号	垂线号	点位号	水深/m	气温/℃	气压/kPa	风向	风速/(m/s)	相对湿度/%	流速/(m/s)	流量/(m³/s)	水温/℃	pH	溶解氧/(mg/L)	透明度/cm	电导率/(μS/cm)	感官指标描述	

采样人员：＿＿＿＿＿＿＿＿＿＿ 　　　　　　　　　　　　　　　记录人员：＿＿＿＿＿＿＿＿＿＿

(1) **气象参数**：气温、气压、风向、风速、相对湿度等。

(2) **水文参数**：水文测量应按《河流流量测验规范》(GB 50179—2015) 进行。潮汐河流各点位采样时，还应同时记录潮位。

(3) **水温**：用经检定的温度计直接插入采样点测量。深水温度用电阻温度计或颠倒温度计测量。温度计应在测点放置 5~7min，待测得水温恒定不变后读数。

(4) **pH**：用测量精度为 0.1 的 pH 计测定。测定前应清洗电极和校正仪器。

(5) **溶解氧**：用膜电极法（注意防止膜上附着微小气泡）测定。

(6) **透明度**：用塞氏盘法测定。

(7) **电导率**：用电导率仪测定。

(8) **氧化还原电位**：用铂电极和甘汞电极以 mV 计或 pH 计测定。

(9) **浊度**：用目视比色法或浊度仪测定。

(10) 水样感官指标的描述

① **颜色**：用相同的比色管，分取等体积的水样和蒸馏水作比较，进行定性描述。

② **水的气味**（嗅）、水面有无油膜等均应作现场记录。

三、污水样品的采集

1. 采样频次

(1) **监督性监测**：地方环境监测站对污染源的监督性监测每年不少于 1 次，如被国家或地方生态环境行政主管部门列为年度监测的重点排污单位，应增加到每年 2~4 次。因管理或执法的需要所进行的抽查性监测由各级生态环境行政主管部门确定。

(2) **企业自控监测**：工业污水按生产周期和生产特点确定监测频次。一般每个生产周期不得少于 3 次。

(3) 对于污染治理、环境科研、污染源调查和评价等工作中的污水监测，其采样频次可以根据工作方案的要求另行确定。

(4) 根据管理需要进行调查性监测，监测站事先应对污染源单位正常生产条件下的一个生产周期进行加密监测。周期在 8h 以内的，1h 采 1 次样；周期大于 8h 的，每 2h 采 1 次样，但每个生产周期采样次数不少于 3 次。采样的同时需测定流量。根据加密监测结果，绘制污水污染物排放曲线（浓度-时间、流量-时间、总量-时间），并与所掌握资料对比，如基本一致，即可据此确定企业自行监测的采样频次。

(5) 排污单位如有污水处理设施并能正常运行使得污水稳定排放，则污染物排放曲线比较平稳，监督监测可以采集瞬时水样；对于排放曲线有明显变化的不稳定排放污水，要根据曲线情况分时间单元采样，再组成混合样品。正常情况下，混合样品的单元采样不得少于两次。如排放污水的流量、浓度甚至组分都有明显变化，则在各单元采样时的采样量应与当时的污水流量成比例，以使混合样品更有代表性。

2. 污水采样方法

(1) 污水的监测项目按照不同行业类型有不同要求：在分时间单元采集样品时，测定 pH、COD、BOD_5、DO、硫化物、油类、有机物、余氯、粪大肠菌群、悬浮物、放射性等项目的样品，不能混合，只能单独采样。

(2) **不同监测项目要求**：对不同的监测项目应选用的容器材质、加入的保存剂及其用量与保存期、应采集的水样体积和容器的洗涤方法等见表 3-2。

表 3-2　水样的保存、采样体积及容器洗涤方法

项目	采样容器	保存剂及用量	保存期	采样量/mL[①]	容器洗涤方法
浊度[②]	G 或 P		12h	250	I
色度[②]	G 或 P		12h	250	I
pH[②]	G 或 P		12h	250	I
电导率[②]	P		12h	250	I
悬浮物[③]	G 或 P		14d	500	I
碱度[③]	G 或 P		12h	500	I
酸度[③]	G 或 P		30d	500	I
COD	G	加 H_2SO_4,pH≤2	2d	500	I
高锰酸盐指数[③]	G		2d	500	I
DO[②]	溶解氧瓶	加入硫酸锰,碱性 KI 叠氮化钠溶液,现场固定	24h	500	I
BOD_5[③]	溶解氧瓶		12h	250	I
TOC[③]	G	加 H_2SO_4,pH≤2	7d	250	I
F^-[③]	P		14d	250	I
Cl^-[③]	G 或 P		30d	250	I
Br^-[③]	G 或 P		14d	250	I
I^-	G 或 P	NaOH,pH=12	14h	250	I
SO_4^{2-}[③]	G 或 P		30d	250	I
PO_4^{3-}	G 或 P	NaOH,H_2SO_4,调 pH=7,$CHCl_3$ 0.5%	7d	250	IV
总磷	G 或 P	HCl,H_2SO_4,调 pH≤2	24h	250	IV
氨氮	G 或 P	H_2SO_4,pH≤2	24h	250	I
NO_2^--N[③]	G 或 P		24h	250	I
NO_3^--N[③]	G 或 P		24h	250	I
总氮	G 或 P	H_2SO_4,pH 为 1~2	7d	250	I
硫化物	G 或 P	1L 水样加 NaOH 至 pH=9,加入 5%抗坏血酸 5mL,饱和 EDTA 3mL,滴加饱和乙酸锌至胶体产生,常温避光	24h	250	I
总氰化物[③]	G 或 P	NaOH 调 pH≥9	7d	250	I
Be	G 或 P	HNO_3,1L 水样中加浓 HNO_3 10mL	14d	250	III
B	P	HNO_3,1L 水样中加浓 HNO_3 10mL	14d	250	I
Na	P	HNO_3,1L 水样中加浓 HNO_3 10mL	14d	250	II
Mg	G 或 P	HNO_3,1L 水样中加浓 HNO_3 10mL	14d	250	II
K	P	HNO_3,1L 水样中加浓 HNO_3 10mL	14d	250	II
Ca	G 或 P	HNO_3,1L 水样中加浓 HNO_3 10mL	14d	250	II
Cr(VI)	G 或 P	NaOH,pH=8~9	14d	250	III

续表

项目	采样容器	保存剂及用量	保存期	采样量/mL[①]	容器洗涤方法
Mn	G 或 P	HNO_3,1L 水样中加浓 HNO_3 10mL	14d	250	Ⅲ
Fe	G 或 P	HNO_3,1L 水样中加浓 HNO_3 10mL	14d	250	Ⅲ
Ni	G 或 P	HNO_3,1L 水样中加浓 HNO_3 10mL	14d	250	Ⅲ
Cu	P	HNO_3,1L 水样中加浓 HNO_3 10mL	14d	250	Ⅲ
Zn	P	HNO_3,1L 水样中加浓 HNO_3 10mL	14d	250	Ⅲ
As	G 或 P	HNO_3,1L 水样中加浓 HNO_3 10mL（DDTC 法，HCl 2mL）	14d	250	Ⅲ
Se	G 或 P	HCl,1L 水样中加浓 HCl 2mL	14d	250	Ⅲ
Ag	G 或 P	HNO_3,1L 水样中加浓 HNO_3 2mL	14d	250	Ⅲ
Cd	G 或 P	HNO_3,1L 水样中加浓 HNO_3 10mL[④]	14d	250	Ⅲ
Sb	G 或 P	HCl,0.2%（氢化物法）	14d	250	Ⅲ
Hg	G 或 P	HCl 1%,如水样为中性,1L 水样中加浓 HCl 10mL	14d	250	Ⅲ
Pb	G 或 P	HNO_3,1%,如水样为中性,1L 水样中加浓 HNO_3 10mL[④]	14d	250	Ⅲ
油类	G	加入 HCl 至 pH≤2	7d	250	Ⅱ
除草剂类[③]	G	加入抗坏血酸 0.01~0.02g 除去残余氯	24h	1000	Ⅰ
邻苯二甲酸酯类[③]	G	加入抗坏血酸 0.01~0.02g 除去残余氯	24h	1000	Ⅰ
挥发性有机物[③]	G	用(1+10)HCl 调至 pH≤2,加入 0.01~0.02g 抗坏血酸除去残余氯	12h	1000	Ⅰ
甲醛[③]	G	加入 0.2~0.5g/L 硫代硫酸钠除去残余氯	24h	250	Ⅰ
酚类[③]	G	用 H_3PO_4 调至 pH≤2,用 0.01~0.02g 抗坏血酸除去残余氯	24h	1000	Ⅰ
阴离子表面活性剂[③]	G 或 P	用 H_2SO_4 酸化,pH 为 1~2	2d	500	Ⅳ

注：1. G 为硬质玻璃瓶；P 为聚乙烯瓶（桶）。

2. Ⅰ、Ⅱ、Ⅲ、Ⅳ表示四种洗涤方法，如下：

Ⅰ：洗涤剂洗一次，自来水洗三次，蒸馏水洗一次；

Ⅱ：洗涤剂洗一次，自来水洗两次，(1+3)HNO_3 荡洗一次，自来水洗三次，蒸馏水洗一次；

Ⅲ：洗涤剂洗一次，自来水洗两次，(1+3)HNO_3 荡洗一次，自来水洗三次，去离子水洗一次；

Ⅳ：铬酸洗液洗一次，自来水洗三次，蒸馏水洗一次。

如果采集污水样品可省去用蒸馏水、去离子水清洗的步骤。

3. 经 160℃干热灭菌 2h 的微生物、生物采样容器，必须在两周内使用，否则应重新灭菌；经 121℃高压蒸气灭菌 15min 的采样容器，如不立即使用，应于 60℃将瓶内冷凝水烘干，两周内使用。细菌监测项目采样时不能用水样冲洗采样容器，不能采混合水样，应单独采样后 2h 内送实验室分析。

① 为单项样品的最少采样量。

② 为应尽量作现场测定。

③ 为低温（0~4℃）避光保存。

④ 如用溶出伏安法测定，可改用 1L 水样中加 19mL 浓 $HClO_4$。

(3) 自动采样：用自动采样器进行，包含时间比例采样和流量比例采样。当污水排放量较稳定时要采用时间比例采样，否则必须按流量比例采样。

所用的自动采样器必须符合国家要求。

(4) 实际采样位置的设置：实际的采样位置应在采样断面的中心。当水深大于1m时，应在表层下1/4深度处采样；水深小于或等于1m时，在水深的1/2处采样。

3. 注意事项

(1) 用样品容器直接采样时，必须用水样冲洗三次后再行采样。但当水面有浮油时，采油的容器不能冲洗。

(2) 采样时应注意除去水面的杂物、垃圾等漂浮物。

(3) 用于测定悬浮物、BOD_5、硫化物、油类、余氯的水样，必须单独定容采样，全部用于测定。

(4) 在选用特殊的专用采样器（如油类采样器）时，应按照采样器的使用方法采样。

(5) 采样时应认真填写"污水采样记录表"，表中应有以下内容：污染源名称、监测目的、监测项目、采样点位、采样时间、样品编号、污水性质、污水流量、采样人姓名及其他有关事项等。

(6) 凡需现场监测的项目，应进行现场监测。其他注意事项可参见地表水质监测的采样部分。

4. 污水采样时的流量测量

我国目前对COD_{Cr}、石油类、Cr^{6+}、Pb、Cd、Hg、As和氰化物实施排污总量控制，而流量测量是排污总量监测的关键。

(1) 流量测量原则如下。

① 污染源的污水排放渠道，在已知其"流量-时间"排放曲线波动较小，用瞬时流量代表平均流量所引起的误差可以允许时（小于10%），则在某一时段内的任意时间测得的瞬时流量乘以该时段的时间即为该时段的流量。

② 如排放污水的"流量-时间"排放曲线虽有明显波动，但其波动有固定的规律，可以用该时段中几个等时间间隔的瞬时流量来计算出平均流量，则可定时进行瞬时流量测定，在计算出平均流量后再乘以时间得到流量。

③ 如排放污水的"流量-时间"排放曲线既有明显波动又无规律可循，则必须连续测定流量，流量对时间的积分即为总流量。

(2) 流量测量方法如下。

① 污水流量计法：污水流量计的性能指标必须符合污水流量计技术要求。

② 其他测流量方法如下。

a. 容积法：将污水纳入已知容量的容器中，测定其充满容器所需要的时间，从而计算污水流量的方法。该法简单易行，测量精度较高，适用于计量污水流量较小的连续或间歇排放的污水。但溢流口与受纳水体应有适当落差或能用导水管形成落差。

b. 流速仪法：通过测量排污渠道的过水截面积，以流速仪测量污水流速，计算污水流量。适当地选用流速仪，可实现对宽范围的流量进行测量。该法多用于渠道较宽的污水流量测量。测量时需要根据渠道深度和宽度确定点位垂直测点数和水平测点数。该方法简单，但易受污水水质影响，难以用于污水流量的连续测定。排污截面底部需坚硬平滑，截面形状为规则几何形，排污口处有 3~5m 的平直过流水段，且水位高度不小于 0.1m。

c. 量水槽法：在明渠或涵管内安装量水槽，测量其上游水位从而计量污水流量，常用的有巴氏槽。量水槽法与溢流堰法相比，都可以获得较高的精度（±2%~±5%）和进行连续自动测量。其优点为水头损失小，壅水高度小，底部冲刷力大，不易沉积杂物。但造价较高，施工要求也较高。

d. 溢流堰法：指在固定形状的渠道上安装特定形状的开口堰板，过堰水头与流量有固定关系，据此测量污水流量。根据污水流量大小可选择三角堰、矩形堰、梯形堰等。溢流堰法精度较高，在安装液位计后可实现连续自动测量。为进行连续自动测量液位，已有的传感器有浮子式、电容式、超声波式和压力式等。利用堰板测量流量时，堰板的安装会造成一定的水头损失。另外，固体沉积物在堰前堆积或藻类等物质在堰板上黏附均会影响测量精度，必须经常清除。

在排放口处修建的明渠式测流段要符合流量堰（槽）的技术要求。以上方法均可选用，但在选定方法时，应注意各自的测量范围和所需条件。在以上方法无法使用时，可用统计法。

③ 如污水为管道排放，所使用的电磁式或其他类型的流量计应定期进行计量检定。

四、水样的保存与运输

1. 水样的保存

（1）导致水质变化的因素：水样采集后，应尽快送到实验室分析。样品久放，受下列因素影响，某些组分的浓度可能会发生变化。

① **生物因素**：微生物的代谢活动，如细菌、藻类和其他生物的作用可改变许多被测物的化学形态，它们可影响许多测定指标的浓度，主要反映在 pH、溶解氧、生化需氧量、CO_2、碱度、硬度、磷酸盐、硫酸盐、硝酸盐和某些有机化合物的浓度变化上。

② **化学因素**：测定组分可能被氧化或还原，如六价铬在酸性条件下易被还原为三价铬，低价铁可氧化成高价铁，铁、锰等价态的改变可导致某些沉淀溶解、聚合物产生或解聚作用的发生，如多聚无机磷酸盐、聚硅酸盐等，这些均能导致测定结果与水样实际情况不符。

③ **物理因素**：温度、静置或振动、光照、敞露或密封等保存条件及容器材质都会影响水样的性质。如长期静置会使 $Al(OH)_3$、$CaCO_3$ 及 $Mg_3(PO_4)_2$ 等沉淀，温度升高或强振动会使得氧、氰化物及汞等挥发。此外，某些容器的内壁能不可逆地吸附一些有机物或金属化合物等。

（2）**水样保存方法**主要有以下几种。

① **冷藏或冷冻**：样品在 4℃冷藏或将水样迅速冷冻，贮存于暗处，可以抑制生物活动，减缓物理挥发作用和化学反应速率。

冷藏是短期内保存样品的一种较好方法，对测定基本无影响。但需要注意冷藏保存不能超过规定的保存期限，冷藏温度必须控制在 4℃左右。温度太低（例如≤0℃），因水样结冰，体积膨胀，使玻璃容器破裂，或样品瓶盖被顶开导致失去密封，样品受沾污。温度太高则达不到冷藏目的。

② **加入化学保存剂**

a. 控制溶液 pH 值：测定金属离子的水样常用硝酸酸化至 pH 为 1~2，既可以防止重金属的水解沉淀，又可以防止金属在器壁表面上的吸附，同时在 pH 为 1~2 的酸性介质中还能抑制生物的活动。用此法保存，大多数金属可稳定数周或数月。测定氰化物的水样需加氢氧化钠调至 pH 为 12。测定六价铬的水样应加氢氧化钠调至 pH 为 8，因在酸性介质中，六价铬的氧化电位高，易被还原。保存总铬的水样，则应加硝酸或硫酸至 pH 为 1~2。

b. 加入抑制剂：为了抑制生物作用，可在样品中加入生物抑制剂。如在测氨氮、硝酸盐氮和 COD 的水样中，加入氯化汞或加入三氯甲烷、甲苯作防护剂以抑制生物对亚硝酸盐、硝酸盐、铵盐的氧化还原作用。在测酚水样中用磷酸调溶液的 pH 值，加入硫酸铜以控制苯酚降解菌的活动。

c. 加入氧化剂：水样中痕量汞易被还原，引起汞的挥发性损失，加入硝酸-重铬酸钾溶液可使汞维持在高氧化态，汞的稳定性大为改善。

d. 加入还原剂：测定硫化物的水样，加入抗坏血酸对保存有利。含余氯水样，能氧化氰离子，可使酚类、烃类、苯系物氯化生成相应的衍生物，为此在采样时加入适量的硫代硫酸钠予以还原，除去余氯干扰。

样品保存剂如酸、碱或其他试剂在采样前应进行空白试验，其纯度和等级必须达到分析的要求。

(3) **水样的保存条件**：不同监测项目样品的保存条件见表 3-2，可作为水环境监测保存样品的一般条件。此外，由于地表水、废水（或污水）样品的成分不同，同样的保存条件很难保证对不同类型样品中的待测物都是可行的。因此，在采样前应根据样品的性质、组成和环境条件，检验保存方法或选用的保存剂的可靠性。经研究表明，污水或受纳污水的地表水在测定重金属 Pb、Cd、Cu、Zn 等时，往往需加入酸达到 1%，才能保证重金属不沉淀或不被容器壁吸附。

2. 水样的管理与运输

(1) **水样的管理**：样品是从各种水体及各类型污水中取得的实物证据和资料，水样妥善而严格的管理是获得可靠监测数据的必要手段。

对需要现场测定的项目，如 pH 值、电导率、温度、溶解氧、流量等应按表 3-3 记录，并妥善保管现场记录。

表 3-3 采样现场数据记录

采样人员：

采样地点	样品编号	采样日期	时间		pH	温度	其他参量	
			采样开始	采样结束				

水样采集后，往往根据不同的分析要求，分装成数份，并分别加入保存剂。对每一份样品都应附一张完整的水样标签。水样标签的设计可以根据实际情况，一般包括采样目的、监测点数目及位置、监测日期和时间、采样人员等。标签使用不褪色的墨水填写，并牢固地贴于盛装水样的容器外壁上。

(2) **水样的运输和交接**：水样采集后必须立即送回实验室，根据采样点的地理位置和每个项目分析前最长可保存的时间，选用适当的运输方式。在现场工作开始之前，就要安排好水样的运输工作，以防延误。

同一采样点的样品应装在同一包装箱内，如需分装在两个或几个箱子中时，则需在每个箱内放入相同的现场采样记录。运输前应检查现场采样记录上的所有水样是否全部装箱。要用红色笔在包装箱顶部和侧面标上"切勿倒置"的标记。

每个水样瓶均须贴上标签，内容有采样点位编号、采样日期和时间、测定项目、保存方法，并写明用何种保存剂。

在样品运输过程中应有押运人员，防止样品损坏或受污染。移交实验室时，交接双方应一一核对样品，办妥交接手续，并在管理程序记录卡片（表3-4）上签字。

污水样品的组成往往相当复杂，其稳定性通常比地表水样更差，应设法尽快测定。保存和运输方面的具体要求参照地表水样的有关规定和表3-2执行。

表3-4　管理程序记录卡片

课题编号	课题名称							
采样人员（签字）								
采样点编号	日期	时刻	混合样	定时样	采样点位置	样品容器编号	备注	
转交人签字	日期	时刻	接收人签字	转交人签字	日期	时刻	接收人签字	
转交人签字	日期	时刻	接收人签字	转交人签字	日期	时刻	接收人签字	

第二节　大气样品的采集与保存

一、采样点的布设

大气污染监测的目的： 一是进行大气污染现状调查的环境监测，简称常规监测；二是了解污染影响的监测，简称污染源监测。

1. 常规监测的布点

（1）**功能区分布点**：一个城市或一个区域可以按功能分为工业区、居民区、交通稠密区、商业繁华区、文化区、清洁区、对照区等，一般多数点布设在工业区，其次是交通稠密区，对照区至少设1个点，其他区可根据实际情况确定。功能区布点便于分析污染原因与环境质量的关系。

（2）**方格坐标平均布点**：这种布点适用于平原城市或区域大气污染调查。每个方格为正方形，可先在地图上均匀描绘。实地面积视所测区域的大小和调查精度而定，一般为$1\sim9km^2$设1个方格，采样点在方格中央，也可设在方格的角上，见图3-1(a)。

常规监测的采样点一旦定下来后，就要相对稳定，一般不再改变地点。如要更换原

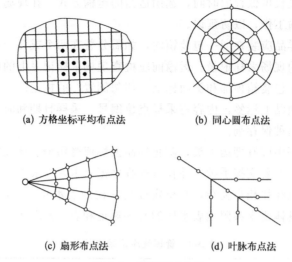

(a) 方格坐标平均布点法　　　(b) 同心圆布点法

(c) 扇形布点法　　　(d) 叶脉布点法

图 3-1　监测布点方法

来采样点，一定要有足够的对照实验，以求得新老点之间的显著性差异及相关系数，确保资料的可比性。

2. 污染源监测的布点

污染源监测的布点一般有同心圆布点、扇形布点和叶脉布点。**同心圆布点**是以污染源为原点，在呈小于 45°夹角的射线上采样，见图 3-1(b)。**扇形布点**是以污染源为顶点，在污染源下风向半圆内划分小于 30°夹角的射线上布点，并在污染源上风向布设对照点，见图 3-1(c)。**叶脉布点**要严格选择主导风向与主方向一致，并在污染源上风向布设 1～2 个对照点，见图 3-1(d)。

二、大气样品的采集

1. 颗粒物的分类

按空气污染防治要求，颗粒物的分类如下。

(1) **降尘**：指大气中粒径大于 $10\mu m$ 的固体颗粒。降尘采样分短期（连续 1 周）采样和长期（连续 1 个月）采样。短期采样用培养皿或铝薄板。长期采样用集尘罐，它是一个直径大于 15cm，高度为 30～40cm 的玻璃、塑料或不锈钢圆筒。筒内装有滤膜（干法）或吸收溶液（湿法）。采样时把集尘罐放在 1.5m 高的支架置于离地 5～15m 高处，以收集降尘。

(2) **总悬浮颗粒物**（TSP）：用标准大容量颗粒采样器（流量为 1.1～1.7m^3/min）或中流量采样器（流量为 0.05～0.15m^3/min）在滤膜上所收集到的颗粒物的总量。其粒径绝大多数在 $100\mu m$ 以下，其中多数在 $10\mu m$ 以下。

TSP 是分散在大气中的各种粒子的总称，也是目前大气质量评价中的一个通用的重要污染物指标。采样时采集器被放置在具有三角形盖子的方形金属筒中（图 3-2），玻璃纤维编织的滤纸上收集 TSP 的总量最好为 2～70$\mu g/m^3$。

(3) **飘尘**（IP）：指大气中粒径小于 $10\mu m$ 的颗粒物。它能在大气中长期悬浮而不沉降，并能随呼吸进入人体。飘尘通常使用带 $10\mu m$ 以上的颗粒物切割器的大容量采集器来采集，一次采样时间一般为 24h。

2. 气体（气态、蒸汽污染物及雾态气溶胶）采样

（1）**直接采样法**：用容器（玻璃瓶、塑料袋、橡胶球胆、注射器等）直接采集含有污染物的空气。这类方法适用于大气中污染物浓度较高，且不易被固体吸附剂或液体吸收剂所吸附的气体。用此法测得的结果为大气中污染物的瞬时浓度，是短时间内的平均浓度。

（2）**富集采样法**：使大量空气通过固体吸附剂或液体吸收剂，以吸收阻留污染物，把原来大气中浓度较低的污染物富集起来。这类方法测得的结果是采样时间内的平均浓度。按富集方法不同可分为固体吸附法和溶液吸收法。

① **固体吸附法**。一些气体、液体或液体中溶解质可吸附在固体吸附剂的表面，属于这类固体物质的有活性炭、硅胶、活性铝土和分子筛等。固体吸附剂的性能如表 3-5 所示。该法适用于采集挥发性气体。

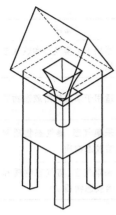

图 3-2 大流量采样器

表 3-5 各种固体吸附剂的性能

吸附剂	制备和性能	吸附气体种类
活性炭	由坚实材料（椰壳）烧制成炭，具有很高的吸附能力	苯、氨、SO_2、CO_2、四氯化碳、丙酮、乙醇、乙醛、三氯甲烷、甲酸、醋酸，在低温下还能吸附惰性气体
硅胶	由硅酸胶体溶液凝结而成，或者已硬化的多孔二氧化硅玻璃状体	硫化氢、SO_2 和水汽
活性铝土	多孔颗粒状吸附剂	通常与化学试剂同时起作用
分子筛	孔径均匀，一定大小的气体分子通过才能被吸收	CO_2、乙炔、SO_2

② **溶液吸收法**。它是使空气样品以气泡形式通过溶液，以增加接触面积，采样效率由气泡大小、气泡通过溶液的时间或空气样品通过溶液的流量、溶液浓度、反应速率来决定。一般吸收液浓度大，气泡小，气泡通过溶液的时间长，能够使气体与溶液充分反应，提高采样效率。

提供这种采样方法使用的吸收管（瓶）有以下几种类型：气泡吸收管、冲击式吸收管、多孔筛板吸收管、多孔筛板吸收瓶。如图 3-3 所示，这些吸收管（瓶）都具有较好的性能，吸收效率可达 90%，它们的性能如表 3-6 所示。

(a) 气泡吸收管　　(b) 冲击式吸收管　　(c) 多孔筛板吸收管　　(d) 多孔筛板吸收瓶

图 3-3 气体吸收管（瓶）

表 3-6 几种常用吸收管（瓶）性能

吸收管类型	吸收溶液体积	采样流量	备注
气泡吸收管	5～10mL	0.5～2.0L/min	适用于采集气态和蒸气态物质
冲击式吸收管	小型:5～10mL	小型:3.0L/min	适用于采集气溶胶态物质
	大型:50～100mL	大型:30L/min	
多孔筛板吸收瓶	小型:10～30mL	小型:0.5～2.0L/min	采集气态、蒸气态物质和气溶胶态物质
	大型:50～100mL	大型:30L/min	
多孔筛板吸收管	5～10mL	0.1～1.0L/min	采集气态、蒸气态物质和气溶胶态物质

对于大气分析来说，最好的吸收容器是多孔筛板吸收管，因为气体经过多孔筛板后形成很小的气泡，大大增加了气流接触面积，从而提高了吸收效果。

3. 大气样品的保存

大气采样后，一般要求立即分析，否则应将样品放入 4℃ 的冰箱中保存。对吸收在采样管中的富集样品，封闭管口，在长时期内成分可保持不变。如用活性炭采集空气中苯蒸气，2 个月内含量稳定不变。

第三节 土壤样品的采集与制备

一、目的

土壤样品采集是土壤分析工作的重要环节，关系到分析结果和由此得出的结论是否正确。因此，所采集的土壤要具有充分的代表性，注意防止污染，使土样能真实反映土壤的实际状况。土样采集地点、层次、数量、时间等，由分析目的决定。

土壤样品的制备是土壤样品采集的持续，其目的是使样品在贮存过程中不发生影响分析和测定结果的化学和物理变化，使样品达到均一化，使分析和测定所得的结果能代表整个样品和实际情况。

二、采集方法

1. 土壤样品的采集数量

用于土壤养分、pH、盐分等化学、物理性状分析的样品，一般需要 1kg 左右即可，采集的土壤样品如果数量过多，可用样品缩分器将样品缩分至规定数量，也可用四分法将多余的土壤弃去。**四分法**的操作是：将所采集的土壤样品弄碎混合并铺成四方形，画对角线分成四份，把对角的两份分别合并为一份，保留一份，弃去一份。如果所得的样品仍然多，可再用四分法处理，直到得到所需数量为止。

2. 土壤剖面样品的采集

分析研究土壤基本理化性质，必须按土壤发生层次采样。具体方法是：选择代表研究对象的采样点挖一个 1m×1.5m 或 1m×2m 的长方形土坑，土坑的深度一般要求达到母质或地下水即可，在 1～2m 处。然后根据土壤剖面的颜色、结构、质地、松紧度、湿度、植物根系分布等，自上而下地划分土层，进行仔细观察，描述记录，将剖面形态特征逐一记入剖面记录表内，也可作为分析结果审查时的参考。观察记录后，自上而下地逐层采集分析样品，通常采集各发生土层中部位置的土壤，而不是整个发生层都采集。随后将所采集样品放入布袋或塑料袋内，在土袋的内外附上标签，写明采集地点、剖面号数、层次、土层深度、采样深度、采集日期和采集人等。

3. 土壤物理性质测定样品的采集

测定土壤容重、空隙度等物理性状，须用原状土样，其样品可直接用环刀在各土层中采集。采集用于分析土壤结构性的样品，须注意土壤湿度，不宜过干或过湿，最好不粘铲、不变形，尽量保持土壤的原状，如有受挤压变形的部分要弃去。土样采集后要小心装入铁盒，密封或按要求装入铝盒或环刀，带回室内分析测定。

4. 耕层混合土样的采集

在农业生产上进行测土施肥或进行肥效试验研究，大都采集耕层混合土样进行分析，为科学施肥提供依据。由于受人类生产活动的影响，耕层土壤差异比较显著。不均匀的施肥、不同的施肥方式和耕作方式，都能造成土壤的局部差异，而这种差异往往带有一定的方向性。因此，采样时应沿着一定的路线，按照"随机""等量"和"多点混合"的原则进行采样。"**随机**"即每一个采样点都是任意决定的，使采样单元内的所有点都要有同等机会被采到；"**等量**"是要求每一点采集土样的深度要一致，采样量要一致；"**多点混合**"是指把一个采样单元内各点所采的土样均匀混合构成一个混合样品，以提高样品的代表性。

三、制备方法

制备方法是分析结果是否准确的第二关键，也将直接影响分析结果的正确性。野外采集的样品，往往含有很多杂质，且土粒大多集结成块，所以样品必须制备、分离成不同粒级，满足不同分析之需要，操作程序如下。

（1）将样品倒在干净的木盘或致密的纸上，铺成一薄层，上面盖一张纸以防灰尘落入。然后放入通风良好，没有氨气、水汽的屋内，让其自然风干。待水分适合时用手把土捏碎，尽可能把石砾、粗植物根等拣出（如数量多则需称重记录）。

（2）将风干样品铺平，用四分法取 500g，用木槌碾碎，过 3mm 筛，将大于 3mm 的石块称重求百分含量。

（3）小于 1mm 的土粒再过毫米筛，直至所有非杂质的土壤全部通过，将 1～3mm 的土粒称重求百分含量。

（4）从小于 1mm 的土中用牛角匙取 5g，用研钵研细，待其全部通过 0.25mm 筛孔，放入袋内，留作测定有机质用。

（5）将小于 1mm 的土粒充分混匀后，装入塑料袋或 250mL 的广口瓶中塞紧备用，并写明标签。

四、需用仪器工具

标签、橡皮、铅笔、牛皮纸、木盘、木槌、电子天平、铲子、广口瓶、土壤筛一套、研钵、纸袋。

五、注意事项

（1）有大量样品时，必须编号设立样品总账，然后放在干燥和避光的地方，按一定的顺序排列和保存。

（2）样品登记时，需把剖面号数、采样地点、采样人、处理日期、石砾和新生体含量等加以记录，以便查阅。

（3）样品需长时间保存时，标签最好用不褪色的黑墨水填写，并在上面涂上薄层石蜡。

六、思考题

（1）如何布点采集污染土壤样品？采集一个代表性混合土样有哪些要求？应该注意些什么？

（2）如何制备土壤样品？制备过程中应注意哪些问题？

（3）为使采集的土样具有最大的代表性，其分析结果能反映土壤实际情况，应如何使采样误差减小到最低程度？

第四部分

水质监测实训

实训一 pH 值的测定

一、目的
（1）了解 pH 值的定义。
（2）了解 pH 计的工作原理。
（3）学会操作 pH 计。

二、原理
pH 值由测量电池的电动势而得。该电池通常由饱和甘汞电极为参比电极，玻璃电极为指示电极所组成。在 25℃，溶液中每变化 1 个 pH 单位，电位差改变 59.16mV，据此在仪器上直接以 pH 的读数表示。温度差异在仪器上有补偿装置。

三、仪器
pH 计、玻璃电极与甘汞电极。

四、试剂
pH＝4.00 标准缓冲溶液（25℃）、pH＝6.86 标准缓冲溶液（25℃）、pH＝9.18 标准缓冲溶液（25℃）。

五、步骤
1. 仪器校准

操作程序按仪器使用说明书进行。先将水样与标准溶液调到同一温度，记录测定温度，并将仪器温度补偿旋钮调至该温度上。

用标准溶液校正仪器，该标准溶液与水样 pH 相差不超过 2 个 pH 单位。从标准溶液中取出电极，彻底冲洗并用滤纸吸干。再将电极浸入第二个标准溶液中，其 pH 值大约与第一个标准溶液相差 3 个 pH 单位，如果仪器响应的示值与第二个标准溶液的 pH 值之差大于 0.1 个 pH 单位，就要检查仪器、电极或标准溶液是否存在问题。当三者均正常时，方可用于测定样品。

2. 样品测定

测定样品时，先用蒸馏水认真冲洗电极，再用样品冲洗，然后将电极浸入样品中，小心摇动或进行搅拌使其均匀，静置，待读数稳定时记下 pH 值。

六、注意事项
（1）经标定的仪器定位调节旋钮及斜率调节旋钮不应再有变动。

（2）一般情况下，经标定好的仪器48h内不需要再标定。更换电极或电极在空气中暴露30min以上，以及所测溶液pH<2或pH>12等情况需重新标定。

七、思考题

（1）水样pH值与酸度两个指标有什么异同？测定方法有什么异同？

（2）用pH计测定水样pH值时为什么必须对pH计进行标定？为什么要进行温度补偿校正？

实训二　电导率的测定

一、目的

（1）了解电导率的含义。

（2）掌握电导率测定水质的意义及测定方法。

二、原理

电导率是以数字表示溶液传导电流的能力。纯水的电导率很小，当水中含有无机酸、碱、盐或有机带电胶体时，电导率就增加。电导率常用于间接推测水中带电荷物质的总浓度。水溶液的电导率取决于带电荷物质的性质和浓度、溶液的温度和黏度等。

电导率的标准单位是S/m（即西门子/米），一般实际使用单位为mS/m，常用单位为μS/cm（微西门子/厘米）。

单位间的换算为

$$1mS/m = 0.01mS/cm = 10\mu S/cm$$

新蒸馏水电导率为0.05~0.2mS/m，存放一段时间后，由于空气中的二氧化碳或氨的溶入，电导率可上升至0.2~0.4mS/m；饮用水电导率在5~150mS/m之间；海水电导率大约为3000mS/m；清洁河水电导率为10mS/m。电导率随温度变化而变化，温度每升高1℃，电导率增加约2%，通常规定25℃为测定电导率的标准温度。

由于电导率是电阻的倒数，因此，当两个电极（通常为铂电极或铂黑电极）插入溶液中，可以测出两电极间的电阻R。根据欧姆定律，温度一定时，电阻值与电极的间距L(cm)成正比，与电极截面积A(cm^2)成反比，即：

$$R = \rho \times L/A$$

由于电极截面积A与间距L都是固定不变的，故L/A是一个常数，称为电导池常数，以Q表示。

比例常数ρ称为电阻率。其倒数$1/\rho$称为电导率，反映导电能力的强弱，以K表示。

$$K = \frac{1}{\rho} = \frac{Q}{R}$$

三、仪器

（1）电导率仪：误差不超过1%。

（2）温度计：能读至0.1℃。

（3）恒温水浴锅：(25±0.2)℃。

四、试剂

(1) 纯水（电导率小于 0.1mS/m）。

(2) 氯化钾标准溶液 [c(KCl)=0.0100mg/L]：称取 0.7456g 于 105℃ 干燥 2h 并冷却的氯化钾，溶于纯水中，于 25℃ 下定容至 1000mL，此溶液在 25℃ 时的电导率为 141.3mS/m。

必要时适当稀释，各种浓度的氯化钾溶液的电导率（25℃）见表 4-1。

表 4-1 不同浓度氯化钾溶液的电导率（25℃）

浓度/(mol/L)	电导率/(mS/m)	电导率/(μS/cm)
0.0001	1.494	14.94
0.0005	7.390	73.90
0.001	14.70	147.0
0.005	71.78	717.8

五、步骤

阅读有关型号的电导率仪使用说明书。

六、结果计算

(1) 恒温 25℃ 下测定水样的电导率，仪器的读数即为水样的电导率（25℃），单位以 μS/cm 表示。

(2) 在任意水温下测定，必须记录水样温度，样品测定结果按下式计算：

$$K_{25}=K_t/[1+a(t-25)]$$

式中 K_{25}——水样在 25℃ 时的电导率，μS/cm；

K_t——水样在 t℃ 时的电导率，μS/cm；

a——各种离子电导率的平均温度系数，取值 0.022/1℃；

t——测定时水样温度，℃。

七、注意事项

(1) 电极应定期进行常数标定。

(2) 在测量高纯水时应避免污染，最好采用密封、流动的水。

(3) 样品保存：水样采集后应尽快分析，如果不能在采样后 24h 之内进行分析，样品应贮存于聚乙烯瓶中，并满瓶封存，于 4℃ 暗处保存，不得加保存剂。

八、思考题

(1) 测定溶液的电导率的原理是什么？

(2) 安装电极时应注意哪些事项？

实训三 浊度的测定（分光光度法）

一、目的

(1) 了解分光光度计的原理及使用方法。

（2）掌握分光光度法测定水的浊度的方法。

二、原理

在适当温度下，硫酸肼与六次甲基四胺聚合，形成白色高分子聚合物。以此作为浊度标准液，在一定条件下与水样浊度相比较。

三、仪器

分光光度计、50mL 比色管等常用玻璃仪器。

四、试剂

1. 无浊度水

将蒸馏水通过 0.2μm 滤膜过滤，收集于用滤过水荡洗两次的锥形瓶中。

2. 浊度贮备液

（1）硫酸肼溶液：称取 1.000g 硫酸肼溶于水中，定容至 100mL。

（2）六次甲基四胺溶液：称取 10.00g 六次甲基四胺溶于水中，定容至 100mL。

（3）浊度标准溶液：吸取上述两种溶液各 5.00mL 于 100mL 容量瓶中，混匀。于 25℃±3℃下静置反应 24h。冷却后用水稀释至标线，混匀。此溶液浊度为 400 度。可保存一个月。

五、测定步骤

1. 标准曲线的绘制

分别吸取浊度标准溶液 0、0.50mL、1.25mL、2.50mL、5.00mL、10.00mL、12.50mL，置于 50mL 比色管中，加无浊度水至标线。摇匀后即得浊度为 0、4 度、10 度、20 度、40 度、80 度、100 度的标准系列。于 680nm 波长处，用 3cm 比色皿测定吸光度，绘制标准曲线。

2. 水样的测定

吸取 50.0mL 摇匀水样（无气泡，如浊度超过 100 度可酌情少取，用无浊度水稀释至 50.0mL），于 50mL 比色管中，按绘制标准曲线的步骤测定吸光度，由标准曲线上查得水样浊度。

六、数据处理

$$浊度 = \frac{A(V_1 + V_2)}{V_2}$$

式中　A——稀释后水样的浊度，度；

　　　V_1——稀释水体积，mL；

　　　V_2——原水样体积，mL。

不同浊度范围测定结果的精度要求见表 4-2。

表 4-2　测定浊度的精度要求表

浊度范围/度	精度/度	浊度范围/度	精度/度
1～10	1	400～1000	50
10～100	5	>1000	100
100～400	10		

七、注意事项

(1) 注意测定浊度的精度要求。
(2) 玻璃量器的精确程度会影响结果。
(3) 用移液管移取溶液时,要规范操作动作,以免影响结果。
(4) 硫酸肼毒性较强,属致癌物质,取用时应注意。

八、思考题

(1) 影响水的浊度的因素主要有哪些?
(2) 若待测水样浊度超过100度,应如何进行水样的稀释?

实训四　残渣的测定

残渣分为总残渣、总可滤残渣和总不可滤残渣三种。**总残渣**是水或污水在一定温度下蒸发,烘干后残留在器皿中的物质,包括总不可滤残渣(即截留在滤器上的全部残渣,也称为悬浮物)和总可滤残渣(即通过滤器的全部残渣,也称为溶解性固体)。

烘干温度和时间对结果有重要影响。由于有机物挥发,吸着水、结晶水的变化和气体逸失等造成减重,也由于在空气中被氧化而增重。通常有两种烘干温度供选择。103～105℃烘干的残渣,保留结晶水和部分吸着水,重碳酸盐将转变为碳酸盐,而有机物挥发逸失甚少。由于在105℃不易除尽吸着水,故达到恒重较慢。而在(180±2)℃烘干时,残渣的吸着水都被除去,可能存留某些结晶水,有机物挥发逸失,但不能完全分解,重碳酸盐均转变为碳酸盐,部分碳酸盐可能分解为氧化物及碱式盐,某些氯化物和硝酸盐可能损失。

下述方法适用于天然水、饮用水、生活污水和工业废水中残渣量20000mg/L以下的测定,以及供水、生活污水、工业废水处理过程中产生的沉淀物和悬浮物的测定。

一、原理

将混合均匀的水样在烘干至恒重的蒸发皿中于蒸汽浴或水浴上蒸干,放在103～105℃烘箱内烘至恒重,增加的质量为总残渣。

二、仪器

直径为90mm的瓷蒸发皿(也可用150mL硬质烧杯或玻璃蒸发皿)、烘箱、蒸汽浴或水浴锅。

三、步骤

(1) 将蒸发皿在103～105℃烘箱中烘30min,冷却后称重,直至**恒重**(两次称重相差不超过0.0005g)。

(2) 分别取适量振荡均匀的水样(如50mL),置于上述蒸发皿内,在蒸汽浴或水浴上蒸干(水浴面不可接触皿底)。移入103～105℃烘箱内,每次烘1h,冷却后称重,直到恒重(两次称重相差不超过0.0005g)。将数据填入表4-3中。

表 4-3 103～105℃烘干的总残渣数据记录表

数据水样	烘箱温度/℃	蒸发皿质量 m_B/g	水样体积 V/mL	蒸发皿和总残渣的质量 m_A/g	总残渣的质量 (m_A-m_B)/g
1					
2					
3					
4					

四、结果讨论

$$\rho = \frac{(m_A - m_B) \times 1000 \times 1000}{V}$$

式中 ρ——总残渣质量浓度，mg/L；

m_A——总残渣和蒸发皿的质量，g；

m_B——蒸发皿质量，g；

V——水样体积，mL。

五、思考题

（1）蒸发皿、滤膜和称量瓶在使用前如果不烘干至恒重，分别会对结果造成什么影响？

（2）总残渣、总不可滤残渣、总可滤残渣三者之间的关系如何？

实训五 色度的测定（铂钴标准比色法）

一、目的

（1）掌握铂钴标准比色法测定水和废水色度的方法。

（2）加深对色度概念的理解。

二、原理

用氯铂酸钾与氯化钴配成标准系列，与水样进行目视比色。

三、仪器

50mL 具塞比色管，其刻线高度应一致。

四、试剂

铂钴标准溶液：称取 1.246g 氯铂酸钾（K_2PtCl_6）（相当于 500mg 铂）及 1.000g 氯化钴（$CoCl_2 \cdot 6H_2O$）（相当于 250mg 钴），溶于 100mL 水中，加 100mL 盐酸，用水定容至 1000mL。此溶液色度为 500 度，保存在密封玻璃瓶中，放于暗处。

五、步骤

1. 标准色列的配制

向 50mL 比色管中分别加入 0、0.50mL、1.00mL、1.50mL、2.00mL、2.50mL、3.00mL、3.50mL、4.00mL、4.50mL、5.00mL、6.00mL、7.00mL 铂钴标准溶液，

用水稀释至标线，混匀。各管的色度依次为 0、5 度、10 度、15 度、20 度、25 度、30 度、35 度、40 度、45 度、50 度、60 度和 70 度。密封保存。

2. 水样的测定

（1）分取 50.0mL 澄清透明水样于比色管中，如水样色度较大，可酌情少取水样，用水稀释至 50.0mL。

（2）将水样与标准色列进行目视比较。观测时，可将比色管置于白瓷板或白纸上，使光线从管底部向上透过液柱，目光自管口垂直向下观察。记下与水样色度相同的铂钴标准色列的色度。

六、数据处理

$$色度(度) = \frac{A \times 50.0}{V}$$

式中　A——稀释后水样相当于铂钴标准色列的色度，度；
　　　V——水样稀释前的体积，mL。

七、注意事项

（1）如水样浑浊，则放置澄清，亦可用离心法或用孔径为 0.45μm 的滤膜过滤以去除悬浮物。但不能用滤纸过滤，因滤纸可吸附部分溶解于水的颜色。

（2）可用重铬酸钾代替氯铂酸钾配制标准色列。方法是：称取 0.0437g 重铬酸钾和 1.000g 硫酸钴（$CoSO_4 \cdot 7H_2O$），溶于少量水中，加入 0.50mL 硫酸，用水稀释至 500mL。此液的色度为 500 度，不宜久存。

（3）如果样品中有泥土或其他分散很细的悬浮物，经预处理但仍得不到透明水样时，则只测表观颜色。

八、思考题

（1）什么是水的真色与表色？
（2）通过本次实训测定的是什么色？
（3）如何对测定颜色的水样进行预处理？

实训六　溶解氧（DO）的测定（碘量法）

一、目的

（1）掌握碘量法测定水中溶解氧的原理和方法。
（2）了解其他测定溶解氧的原理、方法和适用范围。
（3）掌握滴定终点的控制方法。

二、原理

在水样中加入硫酸锰和碱性碘化钾，水中的溶解氧会将二价锰氧化成四价锰，并生成氢氧化物棕色沉淀。加酸后，沉淀溶解，则四价锰与溶液中的碘化钾作用（氧化碘离子）而释放出与溶解氧量相当的游离碘。以淀粉作指示剂，用硫代硫酸钠标准溶液滴定释放出的碘，从而可计算出溶解氧的含量。反应式如下：

$$MnSO_4 + 2NaOH \longrightarrow Na_2SO_4 + Mn(OH)_2 \downarrow (白色)$$
$$2Mn(OH)_2 + O_2 \longrightarrow 2MnO(OH)_2 \downarrow (棕色)$$
$$MnO(OH)_2 + 2KI + 2H_2SO_4 \longrightarrow I_2 + MnSO_4 + K_2SO_4 + 3H_2O$$
$$I_2 + 2Na_2S_2O_3 \longrightarrow 2NaI + Na_2S_4O_6 (连四硫酸钠)$$

由上述反应式可以看出 2mol $Na_2S_2O_3$ 相当于 1/2mol 的 O_2。

三、仪器

250mL 碘量瓶，50mL 滴定管，1mL、25mL、50mL 移液管，10mL、100mL 量筒。

四、试剂

(1) 硫酸锰溶液：称取 480g 硫酸锰（$MnSO_4 \cdot 4H_2O$）溶于蒸馏水中，过滤并稀释至 1000mL。此溶液加到酸化过的碘化钾溶液中，遇淀粉不得产生蓝色。

(2) 碱性碘化钾溶液：称取 500g 氢氧化钠溶解于 300~400mL 水中，冷却；另称取 150g 碘化钾溶于 200mL 水中，待氢氧化钠溶液冷却后，将两溶液合并，混匀，用水稀释至 1000mL。如有沉淀，则放置过夜后，倾出上层清液，贮于棕色瓶中，用橡胶塞塞紧，避光保存。此溶液酸化后，遇淀粉应不呈蓝色。

(3) 浓硫酸（相对密度为 1.84）。

(4) 质量浓度为 10g/L 的淀粉指示液：称取 1g 可溶性淀粉，用少量水调成糊状，再用刚煮沸的蒸馏水（边加边搅拌）稀释至 100mL。冷却后，加入 0.1g 水杨酸或 0.4g 氯化锌防腐。此溶液遇碘应变为蓝色，如变成紫色表示已有部分变质，要重新配制。

(5) (1+5) 硫酸溶液（体积比）：将 33mL 浓硫酸（相对密度为 1.84）慢慢倒入 167mL 蒸馏水中。

(6) 0.02500mol/L (1/6$K_2Cr_2O_7$) 重铬酸钾标准溶液：称取于 105~110℃ 烘干 2h 并冷却的重铬酸钾 1.2258g，溶于蒸馏水中，移入 1000mL 容量瓶，用水稀释至标线，摇匀。

(7) 硫代硫酸钠溶液：称取 6.2g 硫代硫酸钠（$Na_2S_2O_3 \cdot 5H_2O$）溶于煮沸放冷的蒸馏水中，加入 0.2g 碳酸钠，用水稀释至 1000mL，贮于棕色瓶中，使用前用 0.02500mol/L 重铬酸钾标准溶液标定，标定方法如下。

于 250mL 碘量瓶中加入 100mL 水和 1.0g 碘化钾，加入 10.00mL 0.02500mol/L 重铬酸钾标准溶液、5mL (1+5) 硫酸溶液，盖上塞子后摇匀。于暗处静置 5min 后，用硫代硫酸钠溶液滴定至溶液呈淡黄色，再加入 1mL 淀粉溶液，继续滴定于蓝色刚好褪去为终点，记下用量，按下式计算。

$$c = \frac{10.00 \times 0.02500}{V}$$

式中 c——硫代硫酸钠溶液的浓度，mol/L；

V——滴定时消耗硫代硫酸钠的体积，mL。

五、测定步骤

1. 采样

将取样管插至溶解氧瓶底让水样慢慢溢出，直至溢出半瓶左右时，取出取样管，赶走瓶壁上可能存在的气泡，盖上瓶塞（塞下不能留有气泡）。采集水样时不应使水样曝气或有气泡残存在采样瓶中。

2. 溶解氧的固定

用移液管加入 1mL 硫酸锰和 2mL 碱性碘化钾溶液（须插入水样 2/3 处再放出），盖好瓶塞，颠倒混合数次，静置。一般在取样现场固定。

3. 析出碘

将现场带回的水样重新加以振摇，待沉淀物尚未沉至瓶底时，轻轻打开瓶塞，立即用移液管吸取 2.0mL 硫酸，插入近瓶底处放出，盖好瓶塞，颠倒混合摇匀，至沉淀物全部溶解，放置暗处 5min。

4. 滴定

吸取上述溶液 100.00mL 于 250mL 锥形瓶中，用硫代硫酸钠标准溶液滴定至溶液呈淡黄色，加入 1mL 淀粉溶液，继续滴定至蓝色刚好褪去，记录硫代硫酸钠溶液用量。

六、数据处理

$$溶解氧浓度(O_2, mg/L) = \frac{c \cdot V \times 8 \times 1000}{100.00}$$

式中　c——硫代硫酸钠标准溶液的浓度，mol/L；

V——滴定时消耗硫代硫酸钠标准溶液的体积，mL；

8——$\frac{1}{2}$O 的摩尔质量，g/mol。

七、注意事项

(1) 一般规定要在取水样后立即进行溶解氧测定，若不能在取水样处完成，应该在水样采集后立即加入硫酸锰和碱性碘化钾溶液，将溶解氧"固定"在水中，并尽快进行测定（间隔不超过 4h 为宜）。

(2) 当水样中亚硝酸盐含量＞0.1mg/L 时会干扰测定，因为亚硝酸盐与碘化钾作用会析出游离碘。可在用浓硫酸溶解沉淀之前加入数滴 5% 叠氮化钠溶液。

(3) 如果水样呈强酸性或强碱性，可用氢氧化钠或硫酸溶液调至中性后测定。

八、思考题

(1) 取水样时应注意哪些情况？

(2) 加入硫酸锰溶液、碱性碘化钾溶液和浓硫酸时，为什么必须插入液面以下？

(3) 当碘析出时，为什么把溶解氧瓶放置在暗处 5min？

实训七　氨氮的测定（纳氏试剂分光光度法）

一、目的

(1) 了解纳氏试剂分光光度法的测定原理。

(2) 掌握纳氏试剂分光光度法测定水样中氨氮的原理和操作技术。

二、原理

碘化汞和碘化钾的碱性溶液与氨反应生成淡红棕色胶态化合物,其色度与氨氮含量成正比,通常可在波长 420nm 范围内测其吸光度,计算其含量。

三、仪器

(1) 带氮球的氨氮蒸馏装置:由 500mL 凯氏烧瓶、氮球、直形冷凝管和导管组成。
(2) 分光光度计。
(3) pH 计。

四、试剂

(1) 配制试剂用水均应为无氨水。无氨水可选用下列方法之一进行制备。

① 蒸馏法:每升蒸馏水中加 0.1mL 硫酸,在全玻璃蒸馏器中重蒸馏,弃去 50mL 初馏液,接取其余馏出液于具塞磨口的玻璃瓶中,密塞保存。

② 离子交换法:使蒸馏水通过强酸性阳离子交换树脂柱。

(2) 1mol/L 盐酸溶液。
(3) 1mol/L 氢氧化钠溶液。
(4) 轻质氧化镁 (MgO):将氧化镁在 500℃下加热,以除去碳酸盐。
(5) 0.05% 溴百里酚蓝指示液(pH 为 6.0~7.6)。
(6) 防沫剂:如石蜡碎片。
(7) 吸收液

① 硼酸溶液:称取 20g 硼酸溶于水,稀释至 1L。
② 0.01mol/L 硫酸溶液。

(8) 纳氏试剂,可选择下列方法之一制备。

① 称取 20g 碘化钾溶于约 25mL 水中,边搅拌边分次少量加入二氯化汞($HgCl_2$)结晶粉末(约 10g),至出现淡红色沉淀不易溶解时,改为滴加饱和二氯化汞溶液,并充分搅拌,当出现微量朱红色沉淀不再溶解时,停止滴加氯化汞溶液。另称取 60g 氢氧化钾溶于水,并稀释至 250mL,冷却至室温后,将上述溶液缓慢注入氢氧化钾溶液中,用水稀释至 400mL,混匀。静置过夜,将上清液移入聚乙烯瓶中,密封保存。

② 称取 15g 氢氧化钠溶于 50mL 水中,充分冷却至室温。另称取 7g 碘化钾和碘化汞(HgI_2)溶于水,然后将此溶液在搅拌下缓慢注入氢氧化钠溶液中。用水稀释至 100mL,贮于聚乙烯瓶中,密封保存。

(9) 酒石酸钾钠溶液:称取 50g 酒石酸钾钠($KNaC_4H_4O_6 \cdot 4H_2O$)溶于 100mL 水中,加热煮沸以除去氨,放冷,定容至 100mL。

(10) 氨氮标准贮备溶液:称取 3.819g 经 100℃干燥过的氯化铵(NH_4Cl)溶于水中,移入 1000mL 容量瓶中,稀释至标线。此溶液每毫升含 1.00mg 氨氮。

(11) 氨氮标准使用溶液:移取 5.00mL 氨氮标准贮备液于 500mL 容量瓶中,用水稀释至标线。此溶液每毫升含 0.010mg 氨氮。

五、步骤

1. 水样预处理

取 250mL 水样(如氨氮含量较高,可取适量并加水至 250mL,使氨氮含量不超过

2.5mg），移入凯氏烧瓶中，加数滴溴百里酚蓝指示液，用氢氧化钠溶液或盐酸溶液调节至 pH＝7 左右。加入 0.25g 轻质氧化镁和数粒玻璃珠，立即连接氮球和冷凝管，导管下端插入吸收液液面下。加热蒸馏，至馏出液达 200mL 时，停止蒸馏。定容至 250mL。

采用酸滴定法或纳氏试剂分光光度法时，以 50mL 硼酸溶液为吸收液；采用水杨酸-次氯酸盐分光光度法时，改用 50mL 0.01mol/L 硫酸溶液为吸收液。

2. 标准曲线的绘制

吸取 0、0.50mL、1.00mL、3.00mL、5.00mL、7.00mL 和 10.0mL 氨氮标准使用液于 50mL 比色管中，加水至标线，加 1.0mL 酒石酸钾钠溶液，混匀。加 1.5mL 纳氏试剂，混匀。放置 10min 后，在波长 420nm 处，用光程 20mm 比色皿，以水为参比，测定吸光度。

由测得的吸光度减去零浓度空白管的吸光度后，得到校正吸光度，绘制氨氮含量（mg）与校正吸光度的标准曲线。

3. 水样的测定

（1）分取适量经絮凝沉淀预处理后的水样（使氨氮含量不超过 0.1mg），加入 50mL 比色管中，稀释至标线，加 0.1mL 酒石酸钾钠溶液，同标准曲线步骤测量吸光度。

（2）分取适量经蒸馏预处理后的馏出液，加入 50mL 比色管中，加一定量 1mol/L 氢氧化钠溶液以中和硼酸，稀释至标线。加 1.5mL 纳氏试剂，混匀。放置 10min 后，同标准曲线步骤测量吸光度。

4. 空白试验

以无氨水代替水样，做全程序空白测定。

六、数据处理

由水样测得的吸光度减去空白试验的吸光度后，从标准曲线上查得氨氮含量，从而计算氨氮浓度。

$$氨氮浓度（以 N 计, mg/L）=\frac{m}{V}\times 1000$$

式中　m——由校准曲线查得的氨氮量，mg；
　　　V——水样体积，mL。

七、注意事项

（1）纳氏试剂中碘化汞与碘化钾的比例对显色反应的灵敏度有较大影响。静置后生成的沉淀应除去。

（2）滤纸中常含痕量铵盐，使用时注意用无氨水洗涤。所用玻璃器皿应避免实验室空气中氨的沾污。

（3）水样的保存。水样采集在聚乙烯瓶或玻璃瓶内，并尽快分析，必要时可加硫酸将水样酸化至 pH<2，于 2～5℃下存放。酸化样品应注意防止吸收空气中的氨而污染。

八、思考题

（1）生活污水处理过程中氨氮的来源有哪些？
（2）生活污水处理过程中氮是如何转化的？
（3）如何提高校准曲线的精确度？

实训八 水质总磷的测定（钼酸铵分光光度法）

一、目的
(1) 掌握钼酸铵分光光度法的测定原理。
(2) 掌握钼酸铵分光光度法测总磷的基本操作。

二、原理
在中性条件下，过硫酸钾溶液在高压釜内经120℃以上加热，可将水中的有机磷、无机磷、悬浮物内的磷氧化成正磷酸。

在酸性介质中，正磷酸盐与钼酸铵反应，在锑盐存在下生成磷钼杂多酸后，立即被抗坏血酸还原，生成蓝色的配合物，在880nm和700nm波长下均有最大吸收度。

三、仪器和材料
医用手提式蒸汽消毒器或一般压力锅（1.1～1.4kg/cm^2），50mL具塞（磨口）比色管，纱布和棉线，分光光度计及10mm或30mm比色皿。

四、试剂
(1) 硫酸（分析纯）：$\rho=1.84$g/mL。
(2) (1+1)硫酸：取硫酸与水等体积混合。
(3) 50g/L 过硫酸钾溶液：将5g 过硫酸钾（分析纯）溶于水并稀释至100mL。
(4) 100g/L 抗坏血酸溶液：溶解10g 抗坏血酸（$C_6H_8O_6$，化学纯）于水中，并稀释至100mL。此溶液贮存于棕色的试剂瓶中，在冷处可稳定几周。如不变色可长时间使用。
(5) 钼酸盐溶液：溶解13g 钼酸铵 $[(NH_4)_6Mo_7O_{24} \cdot 4H_2O]$ 于100mL 水中；溶解0.35g 酒石酸锑钾 $[KSbC_4H_4O_7 \cdot 1/2H_2O$，分析纯$]$ 于100mL 水中，在不断搅拌下把钼酸铵溶液徐徐加到300mL（1+1）硫酸中，然后再加酒石酸锑钾溶液并且混合均匀。此溶液贮存于棕色瓶中，在冷处可保存两个月。
(6) 磷标准贮备溶液：称取0.2197g 于110℃干燥2h 在干燥器中放冷的磷酸二氢钾（KH_2PO_4，分析纯），用水溶解后转移至1000mL 容量瓶中，加入大约800mL 水，加5mL（1+1）硫酸用水稀释至标线，摇匀。该溶液浓度为50.0μg/mL（以P计）。
(7) 磷标准使用液：将10.00mL 磷标准贮备溶液移至250mL 容量瓶中，用水稀释至标线，混匀。该溶液浓度为2.00μg/mL（以P计）。

五、步骤
1. 样品预处理

取25.00mL 样品于具塞比色管中（取样时应将样品摇匀，使悬浮或有沉淀时能得到均匀取样，如果样品含磷量高可相应减少取样量并用水补充至25mL），加入4mL 过硫酸钾（如果试液是酸化贮存的应先中和为中性）。将比色管塞紧后用纱布和棉线将玻璃塞扎紧，放在大烧杯中置于高压蒸汽消毒器内，加热，待压力达到1.1kg/cm^2，保持30min 后停止加热。待压力回至零后，取出冷却并用水稀释至40mL。

2. 显色

分别向各消解液加入 2mL 钼酸盐溶液,摇匀。30s 后加 1mL 抗坏血酸溶液再加水至 50mL 标线。充分混合均匀。15min 后用 10mm 或 30mm 比色皿测定。

3. 空白试验

用水代替试样按上述两个步骤进行空白试验。

4. 测定

按分光光度计操作步骤,波长调至 700nm 以水做参比测定吸光度,扣除空白试验的吸光度后,从工作曲线或从相关回归统计的计数器中查得磷的含量。

5. 工作曲线的制作

取 7 支 50mL 具塞刻度试管分别加入 0.00、0.50mL、1.00mL、2.50mL、5.00mL、10.00mL、15.00mL 磷酸盐标准溶液,加水至 50mL。按显色步骤,以水做参比,测定吸光度。扣除空白试验的吸光度后,以校正后的吸光度对应相应磷含量统计回归校准曲线。

六、结果分析

总磷含量(以 P 计)计算如下:

$$总磷酸盐含量(mg/L) = m/V$$

式中　m——试样测得含磷量,μg,由校准曲线计算获得;

　　　V——测定用试样体积,mL。

七、注意事项

(1) 水中若存在砷将严重干扰测定,使测定结果偏高。

(2) Cl 化合物含量高的水样在消解过程中会产生 Cl_2,对测定产生负干扰;存在大量不含磷的有机物会影响有机磷转化成正磷酸。此类样品应选用其他消解方法,例如用 HNO_3-$HClO_4$ 方法消解样品。

(3) 过硫酸钾溶解比较困难,可于 40℃ 左右的水浴锅上加热溶解,但切不可将烧杯直接放在电炉上加热,否则局部温度到达 60℃ 过硫酸钾即分解失效。

八、思考题

(1) 水样消解后仍有一定的色度,会不会影响测定结果?若会影响,应如何处理?

(2) 测定磷的过程中,如果加入试剂顺序颠倒了,会出现怎样的结果?

(3) 用分光光度计测吸光度时,如果比色皿中有气泡对结果有什么影响?如果比色皿外壁有水痕对结果有什么影响?

实训九　游离氯的测定(N,N-二乙基-1,4-苯二胺分光光度法)

一、目的

(1) 进一步熟悉分光光度计的使用、标准曲线的绘制以及有关计算。

(2) 掌握 N,N-二乙基-1,4-苯二胺分光光度法测定游离氯的原理和方法。

二、原理

在 pH 为 6.2～6.5 条件下,游离氯直接与 N,N-二乙基-1,4-苯二胺(DPD)发生反应，生成红色化合物，在515nm波长下，采用分光光度法测定其吸光度。

三、仪器

（1）容量瓶（100mL）、锥形瓶、移液管等实验室常用玻璃仪器。

（2）分光光度计：适用于510nm和配备有光程长10mm或更长的比色皿。

（3）分析天平。

四、试剂

实验用水为不含氯和还原性物质的去离子水或二次蒸馏水。

1. 硫酸溶液：$c(H_2SO_4)=1.0\text{mol/L}$

于800mL水中，在不断搅拌下小心加入54.0mL浓硫酸（$\rho=1.84\text{g/mL}$），冷却后将溶液移入1000mL容量瓶中，加水至标线，混匀。

2. 氢氧化钠溶液：$c(NaOH)=1.0\text{mol/L}$

称取40.0g氢氧化钠，溶解于500mL水中，待溶液冷却后移入1000mL容量瓶，加水至标线，混匀。

3. 碘酸钾标准贮备液：$\rho(KIO_3)=1.006\text{g/L}$

称取优级纯碘酸钾（预先在120~140℃下烘干2h）1.006g，溶于水中，移入1000mL容量瓶中，加水至标线，混匀。

4. 碘酸钾标准使用液：$\rho(KIO_3)=10.06\text{mg/L}$

吸取10.0mL碘酸钾标准贮备液于1000mL棕色容量瓶中，加入约1g碘化钾，加水至标线，混匀。临用现配。1.00mL标准使用液中含10.06μg碘酸钾，相当于10.0μg氯（Cl_2）。

5. 磷酸盐缓冲溶液（pH=6.5）

称取24.0g无水磷酸氢二钠（Na_2HPO_4）或60.5g十二水合磷酸氢二钠（$Na_2HPO_4 \cdot 12H_2O$），以及46.0g磷酸二氢钾（KH_2PO_4），依次溶于水中，加入0.8g EDTA二钠（$C_{10}H_{14}N_2O_8Na_2 \cdot 2H_2O$）固体，转移至1000mL容量瓶中，加水至标线，混匀。

6. N,N-二乙基-1,4-苯二胺硫酸盐（DPD）溶液：$\rho[NH_2-C_6H_4-N(C_2H_5)_2 \cdot H_2SO_4]=1.1\text{g/L}$

将2.0mL浓硫酸和0.2g EDTA二钠固体加入250mL水中配制成混合溶液。将1.1g无水DPD硫酸盐或1.5g五水合物，加入上述混合溶液中，转移至1000mL棕色容量瓶中，加水至标线，混匀。溶液装在棕色试剂瓶内，4℃保存。若溶液长时间放置后变色，应重新配制。

也可用1.1g DPD草酸盐或1.0g DPD盐酸盐代替DPD硫酸盐。

五、步骤

1. 校准曲线绘制

分别吸取0.00、1.00mL、2.00mL、3.00mL、5.00mL、10.0mL和15.0mL碘酸钾标准使用液于100mL容量瓶中，加适量（约50mL）水。向各容量瓶中加入1.0mL硫酸溶液，1min后，向各容量瓶中加入1mL NaOH溶液，用水稀释至标线。各容量瓶中氯质量浓度$\rho(Cl_2)$分别为0.00、0.10mg/L、0.20mg/L、0.30mg/L、0.50mg/L、1.00mg/L和1.50mg/L。

在250mL锥形瓶中各加入15.0mL磷酸盐缓冲溶液和5.0mL DPD溶液，于1min

内将上述标准系列溶液加入锥形瓶中,混匀后,在波长515nm处,用10mm比色皿测定各溶液的吸光度,于60min内完成比色分析。以空白校正后的吸光度值为纵坐标,以其对应的氯质量浓度$\rho(Cl_2)$为横坐标,绘制校准曲线。

2. 游离氯测定

于250mL锥形瓶中,依次加入15.0mL磷酸盐缓冲溶液、5.0mL DPD溶液和100mL水样(或稀释后的水样),在与绘制校准曲线相同条件下测定吸光度。用空白校正后的吸光度值计算质量浓度ρ_1。

3. 干扰校正

含有氧化锰和六价铬的试样可通过测定两者含量消除其干扰。取100mL试样于250mL锥形瓶中,加1.0mL亚砷酸钠溶液[$\rho(NaAsO_2)=2.0g/L$]或硫代乙酰胺溶液[$\rho(CH_3CSNH_2)=2.5g/L$],混匀。再加入15.0mL磷酸盐缓冲溶液和5.0mL DPD溶液,测定吸光度,记录质量浓度ρ_2,相当于氧化锰和六价铬的干扰。若水样需稀释,应测定稀释后样品的氧化锰和六价铬干扰。

进行低浓度样品游离氯测定时,应加入1.0mL DPD试剂。

六、数据处理

游离氯的质量浓度$\rho(Cl_2)$按下式进行计算:

$$\rho(Cl_2)=\frac{(\rho_1-\rho_2)V_0}{V_1}$$

式中 $\rho(Cl_2)$——水样中游离氯的质量浓度(以Cl_2计),mg/L;

ρ_1——试样中游离氯的质量浓度(以Cl_2计),mg/L;

ρ_2——测定氧化锰和六价铬干扰时相当于氯的质量浓度,mg/L,若不存在氧化锰和六价铬,$\rho_2=0$mg/L;

V_0——试样最大体积,$V_0=100$mL;

V_1——试样中含原水样体积,mL。

七、注意事项

(1) 若样品需运回实验室分析,对于酸性很强的水样,应增加固定剂NaOH溶液的加入量,使样品pH>12;若样品NaOH溶液加入体积大于样品体积的1%,样品体积应进行校正;对于碱性很强的水样(pH>12),则不需加入固定剂,测定时应增加磷酸盐缓冲溶液的加入量,使试样的pH值为6.2~6.5;对于加入固定剂的高盐样品,测定时也需调整缓冲液的加入量,使试样的pH值为6.2~6.5。

(2) 当样品在现场测定时,若样品过酸、过碱或盐浓度较高,应增加磷酸盐缓冲液的加入量,以确保试样的pH值为6.2~6.5。测定时,样品应避免强光、振摇和温热。

(3) 当样品混浊或有色将影响光度法测定时,不可过滤或脱色,以免游离氯损失。此时可采用补偿法,即以纯水代替DPD试剂加入试样做空白,或者以水样作参比将光度计调零后再测试样,以补偿其干扰影响。

八、思考题

(1) 水样中的氯有哪些存在形式?

(2) 水样在测定前需调到中性,为什么?

(3) 若测定过程中比色皿没有清洗干净,对结果有什么影响?

实训十 化学需氧量的测定(重铬酸钾法)

一、目的
(1) 理解水样化学需氧量测定原理。
(2) 学会安装化学需氧量测定回流装置。
(3) 掌握重铬酸钾法测定水样化学需氧量的操作技术。

二、原理
在强酸性溶液中,用一定量的重铬酸钾氧化水样中还原性物质,过量的重铬酸钾以试亚铁灵作指示剂,用硫酸亚铁铵溶液回滴。根据硫酸亚铁铵的用量计算水样中还原性物质消耗氧的量。

用 0.25mol/L 的重铬酸钾溶液可测定大于 50mg/L 的 COD 值,经稀释的水样的测定上限是 700mg/L。

三、仪器
500mL 全玻璃回流装置、电热板或电炉、25mL 酸式滴定管、锥形瓶等。

四、试剂
(1) 重铬酸钾标准溶液 $[c(1/6K_2Cr_2O_7)=0.2500\text{mol/L}]$:称取重铬酸钾 12.258g(在 105℃烘干至恒重)溶于水中,转移到 1000mL 容量瓶中,用水稀释至标线,摇匀。

(2) 试亚铁灵指示剂:称取 1.5g 邻菲啰啉($C_{12}H_8N_2 \cdot H_2O$)和 0.7g 硫酸亚铁($FeSO_4 \cdot 7H_2O$)溶于水中,稀释至 100mL,贮于棕色试剂瓶中。

(3) 硫酸亚铁铵标准溶液 $\{c[FeSO_4 \cdot (NH_4)_2SO_4 \cdot 6H_2O]=0.0500\text{mol/L}\}$:称取 19.5g 硫酸亚铁铵溶于水中,加入 10mL 浓硫酸,冷却后稀释至 1000mL。

临用前用重铬酸钾标准溶液按下述方法标定:用移液管吸取 5.00mL 重铬酸钾标准溶液于 500mL 锥形瓶中,用水稀释至 50mL,加 15mL 浓硫酸冷却后加 2~3 滴试亚铁灵指示剂,用硫酸亚铁铵标准溶液滴定到溶液由黄色经蓝绿色刚变为红褐色为止,计算出其浓度。计算公式如下:

$$c(\text{mol/L}) = \frac{5.00 \times 0.2500}{V}$$

式中,V 为滴定时消耗的硫酸亚铁铵溶液的体积,mL。

(4) 硫酸-硫酸银溶液:于 500mL 浓硫酸中加入 5g 硫酸银,放置 1~2d,不时摇动使其溶解。

(5) 硫酸汞溶液:称取 10g 硫酸汞,加到 100mL (1+9) 硫酸溶液中,混匀。

五、步骤
(1) 用移液管吸取 10.00mL 的均匀水样于 250mL 锥形瓶中,加入 5.00mL 重铬酸钾标准溶液和硫酸汞溶液。硫酸汞溶液按质量比 $m(HgSO_4):m(Cl^-) \geqslant 20:1$ 的比例加入,最大加入量为 2mL。加数粒玻璃珠。将锥形瓶连接到回流装置上,自冷凝管上端慢慢加入 15mL 硫酸-硫酸银溶液，摇匀。加热回流 2h。

（2）回流冷却后，先用约 45mL 水冲洗冷凝管器壁，然后取下锥形瓶。溶液冷却至室温后，加 2~3 滴试亚铁灵指示剂于锥形瓶中，用硫酸亚铁铵标准溶液滴定至溶液由黄色到蓝绿色，刚变为红褐色时为终点。记录消耗硫酸亚铁铵标准溶液体积 V_1(mL)。

（3）同时以 100.00mL 蒸馏水代替水样，其他步骤与样品测定的操作相同，记录消耗硫酸亚铁铵标准溶液体积 V_0(mL)。

六、计算

$$化学需氧量(O_2,mg/L)=\frac{(V_0-V_1)\cdot c\times 8\times 1000}{V_2}$$

式中　c——硫酸亚铁铵标准溶液浓度，mol/L；

V_1——水样消耗硫酸亚铁铵标准溶液体积，mL；

V_0——空白消耗硫酸亚铁铵标准溶液体积，mL；

V_2——水样的体积，mL；

8——$\frac{1}{2}$O 的摩尔质量，g/mol。

七、注意事项

（1）用本法测定时，0.4g 硫酸汞可与 40mg 氯离子结合，如果氯离子浓度更高，应补加硫酸汞以使硫酸汞与氯离子的质量比为 10∶1，产生轻微沉淀不影响测定。如水样中氯离子的含量超过 1000mg/L，则需要按其他方法处理。

（2）加浓硫酸后必须使其充分混匀才能加热回流，回流时溶液颜色变绿，说明水样的化学需氧量太高，需将水样适当稀释后重新测定，加热回流后，溶液中重铬酸钾剩余量为原来量的 0.2~0.25 倍为宜。

（3）若水样中含易挥发性有机物，在加消化液时，应在冰浴中进行，或者从冷凝器顶端慢慢加入，以防易挥发性有机物损失，使结果偏低。

（4）水样中若有亚硝酸盐氮对测定会有影响，1mg 亚硝酸盐氮相当于 1.14mg 化学需氧量，可按 1mg 硝酸盐氮加入 10mg 氨基磺酸来消除。蒸馏水空白中也应加入等量的氨基磺酸。

（5）若水样中氯离子大于 30mg/mL 时，先将水样做预处理：取水样 20.00mL，加 0.4g 硫酸汞和 5mL 浓硫酸，摇匀。

八、思考题

（1）测定时加入硫酸汞与硫酸银的目的是什么？

（2）若试剂投入顺序错误会出现什么情况？为什么？

（3）测定 COD 时，应考虑哪些影响因素？

实训十一　高锰酸盐指数的测定（酸性法）

一、目的

（1）理解高锰酸盐指数的含义和测定原理。

(2) 掌握高锰酸盐指数测定的操作要点。

二、原理

加入硫酸使水样呈酸性后，加入一定量的高锰酸钾溶液，并在沸水浴中加热反应一定的时间。剩余的高锰酸钾用草酸钠溶液还原并加入过量，再用高锰酸钾溶液回滴过量的草酸钠，通过计算求出高锰酸盐指数。

高锰酸盐指数是一个相对的条件性指标，其测定结果与溶液的酸度、高锰酸盐浓度、加热温度和时间有关。因此，测定时必须严格遵守操作规定，使结果具有可比性。

三、仪器

沸水浴装置、250mL锥形瓶等玻璃仪器、50mL酸式滴定管、计时器。

四、试剂

(1) 高锰酸钾贮备液 [$c(1/5KMnO_4)$ 约为 0.1mol/L]：称取 3.2g 高锰酸钾溶于 1.2L 水中，加热煮沸，使体积减小到约 1L，放置过夜，用 G-3 玻璃砂芯漏斗过滤后，滤液贮于棕色瓶中保存。

(2) 高锰酸钾溶液 [$c(1/5KMnO_4)$ 约为 0.01mol/L]：吸取 100mL 高锰酸钾贮备液，用水稀释至 1000mL，贮于棕色瓶中。使用当天应进行标定，并调节至 0.01mol/L 准确浓度。

(3) (1+3) 硫酸。

(4) 草酸钠标准贮备液 [$c(1/2Na_2C_2O_4)=0.100mol/L$]：称取 0.6705g 在 105~110℃烘干 1h 并冷却的草酸钠溶于水，移入 100mL 容量瓶中，用水稀释至标线，摇匀。

(5) 草酸钠标准溶液 [$c(1/2Na_2C_2O_4)=0.0100mol/L$]：吸取 10.00mL 草酸钠标准贮备液，移入 100mL 容量瓶中，用水稀释至标线，摇匀。

五、步骤

(1) 分取 100mL 混匀水样（如高锰酸钾指数高于 5mg/L，则酌情少取，并用水稀释至 100mL）于 250mL 锥形瓶中。

(2) 加入 5mL (1+3) 硫酸，摇匀。加入 0.01mol/L 高锰酸钾溶液 10.00mL，摇匀，立刻将锥形瓶放入沸水浴中加热 30min（从水浴重新沸腾起计时）。沸水浴液面要高于反应溶液的液面。

(3) 取下锥形瓶，趁热加入 0.0100mol/L 草酸钠标准溶液 10.00mL，摇匀。立即用 0.01mol/L 高锰酸钾溶液滴定至显微红色，记录高锰酸钾溶液消耗量。

(4) 高锰酸钾溶液浓度的标定：将上述已滴定完毕的溶液加热至约 70℃，准确加入 10.00mL 0.0100mol/L 草酸钠标准溶液，再用 0.01mol/L 高锰酸钾溶液滴定至显微红色。记录高锰酸钾溶液消耗量，按下式求得高锰酸钾溶液的校正系数（K）：

$$K=\frac{10.00}{V}$$

式中，V 为高锰酸钾溶液消耗量，mL。

若水样经稀释时，应同时另取 100mL 水，同水样操作步骤进行空白试验。

六、数据处理

1. 水样不经稀释

高锰酸盐指数以每升样品消耗毫克氧数来表示,计算公式如下:

$$\text{高锰酸盐指数}(O_2, mg/L) = \frac{[(10.00+V_1)K - 10.00] \times C \times 8 \times 1000}{100}$$

式中 V_1——滴定水样时,高锰酸钾溶液的消耗量,mL;

K——校正系数;

C——草酸钠溶液浓度,mol/L;

8——$\frac{1}{2}O$ 的摩尔质量,g/mol。

2. 水样经稀释

$$\text{高锰酸盐指数}(O_2, mg/L) = \frac{\{[(10.00+V_1)K - 10.00] - [(10.00+V_0)K - 10.00] \times f\} \times C \times 8 \times 1000}{V_2}$$

式中 V_0——空白试验中高锰酸钾溶液消耗量,mL;

V_2——分取水样体积,mL;

f——稀释水样中含水的比值,例如 10.0mL 水样用 90mL 水稀释至 100mL,则 $f=0.90$。

七、注意事项

(1) 酸性法适用于氯离子含量不超过 300mg/L 的水样。

(2) 当水样的高锰酸盐指数超过 5mg/L 时,则酌情分取少量,并用水稀释后再测定。

(3) 在水浴中加热完毕后,溶液仍保持淡红色,如变浅或全部褪去,说明高锰酸钾的用量不够。此时,应将水样稀释倍数加大后再测定。

(4) 在酸性条件下,草酸钠和高锰酸钾的反应温度应保持在 60~80℃,所以滴定操作必须趁热进行,若溶液温度过低,需适当加热。

(5) 水样采集后,应加入硫酸使 pH 调至<2,以抑制微生物活动。样品应尽快分析,必要时,应在 0~5℃冷藏保存,并在 48h 内测定。

八、思考题

(1) 测定高锰酸盐指数时,为什么不能使用草酸钠标准溶液直接滴定反应剩余的高锰酸钾,而要使用高锰酸钾标准溶液反滴草酸钠?

(2) 在水浴加热完毕后,水样溶液的红色全部褪去,说明什么?如何处理?

实训十二 生化需氧量的测定

一、目的

(1) 掌握用稀释与接种法测定 BOD_5 的基本原理和操作技能。

(2) 理解水样生化需氧量测定的原理。

(3) 掌握五日培养法测定水样生化需氧量的操作技术。

二、原理

生化需氧量是指在规定条件下，微生物分解存在于水中的某些可氧化物质（主要是有机物质）所进行的生物化学过程中消耗溶解氧的量。分别测定水样培养前的溶解氧含量和在（20±1）℃培养五天后的溶解氧含量，二者之差即为五日生化过程所消耗的氧量（BOD_5）。

三、仪器

（1）恒温培养箱。

（2）5～20L 细口玻璃瓶。

（3）1000～2000mL 量筒。

（4）玻璃搅拌棒：棒长应比所用量筒高度长 200mm，棒的底端固定一个直径比量筒直径略小，并有几个小孔的硬橡胶板。

（5）200～300mL 溶解氧瓶：带有磨口玻璃塞，并具有供水封用的钟形口。

（6）供分取水样和添加稀释水用的虹吸管。

四、试剂

（1）磷酸盐缓冲溶液：将 8.5g 磷酸二氢钾（KH_2PO_4）、21.8g 磷酸氢二钾（K_2HPO_4）、33.4g 磷酸氢二钠（$Na_2HPO_4 \cdot 7H_2O$）和 1.7g 氯化铵（NH_4Cl）溶于水中，稀释至 1000mL。此溶液的 pH 应为 7.2。

（2）硫酸镁溶液：将 22.5g 硫酸镁（$MgSO_4 \cdot 7H_2O$）溶于水中，稀释至 1000mL。

（3）氯化钙溶液：将 27.6g 无水氯化钙溶于水，稀释至 1000mL。

（4）氯化铁溶液：将 0.25g 氯化铁（$FeCl_3 \cdot 6H_2O$）溶于水，稀释至 1000mL。

（5）盐酸溶液 [$c(HCl)=0.5mol/L$]：将 40mL 盐酸（$\rho=1.18g/mL$）溶于水，稀释至 1000mL。

（6）氢氧化钠溶液 [$c(NaOH)=0.5mol/L$]：将 20g 氢氧化钠溶于水，稀释至 1000mL。

（7）亚硫酸钠溶液 [$c(Na_2SO_3)=0.025mol/L$]：将 1.575g 亚硫酸钠溶于水，稀释至 1000mL。此溶液不稳定，需现用现配。

（8）葡萄糖-谷氨酸标准溶液：将葡萄糖（$C_6H_{12}O_6$）和谷氨酸（HOOC—CH_2—CH_2—$CHNH_2$—COOH）在 130℃干燥 1h 后，各称取 150mg 溶于水中，移入 1000mL 容量瓶内并稀释至标线，混合均匀。此标准溶液临用前配制。

（9）稀释水：在 5～20L 玻璃瓶内装入一定量的水，控制水温在 20℃左右。然后用无油空气压缩机或薄膜泵将此水曝气 2～8h，使水中的溶解氧接近于饱和，也可以鼓入适量纯氧。瓶口盖以两层经洗涤晾干的纱布，置于 20℃培养箱中放置数小时，使水中溶解氧含量达 8mg/L 左右。临用前于每升水中加入氯化钙溶液、氯化铁溶液、硫酸镁溶液、磷酸盐缓冲溶液各 1mL，并混合均匀。稀释水的 pH 值应为 7.2，其 BOD_5 应小于 0.2mg/L。

（10）接种液：可选用以下任一种方法获得适用的接种液。

① 城市污水，一般采用生活污水，在室温下放置一昼夜，取上层清液供用。

② 表层土壤浸出液，取 100g 花园土壤或植物生长土壤，加 1L 水，混合并静置 10min，取上清溶液供用。

③ 用含城市污水的河水或湖水、污水处理厂的出水。

④ 当分析含有难降解物质的废水时，在排污口下游 3～8km 处取水样作为废水的驯化接种液。如无此种水源，可取中和或经适当稀释后的废水进行连续曝气，每天加入少量该种废水，同时加入适量表层土壤或生活污水，使能适应该种废水的微生物大量繁殖。当水中出现大量絮状物，或检查其化学需氧量的降低值出现突变时，表明适用的微生物已进行繁殖，可用作接种液。一般驯化过程需要 3～8d。

(11) 接种稀释水：取适量接种液，加入稀释水中，混匀。

每升稀释水中接种液加入量为：生活污水 1～10mL；表层土壤浸出液为 20～30mL；河、湖水为 10～100mL。接种稀释水的 pH 值应为 7.2，BOD_5 值应在 0.3～1.0mg/L 之间为宜。接种稀释水配制后应立即使用。

五、步骤

1. 水样的预处理

(1) 水样的 pH 值若不在 6.5～7.5 范围时，可用盐酸或氢氧化钠稀溶液调 pH 值近于 7，但用量不要超过水样体积的 0.5%。若水样的酸度或碱度很高，可改用高浓度的碱或酸液进行中和。

(2) 水样中含有铜、铅、锌、镉、铬、砷、氰等有毒物质时，可使用经驯化的微生物接种液的稀释水进行稀释，或提高稀释倍数，降低毒物的浓度。

(3) 含有少量游离氯的水样，一般放置 1～2h，游离氯即可消失。对于游离氯在短时间不能消散的水样，可加入亚硫酸钠溶液以去除。其加入量的计算方法是：取中和好的水样 100mL，加入 (1+1) 乙酸 10mL，10% 碘化钾溶液 1mL，混匀；以淀粉溶液为指示剂，用亚硫酸钠标准溶液滴定游离碘；根据亚硫酸钠标准溶液消耗的体积及浓度，计算水样中所需加亚硫酸钠溶液的量。

(4) 从水温较低的水域或富营养化的湖泊采集的水样，可遇到含有过饱和溶解氧的情况，此时应将水样迅速升温至 20℃ 左右，充分振摇，以赶出过饱和的溶解氧。从水温较高的水域或废水排放口取得的水样，则应迅速使其冷却至 20℃ 左右，并充分振摇，使与空气中氧分压接近平衡。

2. 水样的测定

(1) 不经稀释水样的测定：溶解氧含量较高、有机物含量较少的地面水，可不经稀释，而直接以虹吸法将约 20℃ 的混合水样转移至两个溶解氧瓶内，转移过程中应注意不使其产生气泡。以同样的操作使两个溶解氧瓶充满水样后溢出少许，加塞水封（瓶内不应有气泡）。立即测定其中一瓶溶解氧。将另一瓶放入培养箱中，在 (20±1)℃ 培养 5d 后，测其溶解氧。

(2) 需经稀释水样的测定。地面水可由测得的高锰酸盐指数乘以适当的系数求出稀释倍数（见表 4-4）。工业废水可由重铬酸钾法测得的 COD 值确定稀释倍数，通常需作三个稀释比。使用稀释水时，由 COD 值分别乘以系数 0.075、0.150、0.225，即可获得三个稀释倍数；使用接种稀释水时，则分别乘以 0.075、0.150 和 0.250。在测定水样 COD 过程中，加热回流至 60min 时，用经校核试验的邻苯二甲酸氢钾溶液按 COD 测定相同步骤制备的标准色列进行估测 COD_{Cr} 值。稀释倍数确定后测定水样的方法如下。

表 4-4　高锰酸盐指数对应的系数

高锰酸盐指数/(mg/L)	系数	高锰酸盐指数/(mg/L)	系数
<5	—	10～20	0.4、0.6
5～10	0.2、0.3	>20	0.5、0.7、1.0

① 一般稀释法。按照选定的稀释比例，用虹吸法沿筒壁先引入部分稀释水（或接种稀释水）于1000mL量筒中，加入需要量的均匀水样，再引入稀释水（或接种稀释水）至800mL，用带胶板的玻璃棒小心上下搅匀。搅拌时勿使玻璃棒的胶板露出水面，以避免产生水泡。按不经稀释水样的测定步骤进行装瓶，测定当天溶解氧和培养5d后的溶解氧含量。另取两个溶解氧瓶，用虹吸法装满稀释水（或接种稀释水）作为空白，分别测定5d前、后的溶解氧含量。

② 直接稀释法。直接稀释法是在溶解氧瓶内直接稀释。在已知两个容积相同（其差值小于1mL）的溶解氧瓶内，用虹吸法加入部分稀释水（或接种稀释水），再加入根据瓶容积和稀释比例计算出的水样量，然后引入稀释水（或接种稀释水）至刚好充满，加塞，勿留气泡于瓶内。其余操作与上述一般稀释法相同。在BOD_5测定中，一般采用叠氮化钠修正法测定溶解氧。如遇干扰物质，应根据具体情况采用其他测定法。

六、数据处理

BOD_5测定结果以氧的质量浓度（mg/L）表示。

1. 不经稀释直接培养的水样

$$BOD_5(mg/L) = \rho_1 - \rho_2$$

式中　ρ_1——水样在培养前的溶解氧浓度，mg/L；

ρ_2——水样经5d培养后的剩余溶解氧浓度，mg/L。

2. 需经稀释水样的测定

$$BOD_5(mg/L) = \frac{[(\rho_1 - \rho_2) - (\rho_3 - \rho_4)f_1]}{f_2}$$

式中　ρ_1——稀释水（或接种稀释水）在培养前的溶解氧浓度，mg/L；

ρ_2——稀释水（或接种稀释水）在培养后的溶解氧浓度，mg/L；

ρ_3——空白样在培养前的溶解氧浓度，mg/L；

ρ_4——空白样在培养后的溶解氧浓度，mg/L；

f_1——稀释水（或接种稀释水）在培养液中所占比例；

f_2——水样在培养液中所占比例。

七、注意事项

（1）水中有机物的生化氧化过程分为碳化阶段和硝化阶段。测定一般水样的BOD_5时，硝化阶段不明显或根本不发生。但对于生物处理池的出水，因其中含有大量硝化细菌，因此在测定BOD_5时也包括了部分含氮化合物的需氧量。对于这种水样，如只需测定有机物的需氧量，应加入硝化抑制剂，如丙烯基硫脲（$C_4H_8N_2S$）等。

（2）在两个或三个稀释比的样品中，凡消耗溶解氧量大于2mg/L和剩余溶解氧量大于1mg/L时，测定结果视为有效，计算结果时，应取平均。

（3）为检查稀释水和接种液的质量以及化验人员的操作技术，可将20mL葡萄糖-

谷氨酸标准溶液用接种稀释水稀释至1000mL，按测定BOD_5的步骤操作，测其BOD_5，其结果应在180～230mg/L之间。否则，应检查接种液、稀释水或操作技术是否存在问题。

八、思考题

(1) 在测定水样的BOD_5时，哪些水样需要进行接种？哪些水样需要稀释？

(2) 测定水样BOD_5的过程中，在移取水样时一般用虹吸法进行而不能用移液管和量筒，为什么？

实训十三　六价铬的测定

一、目的

(1) 进一步理解二苯碳酰二肼分光光度法测定水样中六价铬的原理。
(2) 熟悉可见分光光度计的使用操作。
(3) 掌握水样六价铬的测定技术。

二、原理

在酸性溶液中，六价铬离子与二苯碳酰二肼反应，生成紫红色化合物，其最大吸收波长为540nm，吸光度与浓度的关系符合朗伯-比尔定律。

三、仪器

分光光度计，比色皿（1cm、3cm），50mL具塞比色管，移液管，容量瓶等。

四、试剂

(1) 丙酮。
(2) (1+1)硫酸。
(3) (1+1)磷酸。
(4) 0.2%氢氧化钠溶液：称取氢氧化钠1g，溶于500mL新煮沸放冷的水中。
(5) 氢氧化锌共沉淀剂：称取硫酸锌（$ZnSO_4 \cdot 7H_2O$）8g，溶于100mL水中；称取氢氧化钠2.4g，溶于120mL水中。将两种溶液混合。
(6) 40g/L高锰酸钾溶液：称取高锰酸钾4g，在加热和搅拌下溶于水，稀释至100mL。
(7) 铬标准贮备液：称取于120℃干燥2h的重铬酸钾（优级纯）0.2829g，用水溶解，移入1000mL容量瓶中，用水稀释至标线，摇匀。每毫升贮备液含0.100mg六价铬。
(8) 铬标准使用液：吸取5.00mL铬标准贮备液于500mL容量瓶中，用水稀释至标线，摇匀。每毫升标准使用液含1.00μg六价铬。使用当天配制。
(9) 200g/L尿素溶液：将尿素20g溶于水并稀释至100mL。
(10) 20g/L亚硝酸钠溶液：将2g亚硝酸钠溶于水并稀释至100mL。
(11) 二苯碳酰二肼溶液：称取二苯碳酰二肼（简称DPC，$C_{13}H_{14}N_4O$）0.2g，溶于50mL丙酮中，加水稀释至100mL，摇匀，贮于棕色瓶中，置于冰箱中保存。颜色变深后不能再用。

五、测定步骤

1. 水样预处理

（1）对不含悬浮物、低色度的清洁地面水，可直接进行测定。

（2）如果水样有色但不深，可进行色度校正。即另取一份试样，加入除显色剂以外的各种试剂，以 2mL 丙酮代替显色剂，用此溶液为测定试样溶液吸光度的参比溶液。

（3）对浑浊、色度较深的水样，应加入氢氧化锌共沉淀剂并进行过滤处理：取适量水样（含六价铬少于 100μg）置 150mL 烧杯中，加水至 50mL，滴加 0.2%氢氧化钠溶液，调节溶液 pH 值为 7~8。在不断搅拌下，滴加氢氧化锌共沉淀剂至溶液 pH 值为 8~9。将此溶液转移至 100mL 容量瓶中，用水稀释至标线。用慢速滤纸过滤，弃去 10~20mL 初滤液，取其 50.0mL 滤液供测定。

（4）水样中存在次氯酸盐等氧化性物质时，会干扰测定，可加入尿素和亚硝酸钠消除。

（5）水样中存在低价铁、亚硫酸盐、硫化物等还原性物质时，可将 Cr^{6+} 还原为 Cr^{3+}。此时，调节水样 pH 值至 8，加入显色剂溶液，放置 5min 后再酸化显色，并以同法作标准曲线。

2. 标准曲线的绘制

取 9 支 50mL 比色管，依次加入 0、0.20mL、0.50mL、1.00mL、2.00mL、4.00mL、6.00mL、8.00mL 和 10.00mL 铬标准使用液，用水稀释至标线，加入（1+1）硫酸 0.5mL 和（1+1）磷酸 0.5mL，摇匀。加入 2mL 显色剂溶液，摇匀。5~10min 后，于 540nm 波长处，用 1cm 或 3cm 比色皿，以水为参比，测定吸光度并作空白校正。以吸光度为纵坐标，相应六价铬含量为横坐标，绘出标准曲线。

3. 水样的测定

取适量（含 Cr^{6+} 少于 50μg）无色透明或经预处理的水样于 50mL 比色管中，用水稀释至标线，测定方法同标准溶液。进行空白校正后根据所测吸光度从标准曲线上查得 Cr^{6+} 的含量。

六、数据处理

六价铬含量 ρ(mg/L) 按下式计算：

$$\rho = \frac{m}{V}$$

式中 m——从标准曲线上查得的 Cr^{6+} 量，μg；

V——水样的体积，mL。

七、注意事项

（1）用于测定铬的玻璃器皿不应用重铬酸钾洗液洗涤。

（2）Cr^{6+} 与显色剂的显色反应一般控制酸度在 0.05~0.3mol/L（$1/2H_2SO_4$）范围，以 0.2mol/L 时显色最好。显色前，水样应调至中性。显色温度和放置时间对显色有影响，在 15℃时，5~15min 颜色即可稳定。

八、思考题

(1) 该实训所用的玻璃器具能否用铬酸洗液洗涤？为什么？

(2) 如果水样本身有颜色会不会影响测定？为什么？

实训十四　酚类的测定（4-氨基安替比林分光光度法）

一、目的

(1) 了解 4-氨基安替比林分光光度法测定酚类的原理。

(2) 掌握水中挥发酚测定操作技术和蒸馏技术。

二、原理

酚类化合物于 pH 为 10.0 ± 0.2 介质中，在铁氰化钾存在下，与 4-氨基安替比林反应，生成橙红色的安替比林染料，其水溶液在 510nm 波长处有最大吸收。用光程长为 20mm 比色皿测量时，酚的最低检出浓度为 0.1mg/L。

三、仪器

500mL 全玻璃蒸馏器、分光光度计、50mL 具塞比色管（或容量瓶）。

四、试剂

(1) 无酚水：于 1L 水中加入 0.2g 经 200℃ 活化 0.5h 的活性炭粉末，充分振摇后，放置过夜。用双层中速滤纸过滤；或加入氢氧化钠使水呈强碱性，并滴加高锰酸钾溶液至紫红色，移入蒸馏器中加热蒸馏，收集馏出液备用。

(2) 硫酸铜溶液：称取 50g 硫酸铜（$CuSO_4 \cdot 5H_2O$）溶于水，稀释至 500mL。

(3) 磷酸溶液：量取 50mL 磷酸（20℃密度为 1.69g/mL），用水稀释至 500mL。

(4) 甲基橙指示液：称取 0.05g 甲基橙溶于 100mL 水中。

(5) 苯酚标准贮备液：称取 1.00g 无色苯酚溶于水，移入 1000mL 容量瓶中，稀释至标线。置冰箱内保存，至少稳定一个月。

标定方法如下。

① 吸取 10.00mL 苯酚标准贮备液于 250mL 碘量瓶中，加水稀释至 100mL，加 0.1mol/L 溴酸钾-溴化钾溶液 10.0mL，立即加入 5mL 盐酸，盖好瓶盖，轻轻摇匀，于暗处放置 15min。加入 1g 碘化钾，密塞，再轻轻摇匀，放置暗处 5min。用 0.0125mol/L 硫代硫酸钠标准滴定溶液滴定至淡黄色，加入 1mL 淀粉溶液，继续滴定至蓝色刚好褪去，记录用量。

② 同时以水代替苯酚标准贮备液做空白试验，记录硫代硫酸钠标准溶液滴定溶液用量。

③ 苯酚标准贮备液浓度 ρ(mg/mL) 由下式计算：

$$\rho = 15.68 \times c \times \frac{V_1 - V_2}{V}$$

式中　V_1——空白试验中硫代硫酸钠标准滴定溶液用量，mL；

V_2——滴定苯酚标准贮备液时，硫代硫酸钠标准滴定溶液用量，mL；

V——取用苯酚标准贮备液体积，mL；

c——硫代硫酸钠标准滴定溶液浓度，mol/L；

15.68——苯酚（$1/6C_6H_5OH$）的摩尔质量，g/mol。

（6）苯酚标准中间液：取适量苯酚标准贮备液，用水稀释至每毫升含 0.010mg 苯酚。使用时当天配制。

（7）溴酸钾-溴化钾标准参考溶液 $[c(1/6KBrO_3)=0.1mol/L]$：称取 2.784g 溴酸钾（$KBrO_3$）溶于水，加入 10g 溴化钾（KBr），使其溶解，移入 1000mL 容量瓶中，稀释至标线。

（8）碘酸钾标准参考溶液 $[c(1/6KIO_3)=0.0125mol/L]$：称取预先经 180℃ 烘干的碘酸钾 2.6570g 溶于水，移入 1000mL 容量瓶中，稀释至标线。

（9）硫代硫酸钠标准溶液 $[c(Na_2S_2O_3 \cdot H_2O) \approx 0.0125mol/L]$：称取 3.1g 硫代硫酸钠溶于煮沸放冷的水中，加入 0.2g 碳酸钠，稀释至 1000mL，临用前，用碘酸钾溶液标定。

标定方法如下。

取 10.00mL 碘酸钾溶液置于 250mL 容量瓶中，加水稀释至 100mL，加 1g 碘化钾，再加 5mL（1+5）硫酸，加塞，轻轻摇匀。暗处放置 5min，用硫代硫酸钠溶液滴定至淡黄色，加 1mL 淀粉溶液，继续滴定至蓝色刚褪去为止，记录硫代硫酸钠溶液用量。按下式计算硫代硫酸钠溶液浓度（mol/L）：

$$c(Na_2S_2O_3 \cdot 5H_2O) = 0.0125 \times \frac{V_4}{V_3}$$

式中 V_3——硫代硫酸钠标准溶液消耗量，mL；

V_4——移取碘酸钾标准参考溶液量，mL；

0.0125——碘酸钾标准参考溶液浓度，mol/L。

（10）淀粉溶液：称取 1g 可溶性淀粉，用少量水调成糊状，加沸水至 100mL，冷却后，置冰箱内保存。

（11）缓冲溶液（pH 约为 10）：称取 20g 氯化铵（NH_4Cl）溶于 100mL 氨水中，加塞，置冰箱中保存。为避免氨挥发所引起 pH 值的改变，注意在低温下保存和取用后立即加塞盖严，并根据使用情况适量配制。

（12）20g/L 4-氨基安替比林溶液：称取 4-氨基安替比林 2g 溶于水，稀释至 100mL，置于冰箱中保存。可保存一周。

由于固体试剂易潮解、氧化，宜保存在干燥器中。

（13）80g/L 铁氰化钾溶液：称取 8g 铁氰化钾 $\{K_3[Fe(CN)_6]\}$ 溶于水，稀释至 100mL，置于冰箱内保存，可保存一周。

五、测定步骤

1. 水样预处理

（1）量取 250mL 水样于蒸馏瓶中，加数粒小玻璃珠以防暴沸，再加 2 滴甲基橙指示液，用磷酸溶液调节至 pH 为 4（溶液呈橙红色），加 5.0mL 硫酸铜溶液（如采样时已加过硫酸铜，则补加适量）。

如加入硫酸铜溶液后产生较多量的黑色硫化铜沉淀，则应摇匀后放置片刻，待沉淀后，再滴加硫酸铜溶液，至不产生沉淀为止。

(2) 连接冷凝器,加热蒸馏,至蒸馏出约 225mL 时,停止加热,放冷。向蒸馏瓶中加入 25mL 水,继续蒸馏至馏出液为 250mL 为止。

蒸馏过程中,如发现甲基橙的红色褪去,应在蒸馏结束后,再加 1 滴甲基橙指示液。如发现蒸馏后残液不呈酸性,则应重新取样,增加磷酸加入量,进行蒸馏。

2. 标准曲线的绘制

于一组 8 支 50mL 比色管中,分别加入 0、0.50mL、1.00mL、3.00mL、5.00mL、7.00mL、10.00mL、12.50mL 苯酚标准中间液,加水至 50mL 标线。加 0.5mL 缓冲溶液,混匀,此时 pH 值为 10.0±0.2,加 4-氨基安替比林 1mL,混匀。再加 1mL 铁氰化钾,充分混匀后放置 10min,立即于 510nm 波长用光程为 20mm 比色皿,以水为参比,测量吸光度。经空白校正后,绘制吸光度对苯酚含量(mg)的标准曲线。

3. 水样的测定

分取适量的馏出液放入 50mL 比色管中,稀释至 50mL 标线。用与绘制标准曲线相同的步骤测定吸光度,最后减去空白试验所得吸光度。

4. 空白试验

以水代替水样,经蒸馏后,按水样测定步骤进行测定,以其结果作为水样测定的空白校正值。

六、数据处理

挥发酚的质量浓度 ρ(以苯酚计,mg/L)按下式计算:

$$\rho = 1000 \times m/V$$

式中 m——由水样的校正吸光度,从标准曲线上查得的苯酚含量,mg;

V——移取馏出液体积,mL。

七、注意事项

(1) 如水样挥发酚含量较高,移取适量水样并稀释至 250mL 进行蒸馏,则在计算时应乘以稀释倍数。

(2) 如果水样中有游离氯,可加入过量的硫酸亚铁将余氯还原为氯离子,然后蒸馏。

(3) 无酚水应贮于玻璃瓶中,取用时应避免与橡胶制品(橡胶塞或乳胶管)接触。

八、思考题

(1) 蒸馏时,向水样中加入硫酸铜的目的是什么?加入磷酸将水样调成酸性介质的目的是什么?

(2) 水样中存在哪些物质对挥发酚的测定有干扰?如何消除?

实训十五 石油类和动植物油类的测定(红外分光光度法)

一、目的

(1) 了解水中石油类和动植物油类的测定方法。

(2) 掌握红外分光光度法测定水样中油类的原理和操作技术。

二、原理

水样在 pH≤2 的条件下，用四氯乙烯萃取样品中的油类物质，测定总油，然后将萃取液用硅酸镁吸附，除去动植物油类等极性物质后，测定石油类。总油和石油类的含量均由波数分别为 2930cm^{-1}（CH$_2$ 基团中 C—H 键的伸缩振动）、2960cm^{-1}（CH$_3$ 基团中的 C—H 键的伸缩振动）和 3030cm^{-1}（芳香环中 C—H 键的伸缩振动）谱带处的吸光度 A_{2930}、A_{2960}、A_{3030} 进行计算，油类与石油类含量的差值为动植物油类浓度。

当样品体积为 500mL，萃取液体积为 50mL，使用 4cm 石英比色皿时，检出限为 0.06mg/L，测定下限为 0.24mg/L。

三、试剂与材料

(1) 盐酸（HCl）：ρ＝1.19g/mL，优级纯。

(2) 盐酸溶液：1＋1。用盐酸配制。

(3) 正十六烷：色谱纯。

(4) 异辛烷：色谱纯。

(5) 苯：色谱纯。

(6) 四氯乙烯：以干燥 4cm 石英比色皿做参比，在 2800～3100cm^{-1} 之间使用 4cm 石英比色皿测定四氯乙烯，2930cm^{-1}、2960cm^{-1}、3030cm^{-1} 处吸光度分别不超过 0.34、0.07、0。

(7) 无水硫酸钠：在 550℃下加热 4h，冷却后装入磨口玻璃瓶中，置于干燥器内贮存。

(8) 硅酸镁：60～100 目。

取硅酸镁于瓷蒸发皿中，置于马弗炉内 550℃下加热 4h，在炉内冷却至约 200℃后，移入干燥器中冷却至室温，于磨口玻璃瓶内保存。使用时，称取适量的硅酸镁于磨口玻璃瓶中，根据硅酸镁的质量，按质量分数 6％比例加入适量的蒸馏水，密塞并充分振荡数分钟，放置约 12h 后使用。

(9) 石油类标准贮备液：ρ＝10000mg/L，可直接购买市售有证标准溶液。

(10) 石油类标准使用液：ρ＝1000mg/L，将石油类标准贮备液用四氯乙烯稀释定容至 100mL 容量瓶中。

(11) 正十六烷标准贮备液：ρ＝10000mg/L，称取 1.0000g 正十六烷于 100mL 容量瓶中，用四氯乙烯定容，摇匀。

(12) 正十六烷标准使用液：ρ＝1000mg/L，将正十六烷标准贮备液用四氯乙烯稀释定容至 100mL 容量瓶中。

(13) 异辛烷标准贮备液：ρ＝10000mg/L，称取 1.0000g 异辛烷于 100mL 容量瓶中，用四氯乙烯定容，摇匀。

(14) 异辛烷标准使用液：ρ＝1000mg/L，将异辛烷标准贮备液用四氯乙烯稀释定容至 100mL 容量瓶中。

(15) 苯标准贮备液：ρ＝10000mg/L，称取 1.0000g 苯于 100mL 容量瓶中，用四氯乙烯定容，摇匀。

(16) 苯标准使用液：ρ＝1000mg/L，将苯标准贮备液用四氯乙烯稀释定容至 100mL 容量瓶中。

(17) 吸附柱：内径10mm，长约200mm的玻璃柱。出口处填塞少量用四氯乙烯浸泡并晾干后的玻璃棉，将硅酸镁缓缓倒入玻璃柱中，边倒边轻轻敲打，填充高度约为80mm。

四、仪器和设备

(1) 红外分光光度计：能在2930cm^{-1}、2960cm^{-1}、3030cm^{-1}处测定吸光度，并配有4cm带盖石英比色皿。
(2) 水平振荡器。
(3) 分液漏斗：1000mL，聚四氟乙烯旋塞。
(4) 玻璃砂芯漏斗：40mL，G-1型。
(5) 锥形瓶：50mL，具塞磨口。
(6) 采样瓶：500mL，棕色磨口玻璃瓶。
(7) 量筒：1000mL。
(8) 一般实验室常用器皿和设备。

五、样品

1. 样品的采集

参照HJ/T 91的相关规定进行样品的采集。采集500mL样品后，加入盐酸酸化至pH≤2。

2. 样品的保存

如样品不能在24h内测定，应在2~5℃下冷藏保存，3d内测定。

3. 试样的制备

(1) 油类试样的制备。将样品全部转移至1000mL分液漏斗中，量取50mL四氯乙烯洗涤样品瓶后，全部转移至分液漏斗中。振荡2min，并经常开启旋塞排气，静置分层后，用镊子取玻璃棉置于玻璃漏斗，取适量的无水硫酸钠铺于上面；打开分液漏斗旋塞，将下层有机相萃取液通过装有无水硫酸钠的玻璃漏斗放至50mL比色管中，用适量四氯乙烯润洗玻璃漏斗，润洗液合并至萃取液中，用四氯乙烯定容至刻度。将上层水相全部转移至量筒，测量样品体积并记录。

注：可使用自动萃取替代手动萃取；可用硅酸铝过滤棉替代玻璃棉，硅酸铝过滤棉使用前应置于马弗炉内550℃下加热4h，冷却后使用。

(2) 石油类试样的制备包括以下两种方法。

① 振荡吸附法。取25mL萃取液，倒入装有5g硅酸镁的50mL锥形瓶，置于水平振荡器上，连续振荡20min，静置，将玻璃棉置于玻璃漏斗中，萃取液倒入玻璃漏斗过滤至25mL比色管，用于测定石油类。

② 吸附柱法。取适量的萃取液过硅酸镁吸附柱，弃去前5mL滤出液，余下部分接入25mL比色管中，用于测定石油类。

4. 空白试样的制备

用实验用水加入盐酸溶液酸化至pH≤2，按照试样的制备相同的步骤进行。

六、步骤

1. 校准

分别量取2.00mL正十六烷标准使用液、2.00mL异辛烷标准使用液和10.00mL

苯标准使用液于 3 个 100mL 容量瓶中，用四氯乙烯定容至标线，摇匀。正十六烷、异辛烷和苯标准溶液的浓度分别为 20mg/L、20mg/L 和 100mg/L。

用四氯乙烯做参比溶液，使用 4cm 比色皿，分别测量正十六烷、异辛烷和苯标准溶液在 2930cm^{-1}、2960cm^{-1}、3030cm^{-1} 处的吸光度 A_{2930}、A_{2960}、A_{3030}。正十六烷、异辛烷和苯标准溶液在上述波数处的吸光度均符合式(4-1)，由此得出的联立方程式经求解后，可分别得到相应的校正系数 X、Y、Z 和 F。

$$\rho = XA_{2930} + YA_{2960} + Z\left(A_{3030} - \frac{A_{2930}}{F}\right) \tag{4-1}$$

式中　　ρ——四氯乙烯中总油的含量，mg/L；

A_{2930}，A_{2960}，A_{3030}——各对应波数下测得的吸光度；

　　　　X，Y，Z——与各种 C—H 键吸光度相对应的系数；

　　　　F——脂肪烃对芳香烃影响的校正因子，即正十六烷在 2930cm^{-1} 与 3030cm^{-1} 处的吸光度之比。

对于正十六烷和异辛烷，由于其芳香烃含量为零，即 $A_{3030} - \frac{A_{2930}}{F}A_{3030} = 0$，则有：

$$F = \frac{A_{2930}(H)}{A_{3030}(H)} \tag{4-2}$$

$$\rho(H) = A_{2930}(H) + YA_{2960}(H) \tag{4-3}$$

$$\rho(I) = XA_{2930}(I) + YA_{2960}(I) \tag{4-4}$$

由式(4-2) 可得 F 值，由式(4-3) 和式(4-4) 可得 X 和 Y 值。

对于苯，则有：

$$\rho(B) = XA_{2930}(B) + YA_{2960}(B) + Z\left(A_{3030}(B) - \frac{A_{2930}(B)}{F}\right) \tag{4-5}$$

式中　　$\rho(H)$——正十六烷标准溶液的浓度，mg/L；

　　　　$\rho(I)$——异辛烷标准溶液的浓度，mg/L；

　　　　$\rho(B)$——苯标准溶液的浓度，mg/L。

$A_{2930}(H)$，$A_{2960}(H)$，$A_{3030}(H)$——各对应波数下测得正十六烷标准溶液的吸光度；

$A_{2930}(I)$，$A_{2960}(I)$，$A_{3030}(I)$——各对应波数下测得异辛烷标准溶液的吸光度；

$A_{2930}(B)$，$A_{2960}(B)$，$A_{3030}(B)$——各对应波数下测得苯标准溶液的吸光度。

由式(4-5) 可得 Z 值。

2. 测定

(1) 油类的测定。将萃取液转移至 4cm 石英比色皿中，以四氯乙烯作参比，于 2930cm^{-1}、2960cm^{-1}、3030cm^{-1} 处测量其吸光度 A_{2930}、A_{2960}、A_{3030}。

(2) 石油类的测定。将经硅酸镁吸附后的萃取液转移至 4cm 石英比色皿中，以四氯乙烯作参比，于 2930cm^{-1}、2960cm^{-1}、3030cm^{-1} 处测量其吸光度 A_{2930}、A_{2960}、A_{3030}。

3. 空白试样的测定

按与试样测定相同的步骤，进行空白试样的测定。

七、数据处理

1. 油类或石油类浓度的计算

样品中油类或石油类浓度按以下公式计算：

$$\rho = \left[XA_{2930} + YA_{2960} + Z\left(A_{3030} - \frac{A_{2930}}{F}\right)\right] \times \frac{V_0 D}{V_w} - \rho_0 \tag{4-6}$$

式中　ρ——样品中油类或石油类的浓度，mg/L；

　　　ρ_0——空白样品中油类或石油类的浓度，mg/L；

　　　X——与 CH_2 基团中 C—H 键吸光度相对应的系数，mg/L/吸光度；

　　　Y——与 CH_3 基团中 C—H 键吸光度相对应的系数，mg/L/吸光度；

　　　Z——与芳香环中 C—H 键吸光度相对应的系数，mg/L/吸光度；

　　　F——脂肪烃对芳香烃影响的校正因子，即正十六烷在 $2930cm^{-1}$ 与 $3030cm^{-1}$ 处的吸光度之比。

A_{2930}，A_{2960}，A_{3030}——各对应波数下测得的吸光度；

　　　V_0——萃取溶剂的体积，mL；

　　　V_w——样品体积，mL；

　　　D——萃取液稀释倍数。

2. 动植物油类浓度的计算

样品中动植物油类按式(4-7) 计算：

$$\rho_{动植物油类} = \rho_{油类} - \rho_{石油类} \tag{4-7}$$

式中　$\rho_{动植物油类}$——样品中动植物油类的浓度，mg/L；

　　　$\rho_{油类}$——样品中油类的浓度，mg/L；

　　　$\rho_{石油类}$——样品中石油类的浓度，mg/L。

八、注意事项

(1) 同一批样品测定所使用的四氯乙烯应来自同一瓶，如样品数量多，可将多瓶四氯乙烯混合均匀后使用。

(2) 所有使用完的器皿置于通风橱内挥发完后清洗。

(3) 对于动植物油类含量＞130mg/L 的废水，萃取液需要稀释后再按照试样制备的步骤操作。

(4) 四氯乙烯毒性较大，所有操作应在通风橱内进行。

九、思考题

(1) 每批样品分析前，为什么应先做方法空白试验？方法是什么？

(2) 样品分析过程中产生的四氯乙烯废液应如何存放？

实训十六　阴离子表面活性剂的测定（亚甲蓝分光光度法）

一、目的

(1) 了解亚甲蓝分光光度法测定的原理。

(2) 掌握亚甲蓝分光光度法测定的操作技术。

二、原理

阳离子染料亚甲蓝与阴离子表面活性剂作用，生成蓝色的盐类，统称亚甲蓝活性物质（MBAS）。该生成物可被氯仿（三氯甲烷，$CHCl_3$）萃取，其色度与浓度成正比，用分光光度计在波长652nm处测量氯仿层的吸光度。

采用直链烷基苯磺酸钠（LAS）作为标准物。当采用10mm光程的比色皿，试份体积为100mL时，最低检出浓度为0.05mg/L LAS，检测上限为2.0mg/L LAS。

三、试剂与仪器

1. 试剂

（1）氢氧化钠（1mol/L）。

（2）硫酸（0.5mol/L）。

（3）氯仿。

（4）直链烷基苯磺酸钠贮备溶液：称取0.100g标准物LAS（平均分子量344.4），准确至0.001g，溶于50mL水中，转移到100mL容量瓶中，稀释至标线并混匀。每毫升含1.00mg LAS。保存于4℃冰箱中。如需要，每周配制一次。

（5）直链烷基苯磺酸钠标准溶液：准确吸取10.00mL直链烷基苯磺酸钠贮备溶液，用水稀释至1000mL，每毫升含10.0μg LAS。当天配制。

（6）亚甲蓝溶液：先称取50g一水磷酸二氢钠（$NaH_2PO_4 \cdot H_2O$）溶于300mL水中，转移到1000mL容量瓶内，缓慢加入6.8mL浓硫酸（$\rho=1.84g/mL$），摇匀。另称取30mg亚甲蓝（指示剂级），用50mL水溶解后也移入容量瓶，用水稀释至标线，摇匀。此溶液贮存于棕色试剂瓶中。

（7）洗涤液：称取50g一水磷酸二氢钠溶于300mL水中，转移到1000mL容量瓶中，缓慢加入6.8mL浓硫酸（$\rho=1.84g/mL$），用水稀释至标线。

（8）酚酞指示剂溶液：将1.0g酚酞溶于50mL乙醇（体积分数为95%）中，然后边搅拌边加入50mL水，滤去形成的沉淀。

（9）玻璃棉或脱脂棉：在索氏抽提器中用氯仿提取4h后，取出干燥，保存在清洁的玻璃瓶中待用。

2. 仪器

（1）分光光度计：能在652nm进行测量，配有5mm、10mm、20mm比色皿。

（2）分液漏斗：250mL，最好用聚四氟乙烯（PTFE）活塞。

（3）索氏抽提器：150mL平底烧瓶，$\phi 35mm \times 160mm$抽出筒，蛇形冷凝管。

注：玻璃器皿在使用前先用水彻底清洗，然后用质量分数为10%的乙醇盐酸清洗，最后用水冲洗干净。

四、试样制备

取样和保存样品应使用清洁的玻璃瓶，并事先经甲醇清洗过。短期保存建议在4℃冰箱中冷藏，如果样品需保存超过24h，则应采取保护措施。保存期为4d，加入体积分数为1%的40%甲醛溶液即可；保存期长达8d，则需用氯仿饱和水样。

本实训目的是测定水样中溶解态的阴离子表面活性剂。在测定前，应将水样预先经中速定性滤纸过滤以去除悬浮物。吸附在悬浮物上的表面活性剂不计在内。

五、操作步骤

1. 校准

取一组分液漏斗10个，分别加入100mL、99mL、97mL、95mL、93mL、91mL、

89mL、87mL、85mL、80mL 水，然后分别移入 0、1.00mL、3.00mL、5.00mL、7.00mL、9.00mL、11.00mL、13.00mL、15.00mL、20.00mL 直链烷基苯磺酸钠标准溶液，摇匀。按测定方法处理每一标准溶液，以测得的吸光度扣除试剂空白值（零标准溶液的吸光度）后与相应的 LAS 量（μg）绘制校准曲线。

2. 试份体积

为了直接分析水和废水样，应根据预计的亚甲蓝表面活性物质的浓度选用试份体积，见表 4-5。

表 4-5　试剂选取体积

预计的 MBAS 浓度/(mg/L)	试份量/mL	预计的 MBAS 浓度/(mg/L)	试份量/mL
0.05~2.0	100	10~20	10
2.0~10	20	20~40	5

当预计的 MBAS 浓度超过 2mg/L 时，按表 4-5 选取试份量，用水稀释至 100mL。

3. 测定

（1）将所取试份移至分液漏斗，以酚酞为指示剂，逐滴加入 1mol/L 氢氧化钠溶液至水溶液呈桃红色，再滴加 0.5mol/L 硫酸到桃红色刚好消失。

（2）加入 25mL 亚甲蓝溶液，摇匀后再移入 10mL 氯仿，激烈振摇 30s，注意放气。过分的摇动会发生乳化，加入少量异丙醇（小于 10mL）可消除乳化现象。加相同体积的异丙醇至所有的溶液中，再慢慢旋转分液漏斗，使滞留在内壁上的氯仿液珠降落，静置分层。

（3）将氯仿层放入预先盛有 50mL 洗涤液的第二个分液漏斗，用数滴氯仿淋洗第一个分液漏斗的放液管，重复萃取三次，每次用 10mL 氯仿。合并所有氯仿至第二个分液漏斗中，激烈摇动 30s，静置分层。将氯仿层通过玻璃棉或脱脂棉，放入 50mL 容量瓶中。再用氯仿萃取洗涤液两次（每次用量 5mL），此氯仿层也并入容量瓶中，加氯仿到标线。

如水相中蓝色变淡或消失，说明水样中亚甲蓝表面活性物浓度超过了预计量，以致加入的亚甲蓝全部被反应掉。应弃去试样，再取一份较少量的试份重新分析。

测定含量低的饮用水及地面水可将萃取用的氯仿总量降至 25mL。三次萃取用量分别为 10mL、5mL、5mL，再用 3~4mL 氯仿萃取洗涤液，此时检测下限可达到 0.02mg/L。

（4）每一批样品要做一次空白试验及一种校准溶液的完全萃取。

（5）每次测定前，振荡容量瓶内的氯仿萃取液，并以此液洗三次比色皿，然后将比色皿充满。在 652nm 处，以氯仿为参比液，测定样品、校准溶液和空白试验的吸光度。应使用相同光程的比色皿。每次测定后，用氯仿清洗比色皿。

以试份的吸光度减去空白试验的吸光度后，从校准曲线上查得 LAS 的质量。

4. 空白试验

按测定步骤进行空白试验，仅用 100mL 水代替试样。在试验条件下，每 10mm 光程长空白试验的吸光度不应超过 0.02，否则应仔细检查设备和试剂是否有污染。

六、数据处理

用亚甲蓝活性物质报告结果，以 LAS 计，平均分子量为 344.4。计算方法如下：

$$\rho = \frac{m}{V}$$

式中 ρ——水样中亚甲蓝活性物质的浓度，mg/L；

m——从校准曲线上读取的表观 LAS 质量，μg；

V——试份的体积，mL。

七、注意事项

（1）主要被测物以外的其他有机的硫酸盐、磺酸盐、羧酸盐、酚类以及无机的硫氰酸盐、氰酸盐、硝酸盐和氯化物等，它们或多或少地与亚甲蓝作用，生成可溶于氯仿的蓝色配合物，致使测定结果偏高。通过水溶液反洗可消除这些正干扰（有机硫酸盐、磺酸盐除外），其中氯化物和硝酸盐的干扰大部分被去除。

（2）经水溶液反洗仍未除去的非表面活性物引起的正干扰，可借气提萃取法将阴离子表面活性剂从水相转移到有机相而加以消除。

（3）一般存在于未经处理或一级处理的污水中的硫化物能与亚甲蓝反应，生成无色的还原物而消耗亚甲蓝试剂。可将试样调至碱性，滴加适量的过氧化氢（30%），避免其干扰。

（4）存在季铵类化合物等阳离子物质和蛋白质时，阴离子表面活性剂将与其作用，生成稳定的配合物，而不与亚甲蓝反应，使测定结果偏低。这些阳离子类干扰物可采用阳离子交换树脂（在适当条件下）去除。

（5）生活污水及工业废水中的一般成分，包括尿素、氨、硝酸盐以及防腐用的甲醛和氯化汞已表明不产生干扰。然而，并非所有天然的干扰物都能消除，因此被检物总体应确切地称为阴离子表面活性物质或亚甲蓝活性物质。

八、思考题

（1）如何选用合适的比色皿？

（2）空白试验的吸光度应在哪个范围内？

第五部分

大气环境监测实训

实训一　大气中二氧化硫的测定
（甲醛吸收-盐酸副玫瑰苯胺分光光度法）

一、目的
(1) 熟练有关溶液的配制及浓度标定的方法和原理。
(2) 掌握盐酸副玫瑰苯胺分光光度法测定大气中二氧化硫的原理。

二、原理

SO_2 是大气中的主要污染物之一，它来源于煤和石油等燃料的燃烧、含硫矿石的冶炼、硫酸等化工生产排放的废气。SO_2 通过呼吸进入人的气管，对局部组织产生刺激和腐蚀作用，是诱发支气管炎等疾病的原因之一。特别是当二氧化硫与烟尘等气溶胶共存时，可加重对呼吸道黏膜的损害。

测定 SO_2 常用的方法有分光光度法、紫外荧光法、电导法、火焰光度法等。本实训采用的是甲醛缓冲溶液吸收-盐酸副玫瑰苯胺分光光度法。该方法避免了使用毒性大的四氯汞钾吸收液，而在灵敏度、准确度方面均可与四氯汞钾吸收法相媲美，且样品采集后相当稳定，不过操作条件要求较严格。

二氧化硫被甲醛缓冲溶液吸收后，生成稳定的羟甲基磺酸加成化合物。在样品溶液中加入氢氧化钠使加成化合物分解，释放出的二氧化硫与盐酸副玫瑰苯胺、甲醛作用，生成紫红色化合物，根据颜色深浅，用分光光度计在577nm处测定其吸光度。

三、仪器
(1) 10mL 多孔玻板吸收管（用于短时间采样）。
(2) 50mL 多孔玻板吸收瓶（用于24h连续采样）。
(3) 空气采样器：用于短时间采样的普通空气采样器，流量 0～1L/min；用于24h连续采样的采样器，流量 0.1～0.5L/min。
(4) 分光光度计。
(5) 恒温水浴：0～40℃，控制精度为±1℃。

四、试剂
(1) 环己二胺四乙酸二钠溶液 c(CDTA-2Na) = 0.050mol/L：称取 1.82g 反式 1,2-环己二胺四乙酸（简称 CDTA），加入 1.50mol/L 的氢氧化钠溶液 6.5mL，溶解后用水稀释至 100mL。

(2) 甲醛缓冲吸收贮备液：吸取 36%～38% 的甲醛溶液 5.5mL，0.050mol/L 的 CDTA-2Na 溶液 20.00mL；称取 2.04g 邻苯二甲酸氢钾，溶解于少量水中；将三种溶液合并，用水稀释至 100mL，贮于冰箱，可保存 1 年。

(3) 甲醛缓冲吸收液：用水将甲醛缓冲吸收贮备液稀释至 100 倍而成，此吸收液每毫升含 0.2mg 甲醛，临用现配。

(4) 氢氧化钠溶液 $c(NaOH)=1.50mol/L$。

(5) 质量浓度为 0.60% 的氨磺酸钠溶液：称取 0.60g 氨磺酸（H_2NSO_3H）于烧杯中，加入 1.50mol/L 氢氧化钠溶液 4.0mL，搅拌至完全溶解后稀释至 100mL，摇匀。此溶液密封保存可使用 10d。

(6) 碘贮备液 $c(1/2I_2)=0.10mol/L$：称取 12.7g 碘（I_2）于烧杯中，加入 40g 碘化钾和 25mL 水，搅拌至完全溶解后，用水稀释至 1000mL，贮于棕色细口瓶中。

(7) 碘使用液 $c(1/2I_2)=0.05mol/L$：量取碘贮备液 250mL，用水稀释至 500mL，贮于棕色细口瓶中。

(8) 质量浓度为 0.5% 的淀粉溶液：称取 0.5g 可溶性淀粉于烧杯中，用少量水调成糊状，慢慢倒入 100mL 沸水中，继续煮沸至溶液澄清，冷却后贮于试剂瓶中。临用现配。

(9) 碘酸钾基准溶液 $c(1/6KIO_3)=0.1000mol/L$：称取 3.5667g 碘酸钾（KIO_3，优级纯，经 110℃ 干燥 2h）溶于水，移入 1000mL 容量瓶中，用水稀释至标线，摇匀。

(10) (1+9) 盐酸溶液。

(11) 硫代硫酸钠贮备液 $c(Na_2S_2O_3)=0.10mol/L$：称取 25.0g 硫代硫酸钠（$Na_2S_2O_3 \cdot 5H_2O$），溶解于 1000mL 新煮沸并已冷却的水中，加入 0.20g 无水碳酸钠，贮于棕色细口瓶中，放置一周后备用。如溶液呈现混浊，必须过滤。

(12) 硫代硫酸钠标准溶液 $c(Na_2S_2O_3) \approx 0.01000mol/L$：取 50.0mL 硫代硫酸钠贮备液，置于 500mL 容量瓶中，用新煮沸并已冷却的水稀释至标线，摇匀。

标定方法：吸取三份 0.1000mol/L 碘酸钾基准溶液 20.00mL 分别置于 250mL 碘量瓶中，加入 70mL 新煮沸并已冷却的水，加入 1g 碘化钾，摇匀至完全溶解后，加入 (1+9) 盐酸溶液 10mL，立即盖好瓶塞，摇匀。于暗处放置 5min 后，用硫代硫酸钠标准溶液滴定至浅黄色，加入 2mL 淀粉溶液，继续滴定溶液至蓝色刚好褪去为终点。硫代硫酸钠标准溶液的浓度按下式计算：

$$c=\frac{0.1000 \times 20.00}{V}$$

式中　c——硫代硫酸钠标准溶液的浓度，mol/L；
　　　V——滴定所消耗硫代硫酸钠标准溶液的体积，mL。

(13) 0.50g/L 乙二胺四乙酸二钠盐（EDTA-2Na）溶液：称取 0.25g 乙二胺四乙酸二钠盐（$C_{10}H_{14}N_2O_8Na_2 \cdot 2H_2O$），溶解于 500mL 新煮沸并已冷却的水中。临用现配。

(14) 1g/L 亚硫酸钠溶液：称取 0.200g 亚硫酸钠，溶解于 200mL EDTA-2Na 溶液中，缓缓摇匀以防充氧，使其溶解，放置 2～3h 后标定。此溶液每毫升相当于 320～400μg 二氧化硫。

标定方法：吸取三份 25.00mL 亚硫酸钠溶液，分别置于 250mL 碘量瓶中，并加入

50.0mL 碘使用液及 1.00mL 冰乙酸,盖塞,摇匀。于暗处放置 5min 后,用硫代硫酸钠标准溶液滴定至浅黄色,加入 5mL 淀粉溶液,继续滴定至溶液蓝色刚好褪去为终点。记录滴定硫代硫酸钠标准溶液的体积 V。

另取三份 EDTA-2Na 溶液 25mL,用同法进行空白试验。记录滴定硫代硫酸钠标准溶液的体积 V_0。

平行样滴定所耗硫代硫酸钠溶液的体积之差不应大于 0.05mL,取其平均值。

(15) 二氧化硫标准贮备溶液:立即吸取 2.00mL 亚硫酸钠溶液加到一个已装有 40~50mL 甲醛吸收液的 100mL 容量瓶中,并用甲醛吸收液稀释至标线、摇匀。此溶液即为二氧化硫标准贮备溶液,在 4~5℃下冷藏,可稳定 6 个月。

二氧化硫标准贮备溶液的浓度按下式计算:

$$\rho(SO_2) = \frac{(\overline{V_0} - \overline{V}) \times c_2 \times 32.02 \times 10^3}{25.00} \times \frac{2.00}{100}$$

式中 $\rho(SO_2)$——二氧化硫标准贮备溶液的质量浓度,μg/mL;

$\overline{V_0}$——空白滴定所耗硫代硫酸钠标准溶液的体积,mL;

$\overline{V}$——SO_2 标准溶液滴定所耗硫代硫酸钠标准溶液的体积,mL;

c_2——硫代硫酸钠标准溶液的浓度,mol/L。

用甲醛缓冲吸收液将二氧化硫标准贮备溶液稀释成每毫升含 1.0μg 二氧化硫的标准溶液。此溶液用于绘制标准曲线,在 4~5℃下保存,可稳定 1 个月。

(16) 质量浓度为 0.20% 的盐酸副玫瑰苯胺(PRA,即副品红、对品红)贮备液。

(17) 质量浓度为 0.05% 的盐酸副玫瑰苯胺使用溶液:吸取 0.20% 的 PRA 贮备液 25.00mL 于 100mL 容量瓶中,加入 85% 的浓磷酸 30mL、浓盐酸 12mL,用水稀释至标线,摇匀。放置过夜后使用,避光密封保存。

(18) 盐酸-乙醇清洗液:由三份(1+4)盐酸和一份 95% 乙醇混合配制而成,用于清洗比色管和比色皿。

五、步骤

1. 采样

(1) 短时间采样:根据环境空气中二氧化硫浓度的高低,采用内装 10mL 吸收液的 U 形玻板吸收管,以 0.5L/min 的流量采样,采样时吸收液温度应保持在 23~29℃范围内。

(2) 24h 连续采样:用内装 50mL 吸收液的多孔玻板吸收瓶,以 0.2~0.3L/min 的流量连续采样 24h,采样时吸收液温度应保持在 23~29℃范围内。放置在室(亭)内的 24h 连续采样器,进气口应连接符合要求的空气质量集中采样管路系统,以减少二氧化硫气样进入吸收瓶前的损失。

样品的采集、运输和贮存的过程中应避光。当气温高于 30℃时,采样后如不能当天测定,可将样品溶液贮于冰箱。

2. 标准曲线的绘制

取 14 支 10mL 具塞比色管,分 A、B 两组,每组 7 支,A 组按表 5-1 配制标准系列。

表 5-1　二氧化硫标准系列

管号	0	1	2	3	4	5	6
SO_2 标准使用液/mL	0	0.50	1.00	2.00	5.00	8.00	10.00
甲醛缓冲溶液/mL	10.00	9.50	9.00	8.00	5.00	2.00	0
二氧化硫含量/μg	0	0.50	1.00	2.00	5.00	8.00	10.00

B组各管加入 0.05%PRA 使用溶液 1.00mL，A组各管分别加入 0.60%氨磺酸钠溶液 0.5mL 和 1.50mol/L 氢氧化钠溶液 0.5mL，混匀。再逐管迅速将 A 组各管溶液全部倒入对应编号并装有 PRA 使用溶液的 B 管中，立即加塞摇匀后放入恒温水浴中显色。显色温度与室温之差应不超过 3℃，根据不同季节和环境条件按表 5-2 选择显色温度与显色时间。

表 5-2　二氧化硫显色温度与时间对照表

显色温度/℃	10	15	20	25	30
显色时间/min	40	25	20	15	5
稳定时间/min	35	25	20	15	10
试剂空白吸光度(A_0)	0.030	0.035	0.040	0.050	0.060

在波长 577nm 处，用 1cm 比色皿，以水为参比，测定吸光度。用最小二乘法计算标准曲线的回归方程式：

$$y = bx + a$$

式中　y——标准溶液吸光度 A 与试剂空白吸光度 A_0 之差（$A - A_0$）；

　　　x——二氧化硫含量，μg；

　　　b——回归方程式的斜率；

　　　a——回归方程式的截距（一般要求小于 0.005）。

本实验标准曲线斜率为 0.042±0.004。测定样品时的试剂空白吸光度 A_0 与绘制标准曲线时的 A_0 在显色规定条件下波动范围不超过±15%。

3. 样品测定

样品若有混浊物，应离心分离除去。样品应放置 20min 以使臭氧分解。

（1）短时间采集的样品：将吸收管中的样品溶液全部移入 10mL 具塞比色管中，用甲醛吸收液稀释至标线，加 0.5mL 氨磺酸钠，混匀，放置 10min，以除去氮氧化物干扰，后续步骤同校准曲线的制作。

（2）24h 采集的样品：将吸收瓶中溶液移入 50mL 容量瓶中，用少量甲醛吸收液洗涤吸收瓶，并入容量瓶中，再用吸收液稀释至标线，摇匀。吸取适量样品溶液（视浓度高低取 2~10mL）于 10mL 比色管中，再用吸收液稀释于标线，加 0.50mL 氨磺酸钠，混匀，放置 10min 以除去氮氧化物的干扰。后续步骤同校准曲线的制作。

六、结果分析

大气中 SO_2 的质量浓度按下式进行计算：

$$\rho(SO_2) = \frac{(A - A_0 - a)}{b \times V_r} \times \frac{V_t}{V_a}$$

式中 $\rho(SO_2)$——空气中二氧化硫的质量浓度，mg/m^3；
A——样品溶液的吸光度；
A_0——试剂空白溶液的吸光度；
b——校准曲线的斜率，吸光度$/\mu g$；
a——校准曲线的截距（一般要求小于 0.005）；
V_t——样品溶液的总体积，mL；
V_a——测定时所取试样的体积，mL；
V_r——换算成参比状态下的采样体积，L。

计算结果准确到小数点后三位。

七、注意事项

（1）掌握好显色温度和显色时间，特别在 25~30℃时严格控制反应条件是实训的关键。

（2）当空气中的 Mn^{2+} 含量$>1mg/10mL$ 或 Cr（Ⅵ）$>0.3mg/10mL$ 时会发生干扰，此时增大碱量即可消除。

（3）PRA 不纯时干扰显色。

（4）用过的具塞比色管及比色皿应及时用盐酸洗涤，否则红色难以洗净。具塞比色管用（1+4）盐酸溶液洗涤，比色皿用（1+4）盐酸加 1/3 体积乙醇混合液洗涤。

八、思考题

（1）本实训测定大气中二氧化硫的方法原理是什么？
（2）为什么要严格控制显色反应的条件？对本实训有何影响？

实训二　大气中氮氧化物的测定（盐酸萘乙二胺分光光度法）

一、目的

（1）学习大气样品的采集方法。
（2）掌握盐酸萘乙二胺分光光度法测定大气中NO_x的方法原理。

二、原理

大气中氮氧化物主要来源于化石燃料高温燃烧和硝酸、化肥等生产排放的废气以及汽车尾气。氮氧化物主要包括 NO、NO_2、N_2O、N_2O_3、N_2O_4 等，其中占主要成分的是 NO 和 NO_2。NO_x 对呼吸道和呼吸器官有刺激作用，是导致支气管哮喘等呼吸道疾病不断增加的原因之一。二氧化氮、二氧化硫和悬浮颗粒物共存时，会产生协同作用，对人体的危害更大。NO_x 能转化成硝酸和硝酸盐，通过降水对水和土壤环境等造成危害。

本实训介绍盐酸萘乙二胺分光光度法测定氮氧化物，该法是国内外目前普遍采用的方法。

空气中的二氧化氮被串联的第一支吸收瓶中的吸收液吸收并反应生成粉红色偶氮染料。空气中的一氧化氮不与吸收液反应,通过氧化管时被酸性高锰酸钾溶液氧化为二氧化氮,被串联的第二支吸收瓶中的吸收液吸收并反应生成粉红色偶氮染料。生成的偶氮染料在波长 540nm 处的吸光度与二氧化氮的含量成正比。分别测定第一支和第二支吸收瓶中样品的吸光度,计算两支吸收瓶内二氧化氮和一氧化氮的质量浓度,二者之和即为氮氧化物的质量浓度(以 NO_2 计)。

三、仪器

(1) 分光光度计。

(2) 空气采样器:流量范围 0.1~1.0L/min。采样流量为 0.4L/min 时,相对误差小于±5%。

(3) 恒温、半自动连续空气采样器:采样流量为 0.2L/min 时,相对误差小于±5%,能将吸收液温度保持在 20℃±4℃。采样连接管线为硼硅玻璃管、不锈钢管、聚四氟乙烯管或硅胶管,内径约为 6mm,尽可能短些,任何情况下不得超过 2m,配有朝下的空气入口。

(4) 吸收瓶:可装 10mL、25mL 或 50mL 吸收液的多孔玻板吸收瓶,液柱高度不低于 80mm。吸收瓶的玻板阻力、气泡分散的均匀性及采样效率按 HJ 479—2009 附录 A 检查。图 5-1 示出较为适用的两种多孔玻板吸收瓶。使用棕色吸收瓶或采样过程中吸收瓶外罩黑色避光罩。新的多孔玻板吸收瓶或使用后的多孔玻板吸收瓶,应用(1+1)HCl 浸泡 24h 以上,用清水洗净。

(5) 氧化瓶:可装 5mL、10mL 或 50mL 酸性高锰酸钾溶液的洗气瓶,液柱高度不能低于 80mm。使用后,用盐酸羟胺溶液浸泡洗涤。图 5-2 示出了较为适用的两种氧化瓶。

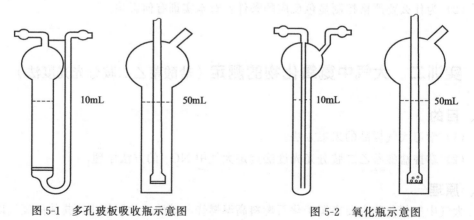

图 5-1 多孔玻板吸收瓶示意图　　　　图 5-2 氧化瓶示意图

四、试剂

除非另有说明,分析时均使用符合国家标准或专业标准的分析纯试剂和无亚硝酸根的蒸馏水、去离子水或相当纯度的水。必要时,实验用水可在全玻璃蒸馏器中以每升水加入 0.5g 高锰酸钾($KMnO_4$)和 0.5g 氢氧化钡 $[Ba(OH)_2]$ 重蒸。

(1) 冰乙酸。

(2) 盐酸羟胺溶液,$\rho=0.2\sim0.5g/L$。

(3) 硫酸溶液，$c(1/2H_2SO_4)=1mol/L$：取 15mL 浓硫酸（$\rho=1.84g/mL$），徐徐加到 500mL 水中，搅拌均匀，冷却备用。

(4) 酸性高锰酸钾溶液，$\rho(KMnO_4)=25g/L$：称取 25g 高锰酸钾于 1000mL 烧杯中，加入 500mL 水，稍微加热使其全部溶解，然后加入 1mol/L 硫酸溶液 500mL，搅拌均匀，贮于棕色试剂瓶中。

(5) N-(1-萘基) 乙二胺盐酸盐贮备液，$\rho[C_{10}H_7NH(CH_2)_2NH_2 \cdot 2HCl]=1.00g/L$：称取 0.50g N-(1-萘基) 乙二胺盐酸盐于 500mL 容量瓶中，用水溶解稀释至刻度。此溶液贮于密闭的棕色瓶中，在冰箱中冷藏，可稳定保存三个月。

(6) 显色液：称取 5.0g 对氨基苯磺酸 $[NH_2C_6H_4SO_3H]$ 溶解于约 200mL 40～50℃ 热水中，将溶液冷却至室温，全部移入 1000mL 容量瓶中，加入 50mL N-(1-萘基)乙二胺盐酸盐贮备液和 50mL 冰乙酸，用水稀释至刻度。此溶液贮于密闭的棕色瓶中，在 25℃ 以下暗处存放可稳定三个月。若溶液呈现淡红色，应弃之重配。

(7) 吸收液：使用时将显色液和水按 4∶1（体积比）比例混合，即为吸收液。吸收液的吸光度应小于等于 0.005。

(8) 亚硝酸盐标准贮备液，$\rho(NO_2^-)=250\mu g/mL$：准确称取 0.3750g 亚硝酸钠（$NaNO_2$，优级纯，使用前在 105℃±5℃ 干燥至恒重）溶于水，移入 1000mL 容量瓶中，用水稀释至标线。此溶液贮于密闭棕色瓶中于暗处存放，可稳定保存三个月。

(9) 亚硝酸盐标准工作液，$\rho(NO_2^-)=2.5\mu g/mL$：准确吸取亚硝酸盐标准贮备液 1.00mL 于 100mL 容量瓶中，用水稀释至标线。临用现配。

五、步骤

1. 采样

(1) 短时间采样（1h 以内）。取两支内装 10.0mL 吸收液的多孔玻板吸收瓶和一支内装 5～10mL 酸性高锰酸钾溶液的氧化瓶（液柱高度不低于 80mm），用尽量短的硅橡胶管将氧化瓶串联在两支吸收瓶之间（见图 5-3），以 0.4L/min 流量采气 4～24L。

(2) 长时间采样（24h）。取两支大型多孔玻板吸收瓶，装入 25.0mL 或 50.0mL 吸收液（液柱高度不低于 80mm），标记液面位置。取一支内装 50mL 酸性高锰酸钾溶液的氧化瓶，按图 5-4 所示接入采样系统，将吸收液恒温至 20℃±4℃，以 0.2L/min 流量采气 288L。氧化管中有明显的沉淀物析出时，应及时更换。一般情况下，内装 50mL 酸性高锰酸钾溶液的氧化瓶可使用 15～20d（隔日采样）。采样过程注意观察吸收液颜色变化，避免因氮氧化物质量浓度过高而穿透。

(3) 采样要求。采样前应检查采样系统的气密性，用皂膜流量计进行流量校准。采样流量的相对误差应小于±5%。采样期间，样品运输和存放过程中应避免阳光照射。气温超过 25℃ 时，长时间（8h 以上）运输和存放样品应采取降温措施。采样结束时，为防止溶液倒吸，应在采样泵停止抽气的同时，闭合连接在采样系统中的止水夹或电磁阀（见图 5-3 或图 5-4）。

图 5-3 手工采样系列示意图

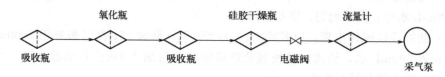

图 5-4 连续自动采样系列示意图

(4) 现场空白。装有吸收液的吸收瓶带到采样现场，与样品在相同的条件下保存、运输，直至送交实验室分析，运输过程中应注意防止沾污。要求每次采样至少做 2 个现场空白测试。

(5) 样品的保存。样品采集、运输及存放过程中避光保存，样品采集后尽快分析。若不能及时测定，将样品于低温暗处存放。样品在 30℃暗处存放，可稳定 8h；在 20℃暗处存放，可稳定 24h；于 0~4℃冷藏，至少可稳定 3d。

2. 标准曲线的绘制

取 6 支 10mL 具塞比色管，按表 5-3 制备亚硝酸盐标准溶液系列。根据表 5-3 分别移取相应体积的亚硝酸钠标准工作液，加水至 2.00mL，加入显色液 8.00mL。

表 5-3 NO_2^- 标准溶液系列

管号	0	1	2	3	4	5
标准工作液/mL	0.00	0.40	0.80	1.20	1.60	2.00
水/mL	2.00	1.60	1.20	0.80	0.40	0.00
显色液/mL	8.00	8.00	8.00	8.00	8.00	8.00
NO_2^- 质量浓度/(μg/mL)	0	0.1	0.2	0.3	0.4	0.5

各管混匀，于暗处放置 20min（室温低于 20℃时放置 40min 以上），用 10mm 比色皿，在波长 540nm 处，以水为参比测量吸光度，扣除 0 号管的吸光度以后，对应 NO_2^- 的质量浓度（μg/mL），用最小二乘法计算标准曲线的回归方程。

标准曲线斜率控制在 0.960~0.978 吸光度·mL/μg，截距控制在 0.000~0.005 之间（以 5mL 体积绘制标准曲线时，标准曲线斜率控制在 0.180~0.195 吸光度·mL/μg，截距控制在±0.003 之间）。

3. 空白试验

实验室空白试验：取实验室内未经采样的空白吸收液，用 10mm 比色皿，在波长 540nm 处，以水为参比测定吸光度。实验室空白吸光度 A_0 在显色规定条件下波动范围不超过±15%。

现场空白：同实验室空白试验测定吸光度。将现场空白和实验室空白的测量结果相对照，若现场空白与实验室空白相差过大，查找原因，重新采样。

4. 样品测定

采样后放置 20min，室温 20℃以下时放置 40min 以上，用水将采样瓶中吸收液的体积补充至标线，混匀。用 10mm 比色皿，在波长 540nm 处，以水为参比测量吸光度，同时测定空白样品的吸光度。若样品的吸光度超过标准曲线的上限，应用实验室空白试液稀释，再测定其吸光度。但稀释倍数不得大于 6。

六、结果分析

空气中二氧化氮质量浓度 $\rho(NO_2)$（mg/m^3）按下式计算：

$$\rho(NO_2) = \frac{(A_1 - A_0 - a) \times V \times D}{b \times f \times V_0}$$

空气中一氧化氮质量浓度 $\rho(NO)$（mg/m^3）以二氧化氮（NO_2）计，按下式计算：

$$\rho(NO) = \frac{(A_2 - A_0 - a) \times V \times D}{b \times f \times V_0 \times K}$$

空气中一氧化氮质量浓度 $\rho'(NO)$（mg/m^3）以一氧化氮（NO）计，按下式计算：

$$\rho'(NO) = \frac{\rho(NO) \times 30}{46}$$

以上各式中 A_1、A_2——串联的第一支和第二支吸收瓶中样品的吸光度；

A_0——实验室空白的吸光度；

b——标准曲线的斜率，吸光度·$mL/\mu g$；

a——标准曲线的截距；

V——采样用吸收液体积，mL；

V_0——换算为参比状态下的采样体积，L；

K——NO→NO_2 氧化系数，0.68；

D——样品的稀释倍数；

f——Saltzman 实验系数，0.88（当空气中二氧化氮质量浓度高于 $0.72mg/m^3$ 时，f 取值 0.77）。

七、注意事项

（1）吸收液应避光，且不能长时间暴露在空气中，以防止光照时吸收液显色或吸收空气中的氮氧化物而使试管空白值增高。

（2）氧化管适于在相对湿度为 30%～70% 时使用。当空气相对湿度大于 70% 时，应勤换氧化管；小于 30% 时，则在使用前，用经过水面的潮湿空气通过氧化管，平衡 1h。在使用过程中，应经常注意氧化管是否吸湿引起板结，或者变为绿色。若板结会使采样系统阻力增大，影响流量；若变为绿色，表示氧化管已失效。

（3）亚硝酸钠（固体）应密封保存，防止空气及湿气侵入。部分氧化成硝酸钠或呈粉末状的试剂都不能用直接法配制标准溶液。若无颗粒状亚硝酸钠试剂，可用高锰酸钾容量法标定出亚硝酸钠贮备液的准确浓度后，再稀释为含 $5.0\mu g/mL$ 亚硝酸根的标准溶液。

（4）溶液若呈黄棕色，表明吸收液已受三氧化铬污染，该样品应报废。

（5）绘制标准曲线，向各管中加亚硝酸钠标准使用溶液时，都应以均匀、缓慢的速度加入。

八、思考题

（1）大气中氮氧化物的测定方法和原理是什么？

（2）采气样时应注意哪些事项？

实训三 环境空气 PM_{10} 和 $PM_{2.5}$ 的测定（重量法）

一、目的
(1) 掌握大气的采样方法。
(2) 掌握颗粒物的测定方法和原理。

二、原理
分别通过具有一定切割特性的采样器，以恒速抽取定量体积空气，使环境空气中 $PM_{2.5}$ 和 PM_{10} 被截留在已知质量的滤膜上，根据采样前后滤膜的质量差和采样体积，计算出 $PM_{2.5}$ 和 PM_{10} 浓度。

三、仪器
(1) 切割器。
① PM_{10} 切割器、采样系统：切割粒径 $Da_{50}=(10\pm0.5)\mu m$；捕集效率的几何标准差为 $\sigma_g=(1.5\pm0.1)\mu m$。其他性能和技术指标应符合 HJ 93—2013 的规定。
② $PM_{2.5}$ 切割器、采样系统：切割粒径 $Da_{50}=(2.5\pm0.2)\mu m$；捕集效率的几何标准差为 $\sigma_g=(1.2\pm0.1)\mu m$。其他性能和技术指标应符合 HJ 93—2013 的规定。
(2) 采样器孔口流量计或其他符合本标准技术指标要求的流量计。
① 大流量流量计：量程 $(0.8\sim1.4)m^3/min$；误差≤2%。
② 中流量流量计：量程 $(60\sim125)L/min$；误差≤2%。
③ 小流量流量计：量程<30L/min；误差≤2%。
(3) 滤膜：根据样品采集目的可选用玻璃纤维滤膜、石英滤膜等无机滤膜或聚氯乙烯、聚丙烯、混合纤维素等有机滤膜。滤膜对 $0.3\mu m$ 标准粒子的截留效率不低于 99%。空白滤膜进行平衡处理至恒重，称量后，放入干燥器中备用。
(4) 分析天平：感量为 0.1mg 或 0.01mg。
(5) 恒温恒湿箱（室）：箱（室）内空气温度在 15~30℃ 范围内可调，控温精度 $\pm1℃$；箱（室）内空气相对湿度应控制在 $(50\pm5)%$。恒温恒湿箱（室）可连续工作。
(6) 干燥器：内置变色硅胶。

四、步骤
1. 样品采集

环境空气监测中采样环境及采样频率的要求，按 HJ 194 的要求执行。采样时，采样器入口距地面高度不得低于 1.5m。采样不宜在风速大于 8m/s 等天气条件下进行。采样点应避开污染源及障碍物。如果测定交通枢纽处 PM_{10} 和 $PM_{2.5}$，采样点应布置在距人行道边缘外侧 1m 处。

采用间断采样方式测定日平均浓度时，其次数不应少于 4 次，累积采样时间不应少于 18h。

采样时，将已称重的滤膜用镊子放入洁净采样夹内的滤网上，滤膜毛面应朝进气方向。将滤膜牢固压紧至不漏气。如果测定任何一次浓度，每次需更换滤膜；如测日平均浓度，样品可采集在一张滤膜上。采样结束后，用镊子取出。将有尘面两次对折，放入样品盒或纸袋，并做好采样记录。

2. 样品保存

滤膜采集后，如不能立即称重，应在4℃条件下冷藏保存。

3. 测定

将滤膜放在恒温恒湿箱（室）中平衡24h，平衡条件为：温度为15～30℃，相对湿度控制在45%～55%范围内，记录平衡温度与湿度。在上述平衡条件下，用感量为0.1mg或0.01mg的分析天平称量滤膜，记录滤膜质量。同一滤膜在恒温恒湿箱（室）中相同条件下再平衡1h后称重。对于PM_{10}和$PM_{2.5}$颗粒物样品滤膜，两次质量之差分别小于0.4mg或0.04mg为满足恒重要求。

五、结果分析

可吸入颗粒物浓度按下式计算：

$$\rho = \frac{m_2 - m_1}{V} \times 1000$$

式中　ρ——颗粒物浓度，mg/m^3；

　　　m_2——采样后滤膜的质量，mg；

　　　m_1——采样前滤膜的质量，mg；

　　　V——实际采样体积，m^3。

计算结果保留三位有效数字。小数点后数字可保留到第三位。

六、注意事项

（1）采样器每次使用前须进行流量校准。

（2）滤膜使用前均须进行检查，不得有针孔或任何缺陷。滤膜称量时要消除静电的影响。

（3）取清洁滤膜若干张，在恒温恒湿箱（室），按平衡条件平衡24h，称重。每张滤膜非连续称量10次以上，求每张滤膜的平均值为该张滤膜的原始质量。以上述滤膜作为"标准滤膜"。每次称滤膜的同时，称量两张标准滤膜。若标准滤膜称出的质量在原始质量±5mg（大流量）、±0.5mg（中流量和小流量）范围内，则认为该批样品滤膜称量合格，数据可用。否则应检查称量条件是否符合要求并重新称量该批样品滤膜。

（4）要经常检查采样头是否漏气。当滤膜安放正确，采样系统无漏气时，采样后滤膜上颗粒物与四周白边之间界线应清晰，如出现界线模糊时，则表明应更换滤膜密封垫。

（5）对电机有电刷的采样器，应尽可能在电机由于电刷原因停止工作前更换电刷，以免使采样失败。更换时间视以往情况确定。更换电刷后要重新校准流量。新更换电刷的采样器应在负载条件下运转1h，待电刷与转子的整流子良好接触后，再进行流量校准。

（6）当PM_{10}或$PM_{2.5}$含量很低时，采样时间不能过短。对于感量为0.1mg和0.01mg的分析天平，滤膜上颗粒物负载量应分别大于1mg和0.1mg，以减少称量误差。

（7）采样前后，滤膜称量应使用同一台分析天平。

七、思考题

(1) 什么是可吸入颗粒物？
(2) 本实训采样时应注意哪些事项？

实训四　总悬浮颗粒物的测定（重量法）

一、目的

(1) 掌握测定总悬浮颗粒物的采样方法。
(2) 掌握可沉降颗粒物的测定方法和原理。

二、原理

通过具有一定切割特性的采样器，以恒速抽取定量体积的空气，使环境空气中的总悬浮颗粒物被截留在已知质量的滤膜上，根据采样前后滤膜的质量差和采样体积，计算总悬浮颗粒物的浓度。

三、仪器

(1) 采样器：可选用大流量采样器或中流量采样器，其性能和技术指标应符合 HJ/T 374 的有关规定。

(2) 流量校准器：用于对不同流量的采样器进行流量校准。
① 大流量流量校准器：在 0.7～1.4m^3/min 范围内，相对误差在±2%以内。
② 中流量流量校准器：在 70～160L/min 范围内，相对误差在±2%以内。

(3) 分析天平：用于对滤膜进行称量，天平的实际分度值不超过 0.0001g。

(4) 恒温恒湿设备（室）：设备（室）内空气温度控制在 15～30℃任意一点，控温精度±1℃，湿度应控制在（50%±5%）RH 范围内；恒温恒湿设备（室）可连续工作。

(5) 一般实验室常用仪器和设备。

四、步骤

1. 采样前滤膜检查

滤膜称量前，应对每片滤膜进行检查。滤膜应边缘平整，表面无毛刺、无针孔、无松散杂质，且没有折痕、受到污染或任何破损。检查合格后的滤膜，方能用于采样。

2. 采样前滤膜称量

(1) 将滤膜放在恒温恒湿设备（室）中平衡至少 24h 后称量。平衡条件为：温度取 15～30℃中任何一点（一般设置为 20℃），湿度控制在（50%±5%）RH 范围内。

(2) 记录恒温恒湿设备（室）的平衡温度与湿度。

(3) 滤膜平衡后用分析天平对滤膜进行称量，每张滤膜称量两次，两次称量间隔至少 1h。当天平实际分度值为 0.0001g 时，两次质量之差小于 1mg；当天平实际分度值为 0.00001g 时，两次质量之差小于 0.1mg；以两次称量结果的平均值作为滤膜称量值。当两次称量之差超出以上范围时，可将相应滤膜再平衡至少 24h 后重新称量两次，若两次称量偏差仍超过以上范围，则该滤膜作废。记录滤膜的质量和编号等信息。

（4）滤膜称量后，将滤膜平放至滤膜袋（盒）中，不得将滤膜弯曲或折叠，待采样。

3. 采样

（1）监测点位布设要求应满足 HJ 194 或 GB 16297 的有关规定。当多台采样器同时采样时，中流量采样器相互之间的距离为 1m 左右，大流量采样器相互之间的距离为 2～4m。

（2）采样前，应现场使用流量校准器对采样器的采样流量进行检查。若流量测定误差超过采样器设定流量的±2%，应对采样流量进行校准。

（3）打开采样头，取出滤膜夹。用清洁无绒干布擦去采样头内及滤膜夹的灰尘。

（4）将经过检查和称重的滤膜放入洁净采样夹内的滤网上，滤膜毛面应朝向进气方向，将滤膜牢固压紧至不漏气。安装好采样头，按照采样器使用说明，设置采样时间，启动采样。

（5）根据工作需要，可选择设置采样时长，具体如下。

① 测定颗粒物日平均浓度，按 GB 3095 有关规定执行。

② 应确保滤膜增重不小于分析天平实际分度值的 100 倍。当分析天平的实际分度值为 0.0001g 时，滤膜增重不小于 10mg；当分析天平的实际分度值为 0.00001g 时，滤膜增重不小于 1mg。

（6）采样结束后，打开采样头，取出滤膜。使用大流量采样器采样时，将有尘面两次对折，放入滤膜袋（盒）中；使用中流量采样器采样时，将滤膜尘面朝上，平放入滤膜盒中。

（7）滤膜取出时，若发现滤膜损坏或滤膜采样区域的边缘轮廓不清晰，则该样品作废；若滤膜上粘有液滴或异物，则该样品作废。

4. 样品的运输

滤膜采集后，应妥善保存后运送至实验室。运输中不得倒置、挤压或发生较大的震动。

5. 样品的保存

滤膜采集后，应及时称量。若不能及时称量，应在不高于采样时的环境温度条件下保存，最长不超过 30d。若用于组分分析等，应符合相关监测方法的要求。

6. 采样后滤膜称量

按照要求对每片滤膜进行复查，不合格的样品作废处理，并做好相应记录。采样后滤膜的平衡时间、温湿度环境条件与采样前滤膜的平衡条件一致，称重步骤和要求同采样前滤膜称量。

五、结果分析

可吸入颗粒物浓度按下式计算：

$$\rho = \frac{m_2 - m_1}{V} \times 1000$$

式中　ρ——总悬浮颗粒物的浓度，$\mu g/m^3$；

　　　m_2——采样后滤膜的质量，mg；

　　　m_1——采样前滤膜的质量，mg；

V——根据相关质量标准或排放标准采用相应状态下的采样体积，m^3；

计算结果保留到整数位。

六、注意事项

（1）应确保采样过程没有漏气。当滤膜安放正确，采样系统无漏气时，采样后滤膜上颗粒物与四周白边之间界线应清晰，如出现界线模糊，应及时更换滤膜密封垫。

（2）滤膜称量前应有编号，应标记在滤膜非采样区域或滤膜袋（盒）上，且编号应具有唯一性和可追溯性。

（3）进行滤膜检查、称量时，应佩戴无粉末防静电手套。

（4）滤膜称量时应尽量消除静电的影响。

（5）滤膜称量时，分析天平的工作条件应与恒温恒湿设备（室）的环境条件保持一致。采样前后，滤膜称量应尽量使用同一台分析天平。

七、思考题

（1）什么是总悬浮颗粒物？

（2）本实训采样时应注意哪些事项？

实训五 大气中氯气的测定（甲基橙分光光度法）

一、目的

（1）了解测定氯气的原理。

（2）能够正确使用空气采样器。

（3）进一步熟悉分光光度计的使用方法。

二、原理

空气中的氯气被含有溴化钾的甲基橙硫酸溶液所吸收，氯气与溴化钾反应氧化成溴，溴能使甲基橙溶液褪色，根据颜色减弱的程度，比色定量。

三、仪器

（1）多孔玻板吸收管（普通型）。

（2）空气采样器，流量范围 0.2~1.0L/min，流量稳定。使用时，用皂膜流量计校准在采样前和采样后的流量，流量误差应小于 5%。

（3）具塞比色管 10mL，体积刻度应校正。

（4）分光光度计用 10mm 比色皿，在波长 507nm 测定吸光度。

四、试剂

1. 吸收溶液

（1）甲基橙贮备溶液：准确称量 0.1000g 甲基橙，溶于 50~100mL 40~50℃温水中，冷却至室温，加 20mL 95%乙醇，移入 1L 容量瓶中，加水至刻度。放在暗处可保存半年。

（2）吸收原液：准确量取 50.00mL 贮备液于 500mL 容量瓶中，加入 1g 溴化钾，加水稀释至刻度。用 10mm 比色皿，以水做参比，在波长 460nm 下，测定吸光度。用贮备溶液和水进行调整，以配制成吸光度为 0.63 的吸收原液。

(3) (1+6)硫酸溶液：量取 30mL 浓硫酸，缓慢加入 180mL 水中。

(4) 吸收工作液：采样前，量取 250mL 吸收原液和 50mL (1+6)硫酸溶液，于 500mL 容量瓶中，用水稀释到刻度。临用现配。

2. 标准溶液

(1) 标准贮备溶液：准确称量 1.1776g 经 105℃ 干燥 2h 的溴酸钾（优级纯），用少量水溶解，移入 500mL 容量瓶中，加水稀释到刻度。准确吸量 10.00mL 放入 1000mL 容量瓶中，加水至刻度，此溶液 1.00mL 含 30μg 氯。放在暗处可保存半年。

(2) 标准工作液：临用时，将贮备溶液用水稀释成 1.00mL 含 5μg 氯的标准工作液。

五、步骤

1. 采样

用一内装 8mL 吸收工作液的多孔玻板吸收管，以 0.5L/min 流量，采气 20L。当吸收溶液颜色明显减退时，即可停止采样。同时记录采样时的温度和大气压力。

2. 标准曲线的绘制

用 8 支 10mL 具塞比色管，依次加入标准溶液 0.00、0.20mL、0.40mL、0.60mL、0.80mL、1.00mL、1.20mL 和 1.60mL，再分别加入水至 4.0mL。各管加入 5mL 吸收原液，1mL (1+6)硫酸溶液，混匀，于 35℃ 放置 20min。用 10mm 比色皿，以水作参比，在波长 507nm 处测定吸光度。以氯的含量（μg）作为横坐标，零标准管与各管吸光度之差作为纵坐标，绘制标准曲线。以回归线斜率的倒数作为样品测定的计算因子 B_s(μg)。

3. 样品测定

采样后，将吸收液全部移入具塞比色管中，用少量吸收工作液洗吸收管，合并使总体积为 10mL。于 35℃ 放置 20min 后，按绘制标准曲线的操作步骤测吸光度。

每批样品测定的同时，取未采样的吸收工作液，按相同的操作步骤做空白测定。

六、计算

$$\rho = \frac{(A-A_0)B_s}{V_0}$$

式中　ρ——空气中氯气的含量，mg/m³；

A——样品溶液的吸光度；

A_0——试剂空白溶液的吸光度；

B_s——用标准溶液的标准曲线计算得到的计算因子，μg；

V_0——换算成标准状况下的采样体积，L。

七、注意事项

(1) 吸收液即显色液，用分光光度计校准其合适浓度以利于提高灵敏度。标准管与采样分析用的吸收液必须为同一批配制的，否则误差较大。如大气中氯浓度较低时，为便于观察采样时吸收液的颜色变化，可将吸收液的吸光度改为 0.40。但此时标准管亦用此同一浓度。

(2) 吸收液较为稳定，其贮备液可保存半年，并不受日光直射与温度的影响。采气速度以 0.5L/min 为宜，采样效率在 85% 以上。

(3) 显色反应的稳定性。在 25～30℃ 放置 20～30min，显色完全，呈色稳定。当气温 37℃、经阳光直射 2h 时，再放置两昼夜，基本无变化。

(4) 大气中存在氧化性与还原性气体则有干扰。游离溴与氯有相同反应，产生正干扰，二氧化硫呈负干扰，二氧化氮产生正干扰，硫化氢产生负干扰。所以现场测定时，需特别注意这些干扰物质的影响。

八、思考题

(1) 简述甲基橙分光光度法测定氯气时吸收液的配制及保存方法。

(2) 说出用绘制标准曲线的方法怎样得到计算因子 B_s 的值。

实训六　环境空气中铅的测定（AAS法）

一、目的

(1) 熟练掌握原子吸收分光光度计的使用方法。

(2) 学会原子吸收分光光度法测定金属元素的原理和方法。

二、原理

用石英纤维等滤膜采集环境空气中的颗粒物样品，经消解后，注入石墨炉原子化器中，经过干燥、灰化和原子化，其基态原子对 283.3nm 处的谱线产生选择性吸收，其吸光度值与铅的质量浓度成正比。

加入磷酸二氢铵作为基体改进剂，可消除基体干扰。高浓度的钙、硫酸盐、磷酸盐、碘化物、氟化物或醋酸会干扰铅的测定，可通过标准加入法来校正。背景干扰可通过扣除背景的方式来消除。

三、试剂和材料

(1) 硝酸：$\rho(HNO_3)=1.42g/mL$。

(2) 盐酸：$\rho(HCl)=1.19g/mL$。

(3) 过氧化氢：$\varphi(H_2O_2)=30\%$。

(4) 硝酸溶液：(1+9)，用 1.42g/mL 硝酸配制。

(5) 硝酸溶液：$\varphi(HNO_3)=1\%$。

(6) 铅标准贮备液：$\rho(Pb)=1.00mg/mL$。

(7) 铅标准使用液：$\rho(Pb)=0.5\mu g/mL$。将铅标准贮备液用 1% 的硝酸逐级稀释后，配制成含铅 $0.5\mu g/mL$ 的标准使用溶液。

(8) 石英纤维滤膜：对粒径大于 $0.3\mu m$ 颗粒物的截留效率≥99%。本底浓度值应满足测定要求。

(9) 基体改进剂：磷酸二氢铵溶液。

称取 5g 磷酸二氢铵，用 100mL 1% 的硝酸溶解，配制成质量浓度为 5% 的磷酸二氢铵溶液。

(10) 氩气：纯度不低于 99.99%。

四、仪器和设备

（1）TSP 切割器：切割粒径 $Da_{50}=(100\pm0.5)\mu m$。

（2）采样器：大流量采样器工作点流量一般为 $1.05m^3/min$；中流量采样器工作点流量一般为 $0.100m^3/min$。

（3）电热板或微波消解器。

（4）锥形瓶。

（5）石墨炉原子吸收分光光度计。石墨炉原子吸收分光光度计工作条件见表5-4。

表 5-4　石墨炉原子吸收分光光度计工作条件

项目	参数	项目	参数
灯电流	8mA	氩气流速	0.2L/min
狭缝	0.5nm	原子化阶段是否停气	是
干燥温度与时间	90℃,15s;120℃,15s。两级干燥	进样量	20μL
灰化温度与时间	700℃,20s	基体改进剂	2μL
原子化温度与时间	1400℃,5s	背景扣除方式	塞曼
清洗温度与时间	2500℃,5s	波长	283.3nm

五、步骤

1. 采样和试样的制备

（1）采集样品，采样的同时应详细记录采样环境条件。

（2）采集样品后的滤膜及全程序空白滤膜对折放入干净纸袋或膜盒中，放入干燥器中保存。

（3）试样的制备（电热板消解）。将滤膜裁成小块，置于锥形瓶中，然后依次加入 10mL 1.42g/mL 的硝酸、5mL 1.19g/mL 的盐酸和 3mL 的过氧化氢，静置 20~30min，待初始反应趋于平静后，于电热板上加热至微沸进行消解。蒸至尽干，再加入 5mL 1.42g/mL 的硝酸，1.5mL 的 H_2O_2，加热至尽干，冷却。然后加入 5mL 的（1+9）硝酸稍热溶解，将溶液过滤至 50mL 容量瓶中，并用1%的硝酸反复冲洗滤膜残渣至少三次，将洗涤液与过滤液合并，定容至刻度并摇匀。

（4）空白试样的制备。

① 全程序空白：将同批次两张滤膜带至采样现场，不采集样品。采样结束后，带回实验室，按试样的制备步骤制备成全程序空白试样。

② 实验室空白：将同批次两张滤膜按试样的制备步骤制备成实验室空白试样。

2. 标准曲线的绘制

（1）标准溶液的配制：取6个50mL容量瓶，按表5-5配制铅标准系列。用1%的硝酸稀释至标线，摇匀。

表 5-5　铅标准系列

瓶号	0	1	2	3	4	5
铅标准使用液/mL	0.00	1.00	2.00	3.00	4.00	5.00
铅浓度/(μg/L)	0.00	10.0	20.0	30.0	40.0	50.0

(2) 标准曲线的绘制：由低浓度到高浓度，依次向石墨管中注入铅标准溶液，加入 $2\mu L$ 磷酸二氢铵基体改进剂，按照选定的仪器工作条件，测定铅标准系列的吸光度，并建立标准曲线的线性回归方程。

3. 试样的测定

按标准曲线绘制时的仪器工作条件和操作步骤，测定试样的吸光度。

同样，按标准曲线绘制时的仪器工作条件和操作步骤，测定空白试样的吸光度。

六、结果计算与表示

1. 结果计算

根据所测的吸光度值，由线性回归方程计算出试样和空白试样中铅的浓度，并按下式计算环境空气中铅的浓度（$\mu g/m^3$）：

$$\rho(Pb) = \frac{(\rho_1 - \rho_0) \times 50}{V \times 1000} \times \frac{S_t}{S_a}$$

式中　$\rho(Pb)$——环境空气中铅的浓度，$\mu g/m^3$；

　　　ρ_1——试样中铅的浓度，$\mu g/L$；

　　　ρ_0——实验室空白试样中铅浓度的平均值，$\mu g/L$；

　　　50——试样溶液体积，mL；

　　　S_t——样品滤膜总面积，cm^2；

　　　S_a——测定时所取样品滤膜面积，cm^2；

　　　V——实际采样体积，m^3。

2. 结果表示

当测定值小于 $1\mu g/m^3$ 时，结果保留两位小数；当测定值大于或等于 $1\mu g/m^3$ 时，结果以三位有效数字表示。

七、思考题

样品消解的目的是什么？

实训七　环境空气中挥发性有机物的测定（FTIR法）

一、目的

(1) 熟练掌握傅里叶红外光谱仪的使用方法。

(2) 学会傅里叶红外光谱法测量金属元素的原理和方法。

二、原理

当波长连续变化的红外光照射被测目标化合物分子时，与分子固有振动频率相同的特定波长的红外光被吸收，将照射分子的红外光用单色器色散，按其波数依序排列，并测定不同波数被吸收的强度，得到红外吸收光谱。根据样品的红外吸收光谱与标准物质的拟合程度定性，根据特征吸收峰的强度半定量。

可能出现的干扰及消除方法如下。

(1) 混合样品中某一组分浓度相对其他组分过高，该组分过宽的吸收峰基部会对其他组分的分析产生干扰。

(2) 当混合样品中两种或多种组分的红外光谱吸收峰出现相互重合时，会对分析结果产生干扰。

(3) 当空气相对湿度大于85%时，样品中的过量水分会对分析结果造成干扰，可使用除湿装置或其他等效方式，降低空气中的湿度。

(4) 当样品中含尘量较大时，会污染仪器管路和分析单元，对分析结果产生干扰，须在采样管前安装防尘滤芯。

方法检出限和测定下限见表 5-6。

表 5-6　方法检出限和测定下限

化合物名称	分子式	检出限/(mg/m³)	测定下限/(mg/m³)
丙烷	C_3H_8	0.3	1.2
乙烯	C_2H_4	1	4
丙烯	C_3H_6	0.8	3.2
乙炔	C_2H_2	0.3	1.2
苯	C_6H_6	2	8
甲苯	C_7H_8	2	8
乙苯	C_8H_{10}	2	8
苯乙烯	C_8H_8	2	8

三、试剂和材料

(1) 高纯氮气：纯度≥99.999%。

(2) 防尘滤芯：玻璃纤维或其他不吸附挥发性有机物的材质，孔径≤2μm。

(3) 聚四氟乙烯气路管。

四、仪器和设备

1. 傅里叶红外光谱仪

光谱范围包含 900~4000cm^{-1}；光谱分辨率不大于 16cm^{-1}；光程长度不小于 1m。

2. 辅助设备

蓄电池、温度计、大气压力计、湿度计。

采样除湿装置：不吸附挥发性有机物，能将气体样品相对湿度降低到 85% 以下的装置（如半导体制冷器、压缩机制冷器、液氮制冷器等）。

五、步骤

1. 采样

(1) 采样前准备。

① 在仪器进气口前安装聚四氟乙烯气路管、防尘滤芯和采样除湿装置，并保证气路气密性完好。

② 准备蓄电池，确保电量充足。

③ 使用高纯氮气对气路管和仪器气室进行清洗。

④ 检查仪器的工作状态，确保光源强度、干涉图高度、样品室温度等参数达到测

试要求。

⑤ 用高纯氮气对仪器进行零点校准,保存背景谱图。

⑥ 基于采样泵流量和样品室容积合理计算并设置采样时间,保证气样能够充满样品室。

(2) 样品的采集。

① 采样布点与现场监测要求参照 HJ 589 的相关规定执行。

② 启动采样泵,采集待测气体样品,待气体充满样品室后结束采样。

③ 为增加样品采集和分析结果的代表性,每次分析至少连续采集 5 个样品,选择其中测定值最高的作为最终结果报出。

④ 样品分析完成后,用高纯氮气对气室进行清洗。

2. 样品的测定

(1) 背景扣除:通过工作软件扣除水和 CO_2 的干扰,再进行样品谱图分析。

(2) 定性分析:通过工作软件对样品中目标化合物和标准谱图库中的定量标准物质吸收光谱图进行自动匹配,根据匹配结果拟合度的高低,进一步进行人工谱图分析比对,最终得出定性分析结果。

化合物的特征红外振动频率见表 5-7,8 种挥发性有机物标准物质的傅里叶红外吸收光谱图参见 HJ 919—2017 附录 C。

(3) 定量分析:根据样品谱图定性分析结果,通过工作软件自动计算样品中挥发性有机物的半定量结果。

表 5-7 8 种挥发性有机物的特征红外振动频率

化合物名称	红外特征振动频率/cm^{-1}
丙烷	1310~1560,2800~3100
乙烯	800~1130,2929~3250
丙烯	810~1057,1600~1690,2277~2393,2800~3170
乙炔	1250~1412,3180~3380
苯	995~1073,1443~1551,3000~3130
甲苯	1366~1652,2833~3150
乙苯	980~1980,2800~3150
苯乙烯	870~1130,2950~3180

六、结果计算与表示

1. 结果计算

仪器定量结果以标准状态下样品的质量浓度表示。

当仪器显示单位为 μmol/mol 时,按下式换算成标准状态下的质量浓度:

$$\rho = \varphi \times \frac{M}{22.4}$$

式中 ρ ——目标化合物质量浓度,mg/m^3;

φ——目标化合物体积比浓度,μmol/mol;

M——目标化合物的摩尔质量,g/mol;

22.4——标准状态下气态分子的摩尔体积，L/mol。

2. 结果表示

结果的小数点后位数与方法检出限一致，最多保留三位有效数字。

七、注意事项

(1) 采样分析时，保证仪器的光源强度、干涉图高度、样品室温度等各项参数稳定，同时确认环境的温度、湿度以及含尘量等条件是否符合要求。

(2) 若开机后发现仪器的干涉图高度一直比较低，应用高纯氮气对检测器和背景气室进行冲洗；对检测器的冲洗，需注意控制氮气流速。

(3) 样品采集前后采样器管路和样品室要用氮气进行清洗，尤其是监测浓度较高或具有腐蚀性的气体后要进行充分的清洗。

(4) 每次采样前应更换防尘滤芯，防止交叉污染。

(5) 样品采集过程中要保证电源连续稳定供电。用蓄电池供电时，工作时间大于20min时，要随时观察仪器的光源强度、干涉图高度等参数是否正常，以防得到错误的结果。

八、思考题

挥发性有机物的定义及主要危害是什么？

实训八　环境空气中总烃、甲烷和非甲烷总烃的测定（气相色谱法）

一、目的

(1) 了解气相色谱法测定烃类的原理。

(2) 掌握气相色谱测定烃类的操作技术。

二、原理

将气体样品直接注入具有氢火焰离子化检测器的气相色谱仪，分别在总烃柱和甲烷柱上测定总烃和甲烷的含量，两者之差即为非甲烷总烃的含量。同时以除烃空气代替样品，测定氧在总烃柱上的响应值，以扣除样品中的氧对总烃测定的干扰。

三、试剂和材料

(1) 除烃空气：总烃含量（含氧峰）≤0.40mg/m³（以甲烷计）；或在甲烷柱上测定，除氧峰外无其他峰。

(2) 甲烷标准气体：10.0μmol/mol，平衡气为氮气。也可根据实际工作需要向具资质生产商定制合适浓度标准气体。

(3) 氮气：纯度≥99.999%。

(4) 氢气：纯度≥99.99%。

(5) 空气：用净化管净化。

(6) 标准气体稀释气：高纯氮气或者除烃氮气，纯度≥99.999%，按样品测定步骤测试，总烃测定结果应低于本标准方法检出限。

四、仪器和设备

(1) 采样容器：全玻璃材质注射器，容积不小于100mL，清洗干燥后备用；气袋材质符合 HJ 732 的相关规定，容积不小于1L，使用前用除烃空气清洗至少3次。

(2) 真空气体采样箱：由进气管、真空箱、阀门和抽气泵等部分组成，样品经过的管路材质应不与被测组分发生反应。

(3) 气相色谱仪：具有氢火焰离子化检测器。

(4) 进样器：带1mL定量管的进样阀或1mL气密玻璃注射器。

(5) 色谱柱：

① 填充柱：甲烷柱，不锈钢或硬质玻璃材质，$2m \times 4mm$，内填充粒径 $180 \sim 250 \mu m$（$80 \sim 60$ 目）的 GDX-502 或 GDX-104 担体；总烃柱，不锈钢或硬质玻璃材质，$2m \times 4mm$，内填充粒径 $180 \sim 250 \mu m$（$80 \sim 60$ 目）的硅烷化玻璃微珠。

② 毛细管柱：甲烷柱，$30m \times 0.53mm \times 25\mu m$ 多孔层开口管分子筛柱或其他等效毛细管柱；总烃柱，$30m \times 0.53mm$ 脱活毛细管空柱。

(6) 一般实验室常用仪器和设备。

五、步骤

1. 样品采集

环境空气按照 HJ 194 和 HJ 664 的相关规定布点和采样；污染源无组织排放监控点空气按照 HJ/T 55 或者其他相关标准布点和采样。采样容器经现场空气清洗至少3次后采样。以玻璃注射器满刻度采集空气样品，用惰性密封头密封；以气袋采集样品的，用真空气体采样箱将空气样品引入气袋，至最大体积的80%左右，立刻密封。

2. 运送空白

将注入除烃空气的采样容器带至采样现场，与同批次采集的样品一起送回实验室分析。

3. 样品保存

采集样品的玻璃注射器应小心轻放，防止破损，保持针头端向下状态放入样品箱内保存和运送。样品常温避光保存，采样后尽快完成分析。玻璃注射器保存的样品，放置时间不超过8h；气袋保存的样品，放置时间不超过48h，如仅测定甲烷，应在7d内完成。

4. 分析步骤

(1) 参考色谱条件：进样口温度100℃；柱温80℃；检测器温度200℃；载气为氮气，填充柱流量 $15 \sim 25 mL/min$，毛细管柱流量 $8 \sim 10 mL/min$；燃烧气为氢气，流量约30mL/min；助燃气为空气，流量约300mL/min；毛细管柱尾吹气为氮气，流量 $15 \sim 25 mL/min$，不分流进样；进样量为1.0mL。

(2) 校准系列的制备。以100mL注射器（预先放入一片硬质聚四氟乙烯小薄片）或1L气袋为容器，按1:1的体积比，用标准气体稀释气将甲烷标准气体逐级稀释，配制5个浓度梯度的校准系列，该校准系列的浓度分别是 $0.625 \mu mol/mol$、$1.25 \mu mol/mol$、$2.50 \mu mol/mol$、$5.00 \mu mol/mol$、$10.0 \mu mol/mol$。

(3) 绘制校准曲线。由低浓度到高浓度依次抽取1.0mL校准系列，注入气相色谱仪，分别测定总烃、甲烷。以总烃和甲烷的浓度（$\mu mol/mol$）为横坐标，以其对应的峰面积为纵坐标，分别绘制总烃、甲烷的校准曲线。（注：当样品浓度与校准气样浓度相近时可采用单点校准，单点校准气体应至少进样 2 次，色谱响应相对偏差应≤10%，计算时采用平均值。）

(4) 样品测定。

① 总烃和甲烷的测定：按照与绘制校准曲线相同的操作步骤和分析条件，测定样品的总烃和甲烷峰面积，总烃峰面积应扣除氧峰面积后参与计算。（**注意**：总烃色谱峰后出现的其他峰，应一并计入总烃峰面积。）

② 氧峰面积的测定：按照与绘制校准曲线相同的操作步骤和分析条件，测定除烃空气在总烃柱上的氧峰面积。

③ 空白试验：运输空白样品按照与绘制校准曲线相同的操作步骤和分析条件测定。

六、结果计算

样品中总烃、甲烷的质量浓度，按下式进行计算：

$$\rho = \varphi \times \frac{16}{22.4}$$

式中　ρ——样品中总烃或者甲烷的质量浓度（以甲烷计），mg/m^3；

　　　φ——从校准曲线或者对比单点校准点获得的样品中总烃或甲烷的浓度（总烃计算时应扣除氧峰面积），$\mu mol/mol$；

　　　16——甲烷的摩尔质量，g/mol；

　　22.4——标准状态（273.15K，101.325kPa）下气体的摩尔体积，L/mol。

样品中非甲烷总烃质量浓度，按照下式计算：

$$\rho_{NMHC} = (\rho_{THC} - \rho_M) \times \frac{12}{16}$$

式中　ρ_{NMHC}——样品中非甲烷总烃的质量浓度（以碳计），mg/m^3；

　　　ρ_{THC}——样品中总烃的质量浓度（以甲烷计），mg/m^3；

　　　ρ_M——样品中甲烷的质量浓度（以甲烷计），mg/m^3；

　　　12——碳的摩尔质量，g/mol；

　　　16——甲烷的摩尔质量，g/mol。

当测定结果小于 $1mg/m^3$ 时，保留至小数点后两位；当测定结果大于等于 $1mg/m^3$ 时，保留三位有效数字。

七、注意事项

(1) 采样容器使用前应充分洗净，经气密性检查合格，置于密闭采样箱中以避免污染。

(2) 样品返回实验室时，应平衡至环境温度后再进行测定。

(3) 测定复杂样品后，如发现分析系统内有残留时，可通过提高柱温等方式去除，以分析除烃空气确认。

八、思考题

(1) 在测试过程中有很多误差，应该怎样减少误差，优化测试步骤？

(2) 在进行校正后，怎样计算校正因子？单点校正时对校正因子有何影响？

实训九 有机氯农药的测定（气相色谱法）

一、目的
(1) 了解气相色谱测定有机氯农药的原理。
(2) 掌握气相色谱测定有机氯农药的操作技术。

二、方法和原理
用大流量采样器将环境空气气相和颗粒物中的有机氯农药采集到滤膜和聚氨酯泡沫（PUF）上，用乙醚-正己烷混合溶剂提取，提取液经浓缩、净化后，气相色谱分离，电子捕获检测器检测，根据保留时间定性，内标法或外标法定量。

三、试剂
(1) 丙酮（C_3H_6O）：农残级。
(2) 正己烷（C_6H_{14}）：农残级。
(3) 乙醚（$C_4H_{10}O$）：色谱纯。
(4) 二氯甲烷（CH_2Cl_2）：农残级。
(5) 无水硫酸钠（Na_2SO_4）：使用前在马弗炉中400℃烘烤4h，冷却后，于磨口玻璃瓶中密封保存。
(6) 氯化钠（NaCl）：使用前在马弗炉中400℃烘烤4h，冷却后，于磨口玻璃瓶中密封保存。
(7) 硫酸（H_2SO_4）：$\rho=1.84g/cm^3$，优级纯。
(8) 乙醚-正己烷混合溶剂：（1+9），临用现配。
(9) 丙酮-正己烷混合溶剂：（1+9），临用现配。
(10) 乙醚-正己烷混合溶剂：（5+5），临用现配。
(11) 乙醚-正己烷混合溶剂：（6+94），临用现配。
(12) 乙醚-正己烷混合溶剂：（15+85），临用现配。
(13) 氯化钠溶液（$\rho=50g/L$）：称取50.0g氯化钠于烧杯中，用水溶解并定容至1000mL，混匀，临用现配。
(14) 异狄氏剂和4,4'-DDT标准溶液（$\rho=100\mu g/L$）：直接购买市售有证标准溶液，用正己烷稀释。
(15) 替代物贮备液（$\rho=500\mu g/mL$）：直接购买市售有证标准溶液，含2,4,5,6-四氯间二甲苯（TCX）和十氯联苯（DCBP）混合液或单标溶液。亦可使用其他适宜的替代物。
(16) 替代物中间液（$\rho=50.0\mu g/mL$）：移取1.00mL替代物贮备液于10mL容量瓶中，用正己烷定容，混匀。
(17) 替代物使用液（$\rho=1.00\mu g/mL$）：移取1.00mL替代物中间液于50mL容量瓶中，用正己烷定容，混匀。
(18) 内标贮备液（$\rho=1000\mu g/mL$）：直接购买市售有证标准溶液，含1-溴-2-硝基苯（BNB）。

(19) 内标中间液（$\rho=100\mu g/mL$）：移取 1.00mL 内标贮备液于 10mL 容量瓶中，用正己烷定容，混匀。

(20) 内标使用液（$\rho=10.0\mu g/mL$）：移取 1.00mL 内标中间液于 10mL 容量瓶中，用正己烷定容，混匀。

(21) 标准贮备液（$\rho=2000\mu g/mL$）：直接购买市售有证标准溶液，包括 α-六六六、γ-六六六、β-六六六、δ-六六六、七氯、艾氏剂、环氧七氯 B、γ-氯丹、α-氯丹、硫丹Ⅰ、4,4'-DDE、狄氏剂、异狄氏剂、4,4'-DDD、硫丹Ⅱ、4,4'-DDT、异狄氏醛、硫丹硫酸酯、甲氧 DDT 和异狄氏酮共 20 种有机氯农药的混合溶液，浓度 2000μg/mL；六氯苯、2,4'-DDT、灭蚁灵单标溶液，浓度 2000μg/mL。亦可配制 23 种有机氯农药混合溶液。4℃以下密封保存，或参考标准溶液证书保存条件。

(22) 标准中间液（$\rho=40.0\mu g/mL$）：移取 1.00mL 标准贮备液于 50mL 容量瓶中，用正己烷定容，混匀。

(23) 标准使用液（$\rho=1.00\mu g/mL$）：分别移取 250μL 标准中间液和 200μL 替代物中间液于 10mL 容量瓶中，用正己烷定容，混匀。

注意：(14)~(23) 的溶液均转移至具有聚四氟乙烯衬垫的螺口玻璃瓶内，4℃以下冷藏，密封避光保存。

(24) 硅酸镁固相萃取柱：1000mg/6mL，亦可根据杂质含量选择适宜容量的商业化固相萃取柱。

(25) 硅酸镁：150~250μm（100~60 目），使用前于 130℃至少活化 18h，置于干燥器中冷却后，转移至玻璃瓶中密封保存。

(26) 石英/玻璃纤维滤膜：根据采样头选择合适规格。滤膜对 0.3μm 标准粒子的截留效率不低于 99%。使用前在马弗炉中 400℃加热 5h 以上，冷却后，保存于滤膜盒，保证滤膜在采样前、后不被污染，并在采样前处于平展状态。

(27) 聚氨酯泡沫（PUF）：聚醚型，密度为 22~25mg/cm^3，切割成长 70mm、直径为 45~65mm 的圆柱形（长度、直径根据玻璃采样筒的规格确定）。使用前先用热水烫洗，再放入温水中反复搓洗，沥干水分后，用丙酮清洗三次，放入索氏提取器，依次用丙酮、乙醚-正己烷混合溶剂回流提取 16h，更换 2~3 次新鲜的乙醚-正己烷混合溶剂回流提取，取出后在氮气流下干燥（亦可采用室温下真空干燥 2~3h）。放入玻璃采样筒于合适的容器内密封保存。

(28) 氮气：纯度≥99.999%。

(29) 玻璃棉：使用前用二氯甲烷回流提取 2~4h，干燥后密封保存。

四、仪器和设备

(1) 气相色谱仪：具有分流/不分流进样口、程序升温功能，推荐使用双电子捕获检测器。

(2) 色谱柱：石英毛细管色谱柱，30m（长）×0.25mm（内径）×0.25μm（膜厚），选择两根固定相极性不同的色谱柱。推荐色谱柱 1 固定相为 5%苯基、95%二甲基聚硅氧烷，或其他等效色谱柱；色谱柱 2 固定相为 14%氰丙基苯基、86%二甲基聚硅氧烷，或 35%苯基、65%二甲基聚硅氧烷，或其他等效色谱柱。

(3) 采样装置。

① 大流量采样器：满足 HJ 691 要求，具有自动累积采样体积、自动换算标准采样体积的功能，及自动定时、断电再启功能和自动补偿由于电压波动、阻力变化引起的流量变化的功能。在装有滤膜和吸附剂的情况下，对于大流量采样，其采样器的负载流量应能达到 250L/min，工作点流量为 225L/min；对于超大流量采样，其采样器的负载流量应能达到 900L/min，工作点流量为 800L/min。

② 采样头：满足 HJ 691 要求，由滤膜夹和采样筒套筒两部分组成，详见图 5-5。采样头的材质选用不锈钢或聚四氟乙烯等不吸附有机物的材料。滤膜夹包括滤膜上压环、滤膜和滤膜支架。采样筒套筒内部装有玻璃采样筒，采样筒底部由不锈钢筛网支撑，采样筒内的吸附材料为 PUF。采样筒用硅橡胶密封圈密封固定在滤膜夹和抽气泵之间。

(4) 索氏提取器：500mL 或 1000mL。亦可采用其他性能相当的提取装置。

(5) 玻璃层析柱：长 350mm，内径 20mm，底部具有聚四氟乙烯活塞的玻璃柱。

(6) 浓缩装置：旋转蒸发仪、氮吹浓缩仪或其他性能相当的设备。

(7) 固相萃取装置。

(8) 分液漏斗：60mL。

(9) 一般实验室常用仪器设备。

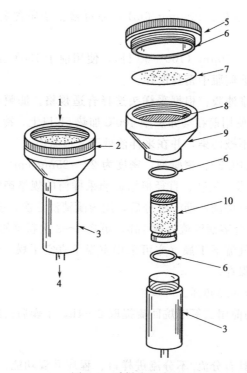

图 5-5　采样头示意图

1—气流入口；2—滤膜夹；3—采样筒套筒；4—气流出口；5—滤膜上压环；
6—硅橡胶密封圈；7—滤膜；8—不锈钢筛网；9—滤膜支架；10—玻璃采样筒

五、步骤

1. 样品的采集

(1) 环境空气样品。按 HJ 194 和 HJ 691 要求布设采样点位，进行气象参数的测定和样品采集。

现场采样前依次安装滤膜夹、采样筒套筒，连接采样器，调节采样流量，开始采样。采样结束后取下滤膜，采样尘面向里对折，取出玻璃采样筒，用铝箔纸包好，放入保存盒中密封保存。

(2) 现场空白样品。将密封保存的空白玻璃采样筒和滤膜带到采样现场，安装在采样头上不进行采样，之后卸下采样筒和滤膜，与样品相同的方法进行保存，随样品一起运回实验室。

2. 样品的保存

样品采集后常温避光保存，24h 内提取；否则应于 4℃以下避光冷藏，7d 内提取完毕。样品提取液在 4℃以下冷藏保存，40d 内完成分析。

3. 试样的制备

(1) 样品提取方法。将滤膜和玻璃采样筒转移至索氏提取器，于 PUF 添加 200μL 替代物使用液，加入 300~500mL 乙醚-正己烷混合溶剂回流提取 16h 以上，每小时回流 3~4 次。提取完毕冷却至室温，取出底瓶，冲洗提取杯接口，将清洗液一并转移至底瓶。加入无水硫酸钠至硫酸钠颗粒可自由流动，放置 30min 脱水干燥。

若采用自动索氏提取，用乙醚-正己烷混合溶剂回流提取不少于 40 个循环。只要能达到标准 HJ 900 规定的质量控制要求，亦可采用其他样品提取方式。

(2) 样品浓缩方法。将提取液转移入浓缩瓶中，在 45℃以下浓缩，将溶剂置换为正己烷，浓缩至 1.0mL 左右。如果采用硫酸净化，浓缩至 10mL 左右。

(3) 样品的净化方法。

① 硫酸净化。将样品提取浓缩液转移至 60mL 分液漏斗中，加入 5mL 硫酸，轻轻振摇并放气，振摇 1min，静置分层后弃去硫酸层。重复上述操作至硫酸层无色。有机相加入 5mL 氯化钠溶液，混合均匀，静置分层后弃去水相，在有机相加入无水硫酸钠脱水，浓缩至 1mL 以下，待净化。如果不需进一步净化，定容至 1.0mL，如果采用内标法定量，加入 10.0mL 内标使用液，转移至样品瓶中待分析。

此净化方法不适用于狄氏剂、异狄氏剂、硫丹Ⅰ、硫丹Ⅱ、异狄氏醛、异狄氏酮和甲氧 DDT 的测定。

② 硅酸镁固相萃取柱净化。取固相萃取柱，依次用 10mL 丙酮、10mL 正己烷预淋洗，弃去流出液。保持液面稍高于柱床，将样品提取浓缩液或硫酸净化浓缩液转移至柱内，接收流出液，用 1mL 正己烷洗涤样品瓶两次，将洗涤液转移至固相萃取柱，用 10mL 丙酮-正己烷混合溶剂洗脱，控制流速小于 2mL/min，继续接收洗脱液。洗脱液浓缩至 1.0mL 以下，如果采用内标法定量，定容至 1.0mL，加入 10.0μL 内标使用液，转移至样品瓶中待分析。

③ 硅酸镁层析柱净化。玻璃层析柱底部填充玻璃棉，以正己烷湿法填入 20g 硅酸镁，排出气泡，上部加入 1~2cm 无水硫酸钠。用 60mL 正己烷预淋洗，保持液面稍高于柱床，将提取浓缩液转移至层析柱，用 1mL 正己烷洗涤样品瓶 2 次，一并转移至层析柱内，弃去流出液。

用 200mL 乙醚-正己烷混合溶剂洗脱层析柱，洗脱速度 2~5mL/min，接收流出液作为第一级洗脱液。继续用 200mL 乙醚-正己烷混合溶剂洗脱层析柱，接收流出液作为第二级洗脱液。用 200mL 乙醚-正己烷混合溶剂洗脱层析柱，接收流出液作为第三级洗脱液。如果不分级接收，可直接使用 200mL 丙酮-正己烷混合溶剂洗脱层析柱，接收洗脱液。洗脱液浓缩至 1.0mL 以下，定容至 1.0mL，如果采用内标法定量，加入 10.0μL 内标使用液，转移至样品瓶中待分析。

第一级洗脱液中包括全部的多氯联苯，除硫丹类、狄氏剂、异狄氏剂及其降解产物外，其他农药基本在此级；狄氏剂、硫丹Ⅰ、异狄氏剂分布在第一级或第二级，也可能两级共存；硫丹Ⅱ、异狄氏酮、硫丹硫酸酯主要分布在第三级洗脱液中；异狄氏醛分布在第二级和第三级洗脱液中。

受固相萃取柱和层析柱规格、硅酸镁用量的影响，洗脱剂的用量可能不同，各级洗脱液中有机氯农药的洗脱效率存在差异，各实验室在使用前需进行条件实验；只要能达到规定质量控制要求，亦可采用其他样品净化方式。

（4）空白试验：现场空白样品按照试样的制备相同的操作步骤制备现场空白试样；同批采样筒和滤膜按照试样的制备相同的操作步骤制备实验室空白试样。

4. 分析步骤

（1）仪器参考条件。

① 选用两根不同极性的色谱柱，一根为分析柱，一根为验证柱。

进样口温度为 250℃；不分流进样，在 0.75min 分流，分流比 60∶1；进样量为 2.0μL；柱温 50℃保持 1min，以 25℃/min 升温至 180℃，保持 2min，以 5℃/min 升温至 280℃，保持 5min；载气为氮气；流量为 1.0mL/min；电子捕获检测器（ECD）温度为 300℃。

② 仪器的性能检查。标准曲线绘制前对仪器系统进行检查，注入 1.0μL 异狄氏剂和 4,4'-DDT 混合标准溶液，测定化合物的降解程度，如果除检测到上述化合物以外，还检测到异狄氏醛、异狄氏酮和 4,4'-DDE、4,4'-DDD，则表明异狄氏剂和 4,4'-DDT 发生分解，如果单一组分的降解量≥20%或二者的降解量之和≥30%，需对进样口和色谱柱头进行维护。系统检查合格后方可进行标准曲线绘制。

（2）校准曲线的绘制。移取一定量标准使用液，用正己烷稀释配制标准系列，标准系列浓度依次为 20.0μg/L、50.0μg/L、100μg/L、200μg/L、300μg/L。如果采用内标法定量，每 1.0mL 标准溶液加入 10.0μL 内标使用液。按仪器参考条件进行分析，记录目标化合物、内标、替代物的保留时间、峰面积（或峰高）。

以目标化合物浓度（或与内标浓度的比值）为横坐标，目标化合物峰面积或峰高（或与内标峰面积或峰高比值）为纵坐标，用最小二乘法绘制标准曲线。有机氯农药标准色谱图参见 HJ 901—2017。

（3）试样的测定。按照与标准曲线绘制相同的仪器参考条件进行试样的测定，记录色谱峰保留时间和峰面积（或峰高）。

（4）空白试验。按照与试样测定相同的仪器条件进行空白试样的测定。

六、结果计算与表示

1. 定性方法

根据保留时间进行定性。

当目标化合物在分析柱检出时，需用验证柱进行验证。如果在验证柱也检出，视为该组分检出；如果在验证柱未检出，视为该组分未检出。

必要时，可改变色谱条件分析或使用 GC-MS 进行验证。

2. 定量方法

根据峰面积（或峰高），采用内标法或外标法定量。当样品中内标受到干扰，峰面积（或峰高）异常时，必须使用外标法定量。定量结果报告分析柱结果。

3. 结果计算

环境空气中有机氯农药的质量浓度（ρ）按下式计算：

$$\rho = \frac{\rho_i \times V \times D}{V_s}$$

式中　ρ——环境空气中中目标化合物的质量浓度，ng/m^3；

　　　ρ_i——由标准曲线所得试样中目标化合物的质量浓度，$\mu g/L$；

　　　V——试样的浓缩定容体积，mL；

　　　D——试样的稀释倍数；

　　　V_s——标准状况下（101.325kPa，273K）的采样体积，m^3。

4. 结果表示

当环境空气中有机氯农药浓度 $\geqslant 1.00 ng/m^3$ 时，结果保留三位有效数字；小于 $1.00 ng/m^3$ 时，结果保留至小数点后两位。

七、思考题

(1) 提取液可以用二氯甲烷吗？对实训会有什么影响？

(2) 内标法的核心是哪一步？此实训可以用外标法吗？

实训十　旋风除尘

一、目的

(1) 掌握除尘器性能测定的主要内容和方法。

(2) 了解影响旋风除尘器压力损失、除尘效率的主要因素。

二、原理

1. 气体处理量的测定和计算

采用动压法测定处理气体量。测得除尘器进、出口管道中气体动压后，气速可按下式计算：

$$v_1 = \sqrt{2 p_{v_1}/\rho_g}$$
$$v_2 = \sqrt{2 p_{v_2}/\rho_g}$$

式中　v_1, v_2——除尘器进、出口管道气速，m/s；

　　　p_{v_1}, p_{v_2}——除尘器进、出口管道断面平均动压，Pa；

　　　ρ_g——气体密度，kg/m^3。

除尘器进、出口管道中的气体流量 Q_1、Q_2 分别为：

$$Q_1 = F_1 v_1$$
$$Q_2 = F_2 v_1$$

式中，F_1、F_2 为除尘器进、出口管道断面面积，m^2。

取除尘器进、出口管道中气体流量平均值作为除尘器的气体处理量 Q：

$$Q = \frac{1}{2}(Q_1 + Q_2)$$

2. 压力损失的测定和计算

除尘器压力损失（Δp）为其进、出口管道中气流的平均全压之差。当除尘器进、出口管道的断面面积相等时，则可采用其进、出口管道中气体的平均静压之差计算，即：

$$\Delta p = p_{s_1} - p_{s_2}$$

式中，p_{s_1}、p_{s_2} 为除尘器进、出口管道中气体的平均静压，Pa。

3. 除尘效率的测定和计算

除尘效率 η 采用质量浓度法测定，即同时测出除尘器进、出口管道中气流的平均含尘量 C_1 和 C_2，按下式计算：

$$\eta = (1 - \frac{C_2 Q_2}{C_1 Q_1}) \times 100\%$$

实训中，含尘量是采用光学原理通过专门的粉尘传感器来测定的。

三、装置

本实训装置如图 5-6 所示，其主要由自动粉尘加料装置、旋风除尘器、风机及数据采集系统组成。自动粉尘加料装置中采用调速电机，可用于配置不同浓度的含尘气体。旋风除尘器为有机玻璃壳体除尘器，其主要技术参数：风量（可用系统调节阀调节）为 300～700m^3/h；入口气体含尘量<50m^3/h；除尘效率 70%～80%；压力降<2000Pa。在旋风

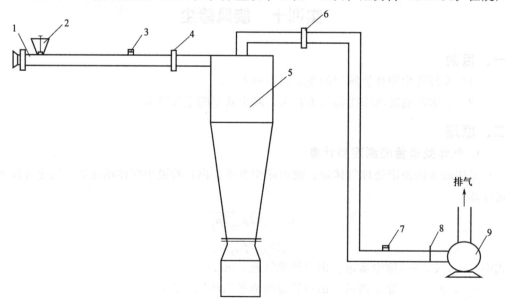

图 5-6　旋风除尘器性能实训装置

1—进气管段；2—自动粉尘加料装置；3—入口管段采样口；
4—除尘器入口测压环；5—旋风除尘器；6—除尘器出口测压环；
7—出口管段采样口；8—风量调节阀；9—高压离心风机

除尘器进、出口管段上设有测压环及采样口，各采样口所测得的数据可直接接入系统自带的数据采集系统进行在线采集打印，也可采用外加仪器进行测量，如进、出口测压环处的静压值可外加 U 形管或倾斜微压计进行测量。除尘器进、出口管段上的采样口可接毕托管和微压计在此处测定管道流速，以得到进、出口气体流量。

四、方法及步骤

（1）首先检查设备系统外况和全部电气连接线有无异常（如管道设备有无破损、卸灰装置是否安装紧固等），一切正常后开始操作。

（2）打开电控箱总开关，合上触电保护开关。

（3）在风量调节阀关闭的状态下，启动电控箱面板上的主风机开关。

（4）调节风量调节阀至所需的风量。

（5）将一定量的粉尘加到自动粉尘加料装置灰斗，然后启动自动粉尘加料装置电机，并可调节转速控制加灰速率。

（6）启动显示屏开关，读取系统自动采集到的风量、风速、风压、除尘效率、粉尘出入口浓度、环境空气湿度和温度数据；也可启动打印开关，将数据输出。

（7）调节风量调节阀、发尘旋钮，进行不同气体处理量、不同发尘浓度下的实训。

（8）实训完毕后依次关闭自动粉尘加料装置、主风机，并清理卸灰装置。

（9）关闭控制箱主电源。

（10）检查设备状况，没有问题后方可离开。

五、数据记录与处理

将数据记录于表 5-8 中。

表 5-8　数据记录表

环境温度		环境湿度	
工况 1-1			
风量		风速	
粉尘入口含尘量		粉尘出口含尘量	
风压		效率	
工况 1-2			
风量		风速	
粉尘入口含尘量		粉尘出口含尘量	
风压		效率	
工况 1-3			
风量		风速	
粉尘入口含尘量		粉尘出口含尘量	
风压		效率	
工况 2-1			
风量		风速	
粉尘入口含尘量		粉尘出口含尘量	
风压		效率	

续表

工况 2-2			
风量		风速	
粉尘入口含尘量		粉尘出口含尘量	
风压		效率	

工况 2-3			
风量		风速	
粉尘入口含尘量		粉尘出口含尘量	
风压		效率	

六、思考题

（1）旋风除尘器的除尘效率和压力损失随气体处理量的变化规律是什么？它对旋风除尘器的选择和运行控制有何意义？

（2）你认为实训中还存在什么问题？如何改进？

实训十一　碱液吸收法净化二氧化硫

一、目的

（1）了解用吸收法净化废气中 SO_2 的效果。

（2）改变气流速度，观察填料塔内气液接触情况和泛液现象。

（3）测定填料吸收塔的吸收效率。

二、原理

含 SO_2 的气体可采用吸收法进行净化处理，由于 SO_2 在水中的溶解度不高，常采用化学吸收方法。SO_2 的吸收剂种类较多，可采用 NaOH 溶液或 Na_2CO_3 作为吸收剂，吸收过程发生的主要化学反应为：

$$2NaOH + SO_2 \longrightarrow Na_2SO_3 + H_2O$$
$$Na_2CO_3 + SO_2 \longrightarrow Na_2SO_3 + CO_2$$
$$Na_2SO_3 + SO_2 + H_2O \longrightarrow 2NaHSO_3$$

通过测定填料吸收塔进出口气体中 SO_2 的含量，即可近似计算出吸收塔的平均净化效率，进而了解吸收效果。通过测定填料塔进出口气体的全压，即可计算出填料塔的压降。通过对比清水吸收和碱液吸收 SO_2 的效果，可测出体积吸收系数并认识到物理吸收和化学吸收的差异。

三、装置、仪器

1. 装置与流程

SO_2 碱液吸收实训系统如图 5-7 所示。系统组成部分及功能如下：

（1）涡轮气泵，提供实训系统的载气源；

（2）气体流量计，用于计量载气流量；

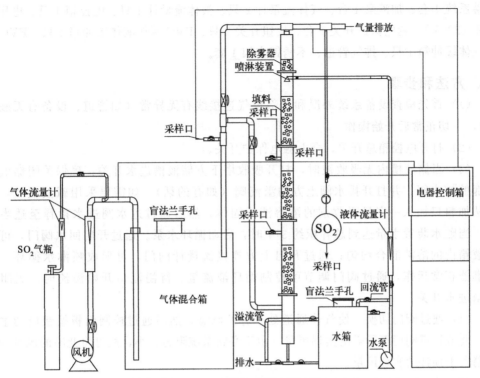

图 5-7 SO₂ 碱液吸收实训系统

(3) SO₂ 气体钢瓶 1 套，与玻璃转子流量计配合使用，以配制所需浓度的入口 SO₂ 气体；

(4) SO₂ 进气三通接口，为 SO₂ 气体向载气的注入口；

(5) 气体混合箱，在此处，SO₂ 与载气充分混合，使得输出气体中 SO₂ 浓度相对恒定；

(6) 混合气体主流量计，用于计量进入吸收塔的气体量；

(7) 混合气体主流量计上方设有入口气体采样测定孔，再上面为一个三通部件，三通向上管路为旁路管，用于实验开始阶段调节实验工况（如调节入口气体浓度、流量等），向下管段为吸收塔进气管，进气与旁路通过阀门切换；

(8) 填料吸收塔，采用有机玻璃制成的三段填料吸收塔，每段均配有气体采样口，配吸收液喷淋装置，最上部为除雾层；

(9) 吸收塔顶部排气管，该管设有一带阀门的出口气体采样管口；

(10) 吸收液循环槽系统，用来准备吸收液，储存、循环吸收液，包括：储液槽，进水口及阀，吸收液注加及维护手孔，溢流口、放空口以及由管道和阀门组成的排液系统，不锈钢水泵（通过控制箱面板按钮控制运行）、控制阀、流量计组成的循环液系统。

(11) 电器控制箱，用于系统的运行控制。

2. 仪器

有机玻璃填料塔 1 套（$d=100mm$、$h=2000mm$）、进出口风管 1 套、采样口 2 组、测压环 2 组、涡轮气泵 1 台（压力 $0.016MPa$，气量 $100m^3/h$）、带气体 SO₂ 钢瓶 1 套、

喷淋系统1套、加液泵1台、气体流量计2只、液体流量计1只、电控箱1只、电压表1只（220V）、漏电保护开关1套、按钮开关2只、PVC制作液体缓冲箱1只、PVC制作气体缓冲箱1只、排气管道、不锈钢支架1套。

四、方法和步骤

（1）首先检查设备系统外况和全部电气连接线有无异常（如管道、设备有无破损等），一切正常后开始操作。

（2）打开电控箱总开关，合上触电保护开关。

（3）当储液槽内无吸收液时，打开吸收塔下方储液槽进水开关，确保关闭储液箱底部的排水阀，并打开排水阀上方的溢流阀（如有的话）。如需要采用碱液吸收，则先从加料口加入一定量吸收剂的浓溶液或固体，然后通过进水阀进水稀释至适当浓度。当贮水装置水量达到总容积约3/4时，启动循环水泵。通过开启回水阀门，可将储液箱内的溶液混合均匀；通过开启上方连接流量计阀门，可形成喷淋水循环，使喷淋器正常运作，通过阀门调节可控制循环液流量。待溢流口开始溢流时，关闭储液箱进水开关。

（4）通过阀门切换，使气体通道处于旁路状态，然后通过控制面板按钮启动主风机，调节管道阀门至所需的实训风量（由于旁路系统阻力较小，故可将此时的风量调节到稍大于预计的实训风量。

（5）将SO_2测定仪密闭连接到气体入口采样管口，采样阀处于开通状态。

（6）在风机运行的情况下，首先确保SO_2钢瓶减压阀处于关闭状态，然后小心拧开SO_2钢瓶主阀门，再慢慢开启减压阀。通过观察转子流量计刻度读数和入口处SO_2测定仪所指示的气体SO_2浓度，调节阀门至所需的入口浓度（稍小于实训设定的入口浓度）。

（7）调节循环液至所需流量，通过气体管线阀门切换，关闭旁路，打开吸收塔入口管道。入口和出口气体中的SO_2浓度可通过采样口测定或进行样品采集。通过U形压力计连接吸收塔出入口采样口，可读出各工况下的吸收设备压降。（**注意**：在不更新吸收液的情况下，吸收效率可能随时间的增加而下降。）

（8）可通过循环回路所设阀门调节循环液流量，从而进行不同液气比条件下的吸收实验；也可通过调节吸收液的组分和浓度进行实训。

（9）吸收实训操作结束后，先关闭SO_2气瓶主阀，待压力表指数回零后关闭减压阀，然后依次关闭主风机、循环泵的电源。在较长时间不用的情况下，打开储液箱和填料塔底部的排水阀，排空储液箱和填料塔。

（10）关闭控制箱主电源。

（11）检查设备状况，确认没有问题后方可离开。

五、注意事项

（1）填料塔吸收循环液中不宜含有固体（不能采用钙盐吸收剂），较长时间不用时需用清水洗涤。

（2）在操作过程中，控制一定的液气比及气流速度，及时检查设备运转情况，防止液泛、雾沫夹带现象发生。

实训十二　湿法烟气除尘脱硫循环实训

一、目的
烟气脱硫是控制二氧化硫的重要手段之一，其中湿法烟气脱硫是一种重要的烟气控制与处理方法。本实训采用我国广泛存在的低品位软锰矿作为湿法烟气脱硫的吸收剂，不仅能有效脱硫，还可同时产生具有一定工业价值的产品。通过本实训，要达到以下目的：

(1) 掌握从含二氧化硫烟气中回收硫资源的工艺选择原则、反应原理、反应器设计选型原则；

(2) 掌握湿法烟气脱硫工程的设计要点、工艺运行特性；

(3) 培养并提高理论联系实际及工程设计实践能力。

二、原理与内容
1. 原理
软锰矿烟气脱硫技术利用烟气中 SO_2 与软锰矿中 MnO_2 的氧化-还原特性同步进行气相脱硫与液相浸锰，实现了废气中 SO_2 与低品位软锰矿的资源化利用，具有实际应用和推广价值。其主要的反应方程式为：

$$MnO_2 + SO_2 \cdot H_2O \longrightarrow MnSO_4 + H_2O$$

2. 内容
(1) 确定各级反应器脱硫效果。实训过程中，通过测定各级吸收反应器进出口气体中 SO_2 的含量，即可近似计算出软锰矿浆的平均吸收净化效率，进而确定各级的吸收效果及总吸收净化情况。气体中 SO_2 含量的测定由气体在线监测仪测定。

(2) 探究不同工艺条件对废气脱硫的影响。实训过程中，通过改变二氧化硫浓度、固液比等工艺条件，观察反应温度的变化，并分析其对脱硫率的影响，进而找到最佳脱硫工艺参数。

三、装置与试剂
1. 装置与流程
软锰矿烟气脱硫技术装置如图 5-8 所示。

2. 仪器
(1) Ⅰ级脱硫吸收反应器：$\phi 1000mm \times 2600mm$，304L，1 台。

(2) Ⅱ级脱硫吸收反应器：$\phi 800mm \times 2500mm$，304L，1 台。

(3) Ⅲ级脱硫吸收反应器：$\phi 750mm \times 2500mm$，304L，1 台。

(4) 吸收液计量泵输送装置：LG-600L，2 台。

(5) 吸收浆液配制器：$\phi 1200mm \times 2000mm \times 1000mm$，1 台。

(6) 搅拌器：1.5kW，3 台。

(7) 槽：$\phi 1200mm \times 2000mm \times 1000mm$，2 台。

四、方法和步骤
(1) 按照装置图检查各级反应器连接阀门是否开启，搅拌装置是否正常，气体通气

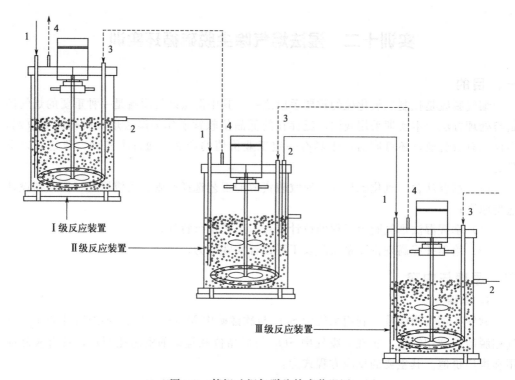

图 5-8 软锰矿烟气脱硫技术装置图
1—浆液入口；2—溢流管；3—SO_2 气体入口；4—SO_2 气体出口

是否正常。

(2) 将吸收剂与水在配浆槽内以实训需要的固液比配成吸收浆液。

(3) 开启计量输送浆液泵，将配制好的浆液计量送入Ⅰ级吸收反应器中，待其注满后将溢流进入Ⅱ级吸收反应器，最后溢流到Ⅲ级吸收反应器，直到注满整个反应器。各级反应器待浆液体积达到一定值，开启吸收反应器配套的搅拌器，并设置适当的搅拌速度。

(4) 启动二氧化硫发生器，将设定好浓度的二氧化硫气体计量送入Ⅲ级吸收反应器中，反应后的尾气再分别进入Ⅱ级吸收反应器及Ⅰ级吸收反应器，最后排空。气体与液体在反应器中以逆流方式进行。

(5) 在吸收反应器中，二氧化硫与吸收剂充分接触反应，模拟废气经净化达标后排空，记录各级吸收反应器进出口的二氧化硫浓度。

(6) 通过改变二氧化硫浓度、固液比等工艺条件，考察其对各级反应器烟气脱硫效果的影响，寻求最佳烟气脱硫工艺参数，记录各反应条件下各级吸收反应器中温度的变化。

(7) 对实训数据进行分析，撰写实训报告。

五、数据记录与分析

1. 数据记录

实训过程中，主要记录各级反应器的二氧化硫进出口浓度，将结果记录在表 5-9 中。

表 5-9　二氧化硫浓度记录表

实训时间＿＿＿＿＿＿＿＿　　　　　实训人员＿＿＿＿＿＿＿＿

工艺条件	参数	Ⅰ级进口浓度 mg/L	Ⅰ级出口浓度 mg/L	Ⅱ级进口浓度 mg/L	Ⅱ级出口浓度 mg/L	Ⅲ级进口浓度 mg/L	Ⅲ级出口浓度 mg/L	Ⅰ级反应器温度 /℃	Ⅱ级反应器温度 /℃	Ⅲ级反应器温度 /℃	Ⅰ级去除率 /%	Ⅱ级去除率 /%	Ⅲ级去除率 /%	总去除率 /%
二氧化硫浓度 mg/L	20000													
	10000													
	5000													
	2000													
固液比	1:5													
	1:3													
	1:1													
	2:1													

2. 数据处理

（1）二氧化硫去除率 η 的计算公式为：

$$\eta = \left(1 - \frac{\rho_2}{\rho_1}\right) \times 100\%$$

式中　ρ_1——各级吸收反应器进口二氧化硫浓度；

　　　ρ_2——各级吸收反应器出口二氧化硫浓度。

（2）最佳工艺参数的确定：根据计算获得的数据，绘制二氧化硫去除率与各工艺参数设定的关系曲线，并找到其最佳工艺参数。

六、结果与讨论

（1）从实训结果和绘出的曲线，可以得出哪些结论？

（2）通过实训有什么体会？对实训有何改进意见？

（3）分析软锰矿脱硫与常规钙基脱硫的优缺点。

实训十三　袋式除尘器除尘性能实训

一、目的

（1）通过本实训，进一步提高对袋式除尘器结构、型式和除尘机理的认识。

（2）掌握袋式除尘器主要性能的实训方法。

（3）了解过滤速度对袋式除尘器压力损失及除尘效率的影响。

二、原理

袋式除尘器也称为过滤式除尘器，是一种干式高效除尘器，它是利用纤维编织物制作的袋式过滤元件来捕集含尘气体中固体颗粒物的除尘装置，示意图见图 5-9。含尘气体从袋式除尘器入口进入后，由导流管进入各单元室，在导流装置的作用下，大颗粒粉尘分离后直接落入灰斗，其余粉尘随气流均匀进入各舱室过滤区中的滤袋。当含尘气体穿过滤袋时，粉尘即被吸附在滤袋上，而被净化的气体从滤袋内排出。当吸附在滤袋上的粉尘达到一定厚度时，开启电磁阀，喷吹空气从滤袋出口处自上而下以与气体排除的相反方向进入滤袋，将吸附在滤袋外面的粉尘清落至下面的灰斗中，粉尘经卸灰阀排出后利用输灰系统送出。

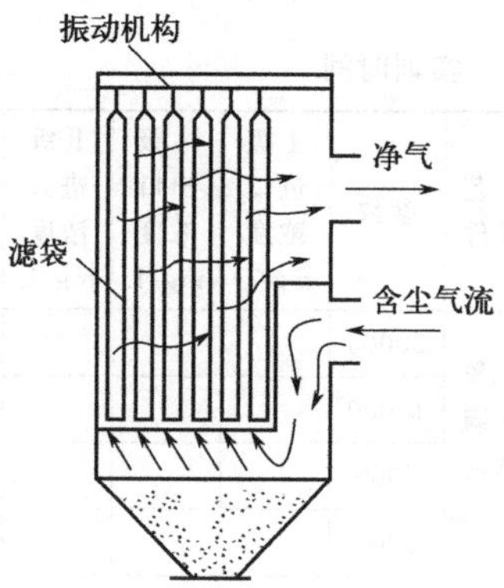

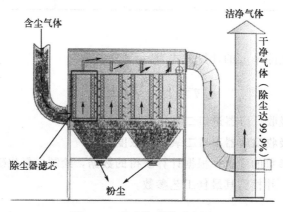

图 5-9　袋式除尘器示意图

三、设备和仪器

1. 仪器

微压计 1 个、倾斜微压计（YYT-200 型）2 台、毕托管 1 支、秒表 2 个、电子天平（分度值为 1g）1 台。

2. 设备

袋式除尘器工作流程见图 5-10。

图 5-10　袋式除尘器示意图

四、步骤

（1）运行除尘器，测量进风口和出风口的静压和管径中心的动压。

（2）称量 500g 滑石粉，在进风口处 5min 内均匀送尘完毕后，测进风口和出风口的平均静压和管径中心处动压，然后振打清灰，收集灰斗处粉尘，计算除尘效率。

（3）称量 1000g 滑石粉，重复步骤（2），并计算在该条件下的除尘效率。

五、数据处理

按表 5-10 整理数据。

表 5-10　数据记录表

项目 粉尘量/g	进口处			出口处			粉尘捕集量/g	除尘效率/%
	静压/Pa	动压/Pa	全压/Pa	静压/Pa	动压/Pa	全压/Pa		
0								
500								
1000								

六、思考题

（1）试分析袋式除尘器压力损失、流量和除尘效率之间的关系。

（2）除尘器除尘效率高就能说明除尘器除尘性能好吗？为什么？

实训十四　UV 光解实训

一、目的

（1）了解工业废气的组成和来源。

（2）了解工业废气的处理方法。

（3）掌握 UV 光解设备使用方法。

二、技术原理

（1）利用特定的高能高臭氧紫外线（UV）光束照射恶臭气体，裂解恶臭气体如氨、三甲胺、硫化氢、甲硫氢、甲硫醇、甲硫醚、二甲二硫、二硫化碳、苯乙烯、VOCs、苯、甲苯、二甲苯等的分子链结构，使有机或无机高分子恶臭化合物分子链在高能紫外线光束照射下，降解转变成原子、自由基等。

（2）利用高臭氧高能紫外线光束分解空气中的氧分子，产生游离氧，因游离氧所携带的正负电子不平衡所以需与氧分子结合，进而产生臭氧。

$$O_2 \longrightarrow O^- + O^* （游离氧）$$

$$O + O_2 \longrightarrow O_3 （臭氧）$$

由于臭氧对有机物具有极强的氧化作用，因而其对恶臭气体及其他刺激性异味有立竿见影的消除效果。

（3）恶臭气体利用排风设备输入净化设备后，净化设备运用高能 UV 紫外线光束及臭氧对恶臭气体进行协同分解、氧化反应，将恶臭气体物质降解并转化成低分子化合物，如水和二氧化碳等，达到废气净化、脱臭的目的。

UV 光解净化技术在一定程度上模拟了太阳中紫外光分解净化废气的分解机理，通过技术手段，可以针对性地人为控制紫外线分解废气的分解能量和过程，在短时间内增强紫外线能量的释放，加速分解氧化速度。

三、仪器

（1）废气收集管：流量范围 $0\sim3000\ m^3/h$。

（2）UV 高效光解净化设备：灯管数量 12 只（单只 150W）。

（3）风机。

（4）气体排放管。

四、流程

将废气排放管末端用一个带有开口的集气罩套住（开口用于补充新风），并用收集管将废气引至 UV 高效光解净化设备的进气口。净化设备的前端设有脱水装置，可将大量的水汽凝结并排出。随后将废气引入 UV 光解反应室，在 UV 高效光解净化设备出风口处连接风机，反应后的净化气体由风机出口接至排气管排出。流程图如图 5-11 所示。

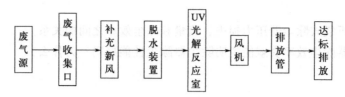

图 5-11　UV 光解净化技术流程图

五、数据处理

总烃气体净化率 η 按下式计算：

$$\eta = \frac{\rho_1 - \rho_2}{\rho_1} \times 100\%$$

式中　ρ_1——废气收集管处总烃气体含量，mg/L；

　　　ρ_2——排放管处总烃气体含量，mg/L。

备注：总烃含量的测定参见本章实训八。

六、注意事项

（1）设备使用中请勿开启正面紫外线检修门，发光时更不可以让光线直接照射皮肤或眼睛，以免造成伤害。

（2）紫外线电离能力极强，运行中务必保证良好通风。

（3）紫外线光管表面有灰尘将直接影响净化效率，所以须定期打开设备检查内部，如有灰土用布擦干净。

（4）灯架配置若干冷却散热器，散热器必须正常，否则直接影响紫外线灯使用寿命。

（5）高温、潮湿导致空气绝缘性能下降，紫外线电离速度、能力提高，可能出现热击穿。

七、思考题

（1）UV 光解净化实训适用于哪些气体？这些气体有何特点？

（2）恶臭气体经 UV 光解后最终被氧化降解为什么物质？

实训十五　有机废气处理

一、目的

（1）了解实训室废气的组成和来源。

（2）了解实训室废气的处理方法。

（3）掌握活性炭吸附净化器的使用方法。

二、原理

1. 活性炭吸附原理

活性炭是一种主要由含碳材料制成的外观呈黑色、内部孔隙结构发达、比表面积大、吸附能力强的一类微晶质碳素材料。活性炭材料中有大量的微孔，1g 活性炭材料中微孔的展开表面积可高达 $800\sim1500\text{m}^2$，因此活性炭拥有优良的吸附性能。由于分子间相互吸引的作用力，当一个分子被活性炭微孔捕捉并进入活性炭内部空隙中后，会导致更多的分子不断被吸引，直到填满活性炭内部空隙为止。

2. 活性炭脱附方法

当活性炭内部空隙被有机废气即被吸附物质填满而达到饱和时，污染物便开始被释放出来，这种现象称为穿透。达到饱和的活性炭吸附床需要进行再生处理，一般采用加热气体对吸附床进行脱附，一方面使吸附床再生重新具有活性，另一方面使污染物被解脱出来从而进行回收或分解处理。这种脱附方法称为升温脱附。物质的吸附量是随温度的升高而减少的，因此，提高吸附剂的温度，可以使已被吸附的组分脱附下来，这种方法也称为变温脱附，整个过程中的温度是呈周期性变化的。

三、仪器

活性炭吸附器 PVC（处理风量 $5000\text{m}^3/\text{h}$）、集气罩、风管、风机、水泵。

四、流程

本废气处理工艺中，实训室所产生的废气首先经由集气罩收集后进入风管。然后废气自上而下通过活性炭吸附器，在此过程中，废气中 90% 以上的有机废气、全部微尘、颗粒物及少量无机废气将被活性炭所吸附。剩余气体将从喷淋填料塔底部自下而上通过喷淋填料塔，此过程中废气中的无机废气在塔内填料表层与从塔顶喷淋下来的液体吸收剂充分接触并被吸收，即可达到排放要求。循环水池的吸收剂通过泵抽至喷淋填料塔顶，形成周而复始的循环过程。活性炭处理有机废气流程图见图 5-12。

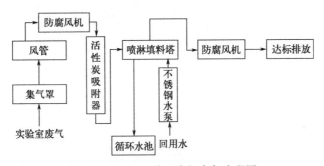

图 5-12　活性炭处理有机废气流程图

五、数据处理

有机废气净化率 η 按下式计算：

$$\eta=\frac{\rho_1-\rho_2}{\rho_1}\times100\%$$

式中，ρ_1 为集气罩处有机废气的质量浓度，mg/L；ρ_2 为达标排放有机废气的质量浓度，mg/L。

备注：有机废气的质量浓度的测定参见本章实训七。

六、注意事项

(1) 只有在风机设备完全正常的情况下方可运转。

(2) 在正常运转中，活性炭吸附成套装置各活动门必须扣紧。

（3）如风机设备在检修后开动时，则必须注意风机各部位是否正常。

（4）定期更换活性炭，饱和的活性炭吸附效率降低，应定期从下料口卸出，重新装上新的活性炭。更换周期要根据实际情况确定。

（5）为确保人身安全，在活性炭吸附成套装置内作业时必须在停止时运行。

（6）在设备运转过程中，如发现不正常情况时应立即进行检查。若发现小故障应及时查明原因并设法消除，发现大故障应立即停止。

（7）活性炭塔顶部的下料口用于对活性炭的取样检查。

（8）定期从每个活性炭层中抽取活性炭进行检查，检查活性炭有无堵塞、是否已经饱和等。

七、思考题

（1）活性炭吸附法去除有机废气的优点有哪些？

（2）活性炭净化器如何进行保养？

第六部分

室内空气质量监测实训

实训一　甲醛的测定（AHMT 分光光度法）

一、目的

(1) 了解室内空气中甲醛的测定分析方法。

(2) 熟练空气采样器的使用。

(3) 掌握 AHMT 分光光度法测定室内空气中甲醛的原理。

二、原理

甲醛是无色、具有强烈气味的刺激性气体，其 35%～40% 的水溶液通称为福尔马林。《室内空气质量标准》（GB/T 18883—2022）规定，室内空气中甲醛浓度限值≤0.08mg/m³（一小时均值）。室内空气中的甲醛主要来源于各种人造板材（刨花板、纤维板、胶合板等）和黏合剂。此外，某些化纤地毯、油漆涂料也含有一定量的甲醛。因此，室内装修是引起室内甲醛污染的主要因素。甲醛具有强烈的致癌作用，对人体健康的影响主要表现在导致嗅觉异常、过敏反应、肺功能异常、肝功能异常和免疫功能异常等方面。

室内空气中甲醛的测定方法有很多。其中，《室内环境空气质量监测技术规范》规定，AHMT 分光光度法、酚试剂分光光度法、乙酰丙酮分光光度法、气相色谱法和电化学传感器法等为测定室内空气中甲醛的标准方法。本实验采用的是仲裁法——AHMT 分光光度法。

本实训主要依据《居住区大气中甲醛卫生检验标准方法　分光光度法》（GB/T 16129—1995）。

原理如下：空气中甲醛与 AHMT（4-氨基-3-联氨-5-巯基-1,2,4-三氮杂茂）在碱性条件下缩合，然后经高碘酸钾氧化成 6-巯基-5-三氮杂茂 [4,3-b]-S-四氮杂苯紫红色化合物，其颜色深浅与甲醛含量成正比。

本实训测定范围为 2mL 样品溶液中含 0.2～3.2μg 甲醛。若采样流量为 1L/min，采样体积为 20L，则测定浓度范围为 0.01～0.16mg/m³。

三、仪器和设备

(1) 气泡吸收管：有 5mL 和 10mL 刻度线。

(2) 空气采样器：流量范围 0～2L/min。

(3) 具塞比色管：10mL。

(4) 分光光度计：具有 550nm 波长。

四、试剂

(1) 水：本实验所用水均为重蒸馏水或去离子交换水。

(2) 吸收液：称取 1g 三乙醇胺、0.25g 偏重亚硫酸钠和 0.25g 乙二胺四乙酸二钠溶于水中并稀释至 1000mL。

(3) 0.5% AHMT 溶液：称取 0.25g AHMT 溶于 0.5mol/L 盐酸中，并稀释至 50mL，此试剂置于棕色瓶中，可保存半年。

(4) 5mol/L 氢氧化钾溶液：称取 28.0g 氢氧化钾溶于 100mL 水中。

(5) 1.5% 高碘酸钾溶液：称取 1.5g 高碘酸钾溶于 0.2mol/L 氢氧化钾溶液中，并稀释至 100mL，水浴加热溶解，备用。

(6) 0.1000mol/L 碘溶液：称量 40g 碘化钾，溶于 25mL 水中，加入 12.7g 碘，待碘完全溶解后，用水定容至 1000mL，移入棕色瓶中，置于暗处贮存。

(7) 1mol/L 氢氧化钠溶液：称量 40g 氢氧化钠，溶于水中，并稀释至 1000mL。

(8) 0.5mol/L 硫酸溶液：取 28mL 浓硫酸缓慢加入水中，冷却后，稀释至 1000mL。

(9) 硫代硫酸钠标准溶液 $[c(Na_2S_2O_3)=0.1000mol/L]$：可购买标准试剂配制。

(10) 0.5% 淀粉溶液：将 0.5g 可溶性淀粉用少量水调成糊状后，再加入 100mL 沸水，并煮沸 2~3min 至溶液透明。冷却后，加入 0.1g 水杨酸或 0.4g 氯化锌保存。

(11) 甲醛标准贮备溶液：取 2.8mL 含量为 36%~38% 的甲醛溶液，放入 1L 容量瓶中，加水稀释至刻度。此溶液 1mL 约相当于 1mg 甲醛。

(12) 甲醛标准贮备溶液：取 2.8mL 甲醛溶液（含甲醛 36%~38%）于 1L 容量瓶中，加少量 0.5mL 硫酸并用水稀释至刻度，摇匀。其准确浓度用碘量法标定。

碘量法标定甲醛标准贮备溶液浓度的操作如下。

精确量取 20.00mL 甲醛标准贮备溶液，置于 250mL 碘量瓶中。加入 20.00mL 0.1000mol/L 碘溶液和 15mL 1mol/L 氢氧化钠溶液，放置 15min，再加入 20mL 0.5mol/L 硫酸溶液，放置 15min，用 0.1000mol/L 硫代硫酸钠溶液滴定，至溶液呈现淡黄色时，加入 1mL 0.5% 淀粉溶液，继续滴定至刚使蓝色消失为终点，记录所用硫代硫酸钠溶液体积。同时用水作试剂空白滴定。甲醛溶液的浓度用下式计算：

$$\rho = \frac{(V_1-V_2) \times c \times 15}{20.00}$$

式中　ρ——甲醛标准贮备溶液中甲醛浓度，mg/mL；

　　　V_1——滴定空白时所用硫代硫酸钠标准溶液体积，mL；

　　　V_2——滴定甲醛贮备溶液时所用硫代硫酸钠标准溶液体积，mL；

　　　c——硫代硫酸钠标准溶液的物质的量浓度，mol/L；

　　　15——(1/2HCHO) 的摩尔质量，g/mol。

取上述标准溶液稀释 10 倍作为贮备液，此溶液置于室温下可使用 1 个月。

(13) 甲醛标准溶液：用时取上述甲醛贮备液，吸收液稀释成 1.00mL 含 2.00μg 甲醛。

五、步骤

1. 采样

用一个内装 5mL 吸收液的气泡吸收管，以 1.0L/min 流量，采气 20L。记录采样时的温度和大气压力。

2. 绘制标准曲线

取 7 支 10mL 具塞比色管，用甲醛标准溶液按表 6-1 制备标准色列。

表 6-1　甲醛标准色列管

管号	0	1	2	3	4	5	6
标准溶液/mL	0	0.1	0.2	0.4	0.8	1.2	1.6
吸收液/mL	2.0	1.9	1.8	1.6	1.2	0.8	0.4
甲醛含量/μg	0.0	0.2	0.4	0.8	1.6	2.4	3.2

各管加入 1.0mL 5mol/L 氢氧化钾溶液、1.0mL 0.5% AHMT 溶液，盖上管塞，轻轻颠倒混匀三次，放置 20min。加入 0.3mL 1.5% 高碘酸钾溶液，充分振摇，放置 5min。用 10mm 比色皿，在波长 550nm 下，以水作参比，测定各管吸光度。以甲醛含量为横坐标，吸光度为纵坐标，绘制标准曲线，并计算回归线的斜率，以斜率的倒数作为样品测定计算因子 B_s（μg/吸光度）。

3. 样品的测定

采样后，补充吸收液到采样前的体积。准确吸取 2mL 样品溶液于 10mL 比色管中，按制作标准曲线的操作步骤测定吸光度。

在每批样品测定的同时，用 2mL 未采样的吸收液，按相同步骤作试剂空白值测定。

六、结果分析

1. 采样体积的换算

要将实际采样体积换算成标准状态下（0℃，101.325kPa）的采样体积，换算公式如下：

$$V_0 = V \times \frac{T_0}{T} \times \frac{p}{p_0}$$

式中　V_0——换算成标准状态下的采样体积，L；
　　　V——采样体积，L；
　　　T_0——标准状态的绝对温度，273K；
　　　T——采样时采样点现场的温度（t）与标准状态的绝对温度之和，（t+273）K；
　　　p_0——标准状态下的大气压力，101.3kPa；
　　　p——采样时采样点的大气压力，kPa。

2. 室内空气中甲醛质量浓度的计算

$$\rho = \frac{(A - A_0) \times B_s}{V_0} \times \frac{V_1}{V_2}$$

式中　ρ——空气中甲醛浓度，mg/m³；
　　　A——样品溶液的吸光度；
　　　A_0——试剂空白溶液的吸光度；
　　　B_s——计算因子，μg/吸光度；
　　　V_0——标准状态下的采样体积，L；

V_1——采样时吸收液体积，mL；
V_2——分析时取样品体积，mL。

七、注意事项

（1）样品测定和绘制标准曲线的实验条件必须要保持一致，测定时温差不能超过 2℃。

（2）结果分析时，要注意将实际采样体积换算成标准状态下的采样体积。

八、思考题

甲醛标准贮备溶液进行标定时为什么要加入硫酸？可否用其他酸代替？

实训二 苯系物的测定（气相色谱法）

一、目的

（1）了解室内空气中苯系物的组成。
（2）了解苯系物的测定方法。
（3）熟练空气采样器的使用。
（4）掌握活性炭吸附-二硫化碳解吸-气相色谱法测定室内空气中苯系物的原理。
（5）熟悉气相色谱仪的使用。

二、原理

苯系物一般是指苯、甲苯、二甲苯等芳香烃化合物，常温下为液体，易挥发，挥发后在空气中以蒸气态形式存在，易通过呼吸道、消化道、皮肤等方式进入人体。经常接触苯，皮肤可因脱脂而变干燥，出现脱屑现象，甚至引起过敏性湿疹。长期吸入苯能导致再生障碍性贫血。甲苯对皮肤、黏膜有刺激性，对中枢神经系统有麻醉作用。短时间内吸入高浓度的二甲苯，会出现中枢神经麻醉的症状，轻者头晕、恶心、胸闷、乏力，严重的会出现昏迷甚至因呼吸衰竭而死亡。因此，《室内空气质量标准》（GB/T 18883—2022）规定，室内空气中苯的浓度限值≤0.03mg/m³（一小时均值）。

室内空气中的苯系物主要来源于室内装饰装修材料中溶剂的挥发。目前，常用的测定方法为活性炭吸附-二硫化碳解吸-气相色谱法、固体吸附-热脱附-气相色谱法和光离子化气相色谱法等。本实验采用的是活性炭吸附-二硫化碳解吸-气相色谱法。

本实训主要依据《居住区大气中苯、甲苯和二甲苯卫生检验标准方法 气相色谱法》（GB/T 11737—1989）和《环境空气 苯系物的测定 活性炭吸附/二硫化碳解吸-气相色谱法》（HJ 584—2010）。

空气中苯、甲苯、二甲苯用活性炭管采集，然后用二硫化碳解吸提取。用氢火焰离子化检测器（FID）的气相色谱仪进行检测，以保留时间定性，以峰高（或峰面积）定量。

检测下限：采样量为 10L 时，用 1mL 二硫化碳提取，进样 1μL 时，苯、甲苯和二甲苯检测下限分别为 0.025mg/m³、0.05mg/m³ 和 0.1mg/m³。采样量为 10L 时，用 1mL 二硫化碳提取，进样 1μL，苯的测定范围为 0.025~20mg/m³，甲苯为 0.05~

20mg/m³，二甲苯为 0.1～20mg/m³。

线性范围：10^6。

三、仪器和设备

(1) 活性炭采样管：用长 150mm、内径 3.5～4.0mm、外径 6mm 的玻璃管，装入 100mg 椰子壳活性炭，两端用少量玻璃棉固定。装好管后再用纯氮气于 300～350℃ 温度条件下吹 5～10min，然后套上塑料帽封紧管的两端。此管放于干燥器中可保存 5 天。若将玻璃管熔封，此管可稳定 3 个月。

(2) 空气采样器：流量范围 0.2～1L/min，流量稳定，采用时需使用皂膜流量计校准。

(3) 注射器：1mL，经校正。

(4) 微量注射器：1μL、10μL，经校正。

(5) 具塞刻度试管：2mL。

(6) 气相色谱仪：附氢火焰离子化检测器。

(7) 色谱柱：非极性石英毛细管柱，长 2m，内径 3～4mm。

四、试剂

(1) 苯：色谱纯。

(2) 甲苯：色谱纯。

(3) 二甲苯：色谱纯。

(4) 二硫化碳：分析纯，需经纯化处理，保证色谱分析无杂峰。

二硫化碳的纯化方法：二硫化碳用 5% 的浓硫酸甲醛溶液反复提取，直至硫酸无色为止，用蒸馏水洗二硫化碳至中性，再用无水硫酸钠干燥，重蒸馏，贮于冰箱中备用。

(5) 椰子壳活性炭：20～40 目，用于装活性炭采样管。

(6) 纯氮（载气）：99.99%。

(7) 燃烧气：氢气，纯度 99.99%。

(8) 助燃气：空气，用净化管净化。

五、步骤

1. 采样和样品保存

在采样地点打开活性炭管，两端孔径至少 2mm，与空气采样器入气口垂直连接，以 0.5L/min 的速度，抽取 25L 空气。采样后，将管的两端套上塑料帽，并记录采样时的温度和大气压力。样品可保存 5d。

2. 分析步骤

(1) 色谱分析条件：由于色谱分析条件常因实验条件不同而有差异，所以应根据所用气相色谱仪的型号和性能，设置能分析苯、甲苯、二甲苯的最佳色谱分析条件。

(2) 绘制标准曲线和测定计算因子：在与样品分析相同的条件下，绘制标准曲线和测定计算因子。

取少量二硫化碳置于 5.0mL 容量瓶中，用 1μL 微量注射器准确移取一定量的苯、甲苯和二甲苯（20℃ 时，1μL 苯重 0.8787mg，甲苯重 0.8669mg，邻二甲苯、间二甲苯、对二甲苯分别重 0.8802mg、0.8642mg、0.8611mg）分别注入容量瓶中，并加二硫化碳定容至刻度，配成一定浓度的贮备液。临用前取一定量的贮备液用二硫化碳逐级稀释成苯、甲苯、二甲苯含量分别为：0.5μg/mL、1.0μg/mL、2.0μg/mL、4μg/mL的标准液。分别取1μL标准液进样，测量保留时间及峰高（或峰面积）。每个浓度重复三次，取峰高（峰面积）的平均值。分别以苯、甲苯和二甲苯的含量（μg/mL）为横坐标，平均峰高（或峰面积）为纵坐标，绘制标准曲线。并计算回归线的斜率，以斜率的倒数 B_s 作样品测定的计算因子。

3. 样品的测定

将采样管中的活性炭倒入具塞刻度试管中，加 1.0mL 二硫化碳，塞紧管塞，放置 1h，并不时振摇。取 1μL 进样，用保留时间定性，峰高（峰面积）定量。每个样品作三次分析，求峰高（峰面积）的平均值。同时，取一个未经采样的活性炭管按样品管同时操作，测量空白管的平均峰高（峰面积）。

六、结果分析

1. 采样体积的换算

要将实际采样体积换算成标准状态下（0℃，101.325kPa）的采样体积，换算公式如下：

$$V_0 = V \times \frac{T_0}{T} \times \frac{p}{p_0}$$

式中　V_0——换算成标准状态下的采样体积，L；

　　　V——采样体积，L；

　　　T_0——标准状态的绝对温度，273K；

　　　T——采样时采样点现场的温度（t）与标准状态的绝对温度之和，($t+273$) K；

　　　p_0——标准状态下的大气压力，101.3kPa；

　　　p——采样时采样点的大气压力，kPa。

2. 室内空气中苯、甲苯和二甲苯质量浓度的计算

$$\rho = \frac{(h-h') \times B_s}{V_0 \times E_s} \times 1000$$

式中　ρ——空气中苯或甲苯、二甲苯的浓度，mg/m³；

　　　h——样品峰高（峰面积）的平均值，mm；

　　　h'——空白管的峰高（峰面积），mm；

　　　B_s——计算因子；

　　　E_s——由实验确定的二硫化碳提取的效率；

　　　V_0——标准状况下的采样体积，L。

七、注意事项

空气中水蒸气或水雾量太大，以至在炭管中凝结时，严重影响活性炭的穿透容量和采样效率。空气湿度在 90% 时，活性炭管的采样效率仍然符合要求。由于采用了气相色谱分离技术，空气中的其他污染物干扰选择合适的色谱分离条件就可以消除。

八、思考题

（1）如何排除室内空气中水蒸气对测定的影响？

（2）如何判断标准曲线是否达到要求？如何提高本实验的精确度？

实训三　氨的测定（靛酚蓝分光光度法）

一、目的
（1）了解室内空气中氨的来源和对人体的危害。
（2）了解室内空气中氨的测定方法。
（3）熟练空气采样器的使用。
（4）掌握靛酚蓝分光光度法测定氨的原理。

二、原理
室内空气中氨的主要来源是生物性废物，比如人体排泄物、汗液、呼出气等，此外理发店使用的烫发水中也含有氨，北方建筑施工时用尿素作为水泥的防冻剂等，都会引起室内空气中氨的严重污染。《室内空气质量标准》规定，民用建筑工程室内空气中苯的浓度限值为 $0.2mg/m^3$（1 小时均值）。

目前，测定室内空气中氨含量的方法有靛酚蓝分光光度法、纳氏试剂分光光度法、离子选择电极法、次氯酸钠-水杨酸分光光度法。推荐的测定方法为靛酚蓝分光光度法和纳氏试剂分光光度法。本实验采用的是靛酚蓝分光光度法。

本实训主要依据《公共场所卫生检验方法　第 2 部分：化学污染物》（GB/T 18204.2—2014）。

空气中的氨被稀硫酸吸收，在亚硝基铁氰化钠及次氯酸钠存在下，与水杨酸生成蓝绿色的靛酚蓝染料，根据着色深浅，比色定量。

当采气体积为 5L 时，本法检出限为 $0.01mg/m^3$。当采样体积为 20L 时，可测浓度范围为 $0.01 \sim 0.5mg/m^3$。

三、仪器和设备
（1）空气采样器：流量范围 $0 \sim 2L/min$，流量稳定。使用前要先使用皂膜流量计进行校准，误差≤5%。
（2）大型气泡吸收管：10mL，出气口内径为 1mm，与管底距离应为 $3 \sim 5mm$。
（3）具塞比色管：10mL。
（4）分光光度计：可测波长为 697.5nm，狭缝小于 20nm。
（5）玻璃容器：经校正的容量瓶、移液管。
（6）聚四氟乙烯管（或玻璃管）：内径 $6 \sim 7mm$。

四、试剂
（1）无氨水：在普通蒸馏水中加少量的高锰酸钾至浅紫红色，再加少量氢氧化钠至呈碱性。蒸馏，取其中间蒸馏部分的水，加少量硫酸溶液呈微酸性，再蒸馏一次。
（2）吸收液（0.005mol/L 硫酸溶液）：量取 2.8mL 浓硫酸加入无氨水中，用水稀释至 1000mL。临用时再稀释 10 倍。
（3）水杨酸溶液（50g/L）：称取 10g 水杨酸 $[C_6H_4(OH)COOH]$ 和 10.0g 柠檬

酸钠（$Na_3C_6O_7 \cdot 2H_2O$），加水约50mL，再加55mL氢氧化钠[$c(NaOH)=2mol/L$]，用无氨水稀释至200mL。此试剂稍有黄色，室温下可稳定一个月。

（4）亚硝基铁氰化钠溶液（10g/L）：称取1.0g亚硝基铁氰化钠[$Na_2Fe(CN)_5 \cdot NO \cdot 2H_2O$]溶于100mL无氨水中。贮存于冰箱中可稳定1个月。

（5）次氯酸钠溶液（0.05mol/L）：取1mL次氯酸钠试剂原液，用碘量法标定其浓度，然后用氢氧化钠溶液[$c(NaOH)=2mol/L$]稀释成0.05mol/L的溶液。贮存于冰箱中可保存2个月。

次氯酸钠原液浓度的标定方法（碘量法）如下。

称取2g碘化钾于250mL碘量瓶中，加50mL水溶解。再加1.00mL次氯酸钠试剂，加0.5mL（1+1）盐酸溶液，摇匀。暗处放置3min，用0.1000mol/L硫代硫酸钠标准溶液滴定析出碘，至溶液浅黄色时，加入1mL 5g/L淀粉溶液，继续滴定至蓝色刚好褪去为终点。记录滴定所用硫代硫酸钠标准溶液的体积，平行滴定三次，消耗硫代硫酸钠标准溶液体积之差不应大于0.04mL，取其平均值。已知硫代硫酸钠标准溶液的浓度，则次氯酸钠标准溶液浓度按下式计算。

$$c = \frac{c(Na_2S_2O_3) \cdot V}{1.00 \times 2}$$

式中　　c——次氯酸钠标准溶液浓度，mol/L；

　　　　V——滴定时所消耗硫代硫酸钠标准溶液的体积，mL；

　　　　$c(Na_2S_2O_3)$——硫代硫酸钠标准溶液的浓度，mol/L。

（6）氨标准溶液。

① 氨标准贮备液：准确称取0.3142g经105℃干燥1h的氯化铵（NH_4Cl）。用少量水溶解，移入100mL容量瓶中，用吸收液稀释至刻度。此液1.00mL含1mg的氨。

② 氨标准工作液：临用时，将氨标准贮备液用吸收液（0.005mol/L硫酸溶液）稀释成1.00mL含1.00μg氨的标准溶液。

五、步骤

1. 采样和样品保存

用一个内装10mL吸收液的大型气泡吸收管，以0.5L/min流量采气5L。并记录采样时的温度和大气压力。采样后，样品在室温保存，于24h内分析。

采集好的样品，应尽快分析。必要时于2~5℃下冷藏，可贮存1周。

2. 标准曲线的绘制

取7支10mL具塞比色管，按表6-2制备标准系列管。

表6-2　氨标准系列

管号	0	1	2	3	4	5	6
标准工作液/mL	0	0.50	1.00	3.00	5.00	7.00	10.00
吸收液/mL	10.00	9.50	9.00	7.00	5.00	3.00	0
氨含量/μg	0	0.50	1.00	3.00	5.00	7.00	10.00

向各管分别加入0.50mL水杨酸溶液，混匀；再加入0.10mL亚硝基铁氰化钠溶液和0.10mL次氯酸钠溶液，混匀，室温下放置1h。在波长697.5nm下，用10mm比色

皿，以水作参比，测定各管溶液的吸光度。以氨含量（μg）为横坐标，吸光度为纵坐标，绘制标准曲线，计算标准曲线的斜率，以斜率的倒数为样品测定的计算因子 B_s（μg/吸光度）。校准曲线的斜率应为 0.081±0.003。

3. 样品的测定

将样品溶液转入具塞比色管中，用少量的水洗吸收管，合并，使总体积为 10mL。再按照制备标准曲线的操作步骤测定样品的吸光度。在每批样品测定的同时，用 10mL 未采样的吸收液作试剂空白测定。如果样品溶液吸光度超过标准曲线范围，则取部分样品溶液，用吸收液稀释后再显色分析。计算样品浓度时，要考虑样品溶液的稀释倍数。

六、结果分析

1. 采样体积的换算

要将实际采样体积换算成标准状态下（0℃，101.325kPa）的采样体积，换算公式如下：

$$V_0 = V \times \frac{T_0}{T} \times \frac{p}{p_0}$$

2. 室内空气中氨质量浓度的计算

$$\rho = \frac{(A - A_0) B_s D}{V_0}$$

式中　ρ——空气中氨的质量浓度，mg/m³；
　　　A——样品溶液吸光度；
　　　A_0——试剂空白液吸光度；
　　　B_s——计算因子，μg/吸光度；
　　　V_0——标准状况下的采样体积，L；
　　　D——分析时样品溶液的稀释倍数。

七、注意事项

样品中含有三价铁等金属离子、硫化物和有机物时，会干扰测定，处理方法如下。

(1) 除金属离子：加入柠檬酸钠溶液可消除常见金属离子的干扰。

(2) 除硫化物：若样品因产生异色而引起干扰（如硫化物存在时为绿色）时，可在样品溶液中加入稀盐酸而去除干扰。

(3) 除有机物：有些有机物（如甲醛），生成沉淀干扰测定，可在比色前用 0.1mol/L 的盐酸溶液将吸收液酸化到 pH≤2 后，煮沸即可除去。

八、思考题

为什么要消除金属离子、硫化物和有机物对本实验测定的干扰？其处理方法是什么？

实训四　总挥发性有机化合物的测定（气相色谱法）

一、目的

(1) 了解室内空气中总挥发性有机化合物的组成及来源。

(2) 了解室内空气中总挥发性有机化合物的测定方法。

(3) 掌握热解吸/毛细管气相色谱法测定总挥发性有机化合物浓度的原理。

二、原理

按照世界卫生组织（WHO）的定义，沸点在 50～260℃ 的有机化合物称为**挥发性化合物**（VOC），有时也用**总挥发性有机化合物**（TVOC）来表示，在常温下可以蒸发的形式存在于空气中，它的毒性、刺激性、致癌性和特殊的气味，会影响皮肤和黏膜，对人体产生急性损害。TVOC 是空气中三种有机污染物（多环芳烃、挥发性有机物和醛类化合物）中影响较为严重的一种。在室内，TVOC 主要来自燃煤和天然气等燃烧产物，吸烟、采暖和烹调等的烟雾，建筑和装饰材料、家具、家用电器、清洁剂、人体本身的排放，等等。在室内装饰过程中，TVOC 主要来自油漆、涂料和胶黏剂。

常用的测定总挥发性有机化合物的方法是固体吸附管采样，然后加热解吸，用毛细管气相色谱法测定。本实验采用的是我国室内空气质量标准规定的方法——气相色谱法。

本实训主要依据《**室内空气质量标准**》（GB/T 18883—2022）。选择合适的吸附剂（Tenax GC 或 Tenax TA），用吸附管采集一定体积的空气样品，空气流中的挥发性有机化合物保留在吸附管中。采样后，将吸附管置于热解吸仪中加热，解吸挥发性有机化合物，待测样品随惰性载气进入毛细管气相色谱仪分离，使用质谱检测器进行分析，外标法定量。

本法适用于浓度范围为 $0.5\mu g/m^3$～$100mg/m^3$ 之间的空气中 TVOC 的测定。

检测下限：采样量为 10L 时，检测下限为 $0.5\mu g/m^3$。

线性范围：10^6。

三、仪器和设备

(1) 吸附管：外径 6.3mm、内径 5mm、长 90mm 或 180mm，内壁抛光的不锈钢管或玻璃管，吸附管的采样入口一端有标记。吸附管可以装填一种或多种吸附剂，应使吸附层处于解吸仪的加热区。根据吸附剂的密度，吸附管中可装填 200～1000mg 的吸附剂，管的两端用不锈钢网或玻璃纤维堵住。如果在一支吸附管中使用多种吸附剂，吸附剂应按吸附能力增加的顺序排列，并用玻璃纤维隔开，吸附能力最弱的装填在吸附管的采样入口端。

(2) 注射器：可精确读出 $0.1\mu L$ 的 $10\mu L$ 液体注射器；可精确读出 $0.1\mu L$ 的 $10\mu L$ 气体注射器；可精确读出 0.01mL 的 1mL 气体注射器。

(3) 空气采样器：恒流空气个体采样泵，流量范围 0.02～0.5L/min，流量稳定。使用前，要先使用皂膜流量计校准，误差≤5%。

(4) 气相色谱仪-质谱仪：配备电子轰击离子源（EI）。

色谱柱：非极性（极性指数小于 10）石英毛细管柱。

(5) 热解吸仪：能对吸附管进行二次热解吸，并将解吸气用惰性气体载带进入气相色谱仪。解吸温度、时间和载气流速是可调的。冷阱可将解吸样品进行浓缩。

(6) 液体外标法制备标准系列的注射装置：常规气相色谱进样口，可以在线使用也可以独立装配，保留进样口载气连线，进样口下端可与吸附管相连。

四、试剂

(1) TVOC：为了校正浓度，需用 TVOC 作为基准试剂，配成 1000mg/L 的标准溶液或标准气体，然后采用液体外标法或气体外标法将其定量注入吸附管。

(2) 稀释溶剂：液体外标法所用的稀释溶剂应为色谱纯，在色谱流出曲线中应与待测化合物分离。

(3) 吸附剂：使用的吸附剂粒径为 0.25~0.18mm（60~80 目），吸附剂在装管前应在其最高使用温度下，用惰性气流加热活化处理过夜。为了防止二次污染，吸附剂应在清洁空气中冷却至室温、储存和装管。解吸温度应低于活化温度。由制造商装好的吸附管使用前也需活化处理。

(4) 高纯氦气：99.999%。

分析过程中使用的试剂应为色谱纯，保证色谱分析无杂峰。

(5) 高纯氮：99.999%。

分析过程中使用的试剂应为色谱纯，保证色谱分析无杂峰。

五、步骤

1. 采样和样品保存

将吸附管与气体采样器连接。个体采样时，采样管垂直安装在呼吸带；固定位置采样时，选择合适的采样位置。打开采样泵，调节流量为 0.1L/min，连续采样时间至少 45min，以保证在适当的时间内获得所需的采样体积（1~10L）。如果总样品量超过 1mg，采样体积应相应减少。记录采样开始和结束时的时间、采样流量、温度和大气压力。

采样后将管取下，立即用密封帽将采样管的两端密封，-20℃冷冻保存，于 7d 内分析。

现场空白样品：将老化后的采样管运输到采样现场，取下密封帽后重新密封，不参与样品采集，同已采集样品的采样管一同存放。

2. 测定

(1) 样品的解吸和浓缩。将吸附管安装在热解吸仪上，加热，使有机蒸气从吸附剂上解吸下来，并被载气流带入冷阱，进行预浓缩，载气流的方向与采样时的方向相反。然后再以低流速快速解吸，经传输线进入毛细管气相色谱仪。传输线的温度应足够高，以防止待测成分凝结。解吸条件见表 6-3。

表 6-3　解吸条件

项目	条件	项目	条件
解吸温度	220℃	载气	氦气或高纯氮气，流速 0.8mL/min
解吸时间	15min	采样管解吸流速	30mL/min
冷阱的制冷温度	-15℃	传输线温度	200℃
冷阱的加热温度	300℃	分流比	样品管和二级冷阱之间以及二级冷阱和分析柱之间的分流比应根据空气中的浓度来选择
冷阱保持时间	3min		

(2) 色谱分析条件。可选择膜厚度为 1~5μm 50m×0.22mm 的石英柱，固定相可以是二甲基硅氧烷或 7%的氰基丙烷、7%的苯基、86%的甲基硅氧烷。柱操作条件为程序升温，初始温度 50℃保持 10min，以 5℃/min 的速率升温至 250℃。推荐气相色谱条件见表 6-4。

表 6-4 气相色谱条件

项目	条件	项目	条件
升温程序	初始温度 40℃，保持 15min，以 10℃/min 升温到 320℃，保持到 2min	柱流量	0.8mL/min
		载气	氦气
进样口温度	200℃	分流比	5:1

(3) 质谱条件。电子轰击离子源（EI）；电子能量为 70eV；离子源温度为 200℃；传输线温度为 200℃；全扫描模式，质谱扫描范围为 40~300amu。

(4) 标准曲线的绘制。采用液体外标法，具体操作如下。分别准确移取不同体积的标准贮备溶液混合，用甲醇定容，配制质量浓度分别为 2.5mg/L、5mg/L、10mg/L、20mg/L、50mg/L、100mg/L 的标准系列。分别准确吸取 10μL 标准系列溶液注入液体外标法制备标准系列的注射装置中，连接上老化好的采样管，以 100mL/min 的流量通惰性气体 10min 后取下，密封采样管两端，制备成特征目标化合物含量分别为 25ng、50ng、100ng、200ng、500ng 和 1000ng 的标准系列管。

用热解吸气相色谱法分析吸附管标准系列，以扣除空白后峰面积的对数为纵坐标，以待测物质量的对数为横坐标，绘制标准曲线。

(5) 样品分析。按照与绘制标准曲线相同的仪器推荐分析条件进行测定。现场空白采样管与已采样的样品管同批测定。根据保留时间和特征离子进行定性，其他满足 TVOC 定义要求的化合物，通过比对标准质谱图，进行定性。

六、结果分析

1. 采样体积的换算

要将实际采样体积换算成标准状态下（0℃，101.325kPa）的采样体积，换算公式如下：

$$V_0 = V \times \frac{T_0}{T} \times \frac{p}{p_0}$$

2. TVOC 的计算

(1) 应对保留时间在正己烷和正十六烷之间的所有化合物进行分析。

(2) 计算 TVOC，包括色谱图中从正己烷到正十六烷之间的所有化合物。

(3) 根据单一的标准曲线，对尽可能多的 TVOC 定量，至少应对十个最高峰进行定量，最后与 TVOC 一起列出这些化合物的名称和浓度。

(4) 计算已鉴定和定量的挥发性有机化合物的浓度 S_{id}。

(5) 用甲苯的响应系数计算未鉴定的挥发性有机化合物的浓度 S_{un}。

(6) S_{id} 与 S_{un} 之和为 TVOC 的浓度与 TVOC 的值。

(7) 如果检测到的化合物超出了（2）中 TVOC 定义的范围，那么这些信息应该添加到 TVOC 值中。

3. 空气样品中待测组分浓度的计算

$$\rho = \frac{m - m_0}{V_0} \times 1000$$

式中 ρ——空气样品中待测组分的浓度，$\mu g/m^3$；

m——样品管中待测组分的质量，μg；

m_0——空白管中待测组分的质量，μg；
V_0——标准状态下的采样体积，L。

七、注意事项

（1）采样前处理和活化采样管和吸附剂，使干扰减到最小。

（2）选择合适的色谱柱和分析条件，本实训能将多种挥发性有机物分离，使共存物干扰问题得以解决。

八、思考题

如何使本实验的干扰减到最小？

第七部分

污水处理实训

实训一 颗粒自由沉淀

一、目的

（1）掌握颗粒自由沉淀实验的方法。

（2）进一步了解和掌握自由沉淀规律，根据实验结果绘制沉淀时间-沉淀效率（t-E）、沉速-沉淀效率（u-E）和未被去除悬浮物的百分比-沉速（C_t/C_0-u）的关系曲线。

二、原理

沉淀是指在液体中借重力作用去除固体颗粒的一种过程。根据液体中固体物质的浓度和性质，可将沉淀过程分为自由沉淀、絮凝沉淀、成层沉淀和压缩沉淀等四类。本实训主要是研究探讨污水中非絮凝性固体颗粒自由沉淀的规律。

本实训用沉淀管进行，见图 7-1。

设水深为 h，在 t 时间能沉到 h 深度的颗粒的沉速 $u=h/t$。根据某给定的时间 t_0，计算出颗粒的沉速 u_0。凡是沉速等于或大于 u_0 的颗粒，在 t_0 时都可以全部去除。

设原水中悬浮物浓度为 ρ_0（mg/L），则沉淀效率为：

$$沉淀效率 = \frac{\rho_0 - \rho_t}{\rho_0} \times 100\%$$

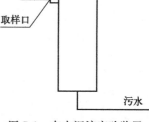

图 7-1 自由沉淀实验装置

式中　ρ_0——原水中悬浮物浓度，mg/L；

ρ_t——经 t 时间后，污水中残存的悬浮物浓度，mg/L。

三、仪器、试剂、装置

（1）沉淀管、配水箱、水泵和搅拌装置。

（2）秒表，卷尺。

（3）测定悬浮物的设备：分析天平、称量瓶、烘箱、滤纸、漏斗、漏斗架、量筒、烧杯等。

（4）污水采用高岭土配制。

四、步骤

（1）将一定量的高岭土投到配水箱中，开动搅拌机，充分搅拌。

（2）取水样 200mL（测定悬浮物浓度为 C_0）并记录取样管内取样口位置。

（3）启动水泵将混合液打入沉淀管到一定高度，停泵，停止搅拌机，记录高度值。开启秒表，开始记录沉淀时间。

（4）当时间为 1min、3min、5min、10min、15min、20min、40min、60min 时，在取样口分别取水 200mL，测定悬浮物浓度（C_t）。

（5）每次取样应先排出取样口中的积水，减少误差，在取样前和取样后皆需测量沉淀管中液面至取样口的高度，计算时取二者的平均。

（6）测定每一沉淀时间的水样的悬浮物固体量。首先调烘箱至（105±1）℃，叠好滤纸放入称量瓶中，打开盖子，将称量瓶放入 105℃烘箱中烘至恒重，称取并记录质量，然后将恒重好的滤纸取出放在玻璃漏斗中，过滤水样，并用蒸馏水冲净，使滤纸上得到全部悬浮性固体。最后将带有滤渣的滤纸移入称量瓶中，称其悬浮物的质量（还要重复烘干至恒重的过程）。

（7）悬浮固体浓度 ρ(mg/L) 计算公式如下：

$$\rho = \frac{m_2 - m_1}{V}$$

式中　m_2——带有滤渣的滤纸质量，mg；
　　　m_1——恒重的滤纸质量，mg；
　　　V——取样体积，L。

五、数据处理

（1）根据不同沉淀时间的取样口距液面平均深度 h 和沉淀时间 t，计算出各种颗粒的沉速 u 和沉淀效率 E，并绘制沉淀时间-沉淀效率和沉速-沉淀效率的曲线。

（2）利用上述资料，计算不同时间 t 时，沉淀管内未被去除的悬浮物的百分比 P，即

$$P = (\rho_t / \rho_0) \times 100\%$$

以颗粒沉速 u 为横坐标，以 P 为纵坐标，绘制 u-P 关系曲线。

六、注意事项

（1）向沉淀柱内进水时，速度要适中，既要较快完成进水，以防进水中一些较重颗粒沉淀，又要防止速度过快造成柱内水体紊动，影响静沉实验效果。

（2）取样时，先排除管中积水而后取样（排出 20mL 左右），每次取样 200mL。

（3）每次取样都会造成液面下降，需记录每次取样时液面与取样口的高度差。

七、思考题

（1）自由沉淀实验的取样口高度该如何选择？

（2）本实训中哪些因素对结果影响较大？该如何改进？

实训二　混凝沉淀

一、目的

（1）观察混凝现象，加深对混凝理论的理解。

(2) 了解混凝剂的筛选方法。

(3) 选择和确定最佳的混凝工艺条件。

二、原理

分散在水中的胶体颗粒带有电荷,在布朗运动及其表面水化作用下,长期处于稳定分散状态,不能用自然沉淀方法去除。混凝过程包括胶体悬浮物的脱稳和随后发生的使颗粒增大的凝聚和絮凝作用,最终这些颗粒可用沉淀、气浮或过滤的方法去除。

脱稳可通过多种方式实现:通过投加强的阳离子电解质如 Al^{3+}、Fe^{3+} 或阳离子高分子电解质来降低电位;由于形成了带正电荷的含水氧化物而吸附于胶体上;通过阴离子型和阳离子型高分子电解质的自然凝聚;由于胶体悬浮物被包裹于含水氧化物的矾花内;通过双电层压缩、电中和、吸附、架桥、网捕等方式。

混凝剂的投加量直接影响混凝效果。投加量不足不可能有很好的混凝效果;同样,如果投加的混凝剂过多,也不一定能得到好的混凝效果。对于不同的水样,最佳投加量各不相同,必须通过实验方可确定。混凝效果不仅受药剂投加量和水中胶体浓度的影响,还受水中 pH 值的影响。如对 $Al_2(SO_4)_3$、$FeCl_3$ 来说,如果 pH 值过低,混凝剂水解受到限制,其化合物很少有高分子物质存在,絮凝作用较差;如果 pH 值过高,水解产物又会出现溶解现象,生成带负电荷的络合离子,也不能很好地发挥絮凝作用,从而降低混凝效果。

混凝的一般顺序如下。

(1) 将混凝剂与废水进行迅速剧烈的搅拌。如果废水碱度不够,则要在快速搅拌之前投加碱性药剂。

(2) 如果使用活性硅和阳离子高分子电解质,则应在快速搅拌近结束时投加。

(3) 需要 20~30min 的凝聚时间,以促进大矾花的产生。在这一过程中,要使矾花之间相互接触,促进矾花的聚集,但是搅拌的速度要使矾花不受剪切。可通过搅拌实验来获得最佳的混凝 pH 值和化学药剂量,在恒定的混凝投加量(估计值)下,通过搅拌实验能获得一个最佳的 pH 值,在该 pH 值时,改变混凝剂的浓度,可确定最佳的混凝剂量。

三、仪器、试剂、装置

1. 仪器设备(以一组为例)

(1) ZR4-6 微电脑智能搅拌机 1 台。

(2) 浊度仪 SDZ-1 型 1 台。

(3) 酸度计 PHS-2 型 1 台。

(4) 磁力搅拌机 1 台。

(5) 烧杯 1000mL 6 只、500mL 6 只。

(6) 量筒 200mL 6 只、1000mL 1 只。

(7) 移液管 1mL、2.5mL、10mL 各 2 支。

(8) 注射针筒 50mL 2 支。

(9) 温度计 100℃ 1 支。

(10) 秒表 1 块。

(11) 台秤 1 台。

2. 药品与试剂

1% $Al_2(SO_4)_3$、1% $FeCl_3$、1%硫酸铝铵、0.1%硫酸铝铵、10% HCl、10% NaOH。

皂土（配原水中）：10L原水＋10g皂土（0.1%）。

四、步骤

1. 最佳 pH 值的测定

（1）按照要测定的参数（浊度、色度）确定废水特征。

（2）确定在废水中能形成絮凝物的近似最小混凝剂投加量。近似最小混凝剂投加量可以通过慢慢搅动烧杯中的 500mL 废水，逐滴缓慢加入混凝剂，直至出现絮凝物，此剂量即为近似最小投加量。

（3）利用步骤（2）确定的近似最小混凝剂投加量，准备 6 只 500mL 烧杯，各加入 200mL 要处理的废水，调整试样的 pH 值使之从 4 增加到 9。

（4）快速搅拌试样 2min，然后慢速搅拌使其凝聚 15min。凝聚时的搅拌速度应使絮凝物不受剪切。记录每个试样出现絮凝物的时间，在凝聚后，让全部试样沉淀，并测上层清液的最后 pH 值。

2. 最佳混凝剂投加量的测定

（1）准备 6 只 500mL 烧杯，各加入 500mL 试样，投加按上述步骤（2）的最小混凝剂投加量的 25%～200%浓度变化确定的混凝剂量。

（2）在投加混凝剂后，投加酸或碱，调整到上述最佳的 pH 近似值。

（3）快速搅拌试样 2min，然后慢速搅拌 15min，慢速搅拌速度应使絮凝物不受剪切，记录每个试样出现絮凝物的时间。

（4）如果投加阳离子高分子电解质，则应在快速搅拌结束前投加，阴离子高分子电解质应在凝聚阶段的中期投加。

（5）将试样沉淀 20min，并测定上层清液中所要测定的参数。

五、数据处理

实训基本参数：

实训日期_____ 原水水温_____ ℃

原水浊度_____ pH_____

1. 最佳投药量实验结果整理及计算

（1）把混凝剂投加情况及测定数据记录在表 7-1 中。

表 7-1　最佳投药量实验记录

混凝剂名称：		浓度：				
水样编号	1	2	3	4	5	6
投加量/mL						
投加浓度/(mg/L)						
絮凝物形成时间/min						
剩余浊度/NTU						

1L 水样投入 1mL 混凝剂溶液后折合浓度(mg/L)=[投加量(mL)×混凝剂浓度(g/mL)×1000]×2

（2）分别用硫酸铝、聚合氯化铝、氯化铁、聚丙烯酰胺做上述实验，绘制 4 种混凝剂的浊度与投药量的关系曲线，并从图上求出各种混凝剂最佳投药量。

2. 最佳 pH 值实验结果整理

（1）把混凝剂投加量（最佳投药量）、酸碱投加情况、pH 值、剩余浊度等记入表 7-2。

表 7-2 最佳 pH 值实验记录

混凝剂名称：

水样编号	1	2	3	4	5	6
HCl 投加量/mL						
NaOH 投加量/mL						
pH 值						
剩余浊度/NTU						

（2）以剩余浊度为纵坐标，水样 pH 值为横坐标，绘制 pH 值与浊度关系曲线，并从图上求得所投加混凝剂的最佳 pH 值及其范围。

六、注意事项

（1）整个实验采用同一水样，取水样时搅拌均匀，一次量取。
（2）要充分冲洗加药杯，以免药剂沾在加药杯上过多，影响投药量的精确度。
（3）取上清液时，要在相同的条件下取。

七、思考题

（1）为什么投药量大时，混凝效果不一定好？
（2）结合实训中的观察，试述影响混凝作用的因素。
（3）试对本实训所选用的 4 种混凝剂作比较评价。

实训三 污泥沉降比（SV）和污泥容积指数（SVI）的测定

一、目的

（1）掌握表征活性污泥沉淀性能的指标——沉降比和污泥容积指数的测定和计算方法。
（2）明确沉降比、污泥容积指数和污泥浓度三者之间的关系，以及它们对活性污泥法处理系统的设计和运行控制的重要意义。
（3）加深对活性污泥的絮凝及沉淀特点和规律的认识。

二、原理

二次沉淀池是活性污泥系统的重要组成部分。二次沉淀池的运行状态，直接影响处理系统的出水质量和回流污泥的浓度。影响二次沉淀池沉淀效果的主要因素是混合液（活性污泥）的沉降情况。活性污泥的沉降性能用污泥沉降比和污泥容积指数来表示。

污泥沉降比（SV）为曝气池出水的混合液在 100mL 的量筒中静置沉淀 30min 后，沉淀后的污泥体积和混合液的体积（100mL）之比值。

污泥容积指数（SVI），即曝气池出口处混合液经 30min 静沉后，1g 干污泥所占的容积（以 mL 计），即

$$\mathrm{SVI(mL/g)} = \frac{\mathrm{SV}}{\mathrm{MLSS}}$$

污泥沉降比是评价活性污泥的重要指标之一，在一定程度上反映了活性污泥的沉降性能，而且测定方法简单、快速、直观。当污泥浓度变化不大时，用污泥沉降比可快速反映出活性污泥的沉降性能以及污泥膨胀等异常情况。当处理系统水质、水量发生变化或受到有毒物质的冲击影响或环境因素发生变化时，曝气池中的混合液浓度或污泥指数都可能发生较大的变化，单纯地用污泥沉降比作为沉降性能的评价指标则不够充分，因为污泥沉降比中并不包括污泥浓度的因素。这时，常采用污泥容积指数（SVI）来判定系统的运行情况。

污泥容积指数是经 30min 沉淀后的污泥密度的倒数，因此它能客观地评价活性污泥的松散程度和絮凝、沉淀性能，及时地反映出是否有污泥膨胀的倾向或已经发生污泥膨胀。SVI 越低，沉降性能越好。对城市污水，一般认为：SVI＜100 为污泥沉降性能好；100＜SVI＜200 为污泥沉降性能一般；200＜SVI＜300 为污泥沉降性能较差；SVI＞300 为污泥膨胀。

正常情况下，城市污水 SVI 值在 100～150 之间。此外，SVI 大小还与水质有关，当工业废水中溶解性有机物含量高时，正常的 SVI 值偏高；而当无机物含量高时，正常的 SVI 值可能偏低。影响 SVI 值的因素还有温度、污泥负荷等。从微生物组成方面看，活性污泥中固着型纤毛类原生动物（如钟虫、盖纤虫等）和菌胶团细菌占优势时，吸附氧化能力较强，出水有机物浓度较低，污泥比较容易凝聚，相应的 SVI 值也较低。

三、仪器、试剂、装置

SV 及 SVI 测定装置（图 7-2），活性污泥法处理系统，过滤器，烘箱，马弗炉，天平，称量瓶，虹吸管、吸球等提取污泥的器具，100mL 量筒，定时器（秒表），活性污泥。

四、步骤

（1）将虹吸管吸入口放入曝气池的出口处，用吸球将曝气池的混合液吸出并形成虹吸。

（2）通过虹吸管将混合液置于 100mL 量筒中，至 100mL 刻度处。并从此时开始计算沉淀时间。

（3）将装有污泥的 100mL 量筒静置，观察活性污泥絮凝和沉淀的过程和特点，在第 30min 时记录污泥界面以下的污泥容积。

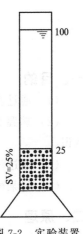

图 7-2 实验装置

（4）将经 30min 沉淀的污泥和上清液一同倒入过滤器中，过滤并测定其污泥干质量。

（5）计算测定的污泥浓度。

五、结果分析

（1）根据测定的污泥沉降比（SV）和污泥浓度（MLSS），计算污泥容积指数（SVI）。

（2）通过所得到的污泥沉降比和污泥容积指数，评价该活性污泥法处理系统中活性污泥的沉降性能，是否有污泥膨胀的倾向或已经发生膨胀，并分析其原因。

（3）准确地绘出 100mL 量筒中污泥界面下的容积随沉淀时间的变化曲线，见图 7-3。

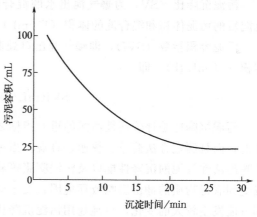

图 7-3　污泥界面下的容积随时间的变化

六、注意事项

（1）称量瓶在恒重和灼烧时应将盖子打开，称重时应盖好盖子。

（2）干燥器的盖子在打开和关上时应用手推或拉，勿往上拎。

（3）过滤操作和沉降操作时所测污泥的浓度应一致。

（4）电子天平称重时要随时关门，称重物要轻拿轻放。

（5）活性污泥取样时应搅拌均匀。

七、思考题

（1）污泥沉降比和污泥体积指数二者有什么区别和联系？

（2）活性污泥的絮凝沉淀有什么特点和规律？

（3）当曝气池中 MLSS 一定时，如发现 SVI 大于 200，应采取什么措施？为什么？

（4）对于城市污水来说，SVI 大于 200 或小于 50 各说明什么问题？

实训四　序批式活性污泥法

一、目的

（1）通过实训了解 SBR 系统的特点、主要组成部分和内部构造。

（2）掌握 SBR 工艺各工序的运行操作要点，加深对 SBR 法工艺及运行过程的认识。

（3）通过污泥性能指标的测定和生物相的观察，加深对活性污泥系统的了解。

（4）就某种污水进行动态试验，以确定工艺参数和处理水的水质。

二、原理

序批式活性污泥法（简称 SBR）是一种不同于传统的连续活性污泥法的活性污泥处理工艺。SBR 工艺也是通过活性污泥的絮凝、吸附、沉淀等过程来实现有机物的去除，所不同的只是其运行方式。SBR 系统包含预处理池、一个或几个反应池及污泥处理设施。反应池兼有调节池和沉淀池的功能。

SBR 工作过程通常包括五个阶段：进水阶段（加入基质）、反应阶段（基质降解）、沉淀阶段（泥水分离）、排放阶段（排上清液）、闲置阶段（恢复活性）。如图 7-4 所示，这五个阶段都是在曝气池内完成，从第一次进水开始到第二次进水开始称为一个工作周期。每一个工作周期中的各阶段的运行时间、运行状态可根据污水性质、排放规律和出水要求等进行调整。对各个阶段采用一些特殊的手段，又可以达到脱氮、除磷，抑制污泥膨胀等目的。

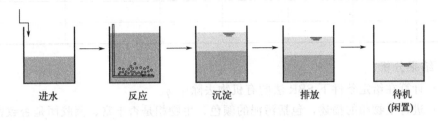

图 7-4　SBR 法的基本运行模式

三、仪器、试剂、装置

（1）仪器及装置：SBR 法实验装置及计算机控制系统一套、水泵、水箱、空气压缩机、电子显微镜、DO 仪、COD 测定仪或测定装置。

（2）试剂：测定 COD 所用试剂。

四、步骤

（1）活性污泥的培养和驯化。

① 取已建污水处理厂生物处理设施中的活性污泥或带菌土壤为菌种，在 SBR 反应器内以生活污水为营养培养活性污泥。

② 污泥培养初期，每天闷曝 22h，静置 2h，排除 1/3 废水，再加入新鲜废水。

③ 培养数天后如发现污泥呈黄褐色，絮凝和沉淀性能良好，上清液清澈透明，泥水界面清晰，镜检菌胶团密实，生物相丰富，说明污泥已培养成功。

（2）打开计算机并设置各阶段控制时间（填入表 7-3 中），启动控制程序。

（3）水泵将原水送入反应器，达到设定水位后停泵（由水位继电器控制）。

（4）打开气阀开始曝气，达到设定的时间后停止曝气，关闭气阀。

（5）反应器内的混合液开始静沉，达到设定的静沉时间后，打开滗水器开始工作，排出反应器内的上清液。

（6）滗水器停止工作，反应器处于闲置状态。

（7）准备开始进行下一个工作周期。

（8）取曝气阶段内活性污泥进行生物相的观察。

五、结果分析

1. 计算公式

按下式计算在给定条件下 SBR 法的有机物去除率 η：

$$\eta = \frac{S_a - S_e}{S_a} \times 100\%$$

式中 S_a——进水中有机物浓度，mg/L；
S_e——出水中有机物浓度，mg/L。

2. 数据记录

将数据记录于表 7-3 中。

表 7-3 SBR 法实验记录

进水时间/h	曝气时间/h	静沉时间/h	滗水时间/h	闲置时间/h	进水 COD/(mg/L)	出水 COD/(mg/L)

3. 结果分析

（1）计算在给定条件下 SBR 法的有机物去除率 η。
（2）进行生物相的描述，包括污泥的颜色、生物相是否丰富、菌胶团是否致密、边界是否明显以及是否有典型的微生物。

六、注意事项

（1）在清水和污水中测定时的实验条件对应完全一致。
（2）测定完后将桶内污水倒掉并冲洗干净。
（3）实验结束后将桌上仪器设备恢复原样，并做好清洁工作。

七、思考题

（1）简述 SBR 法与传统的活性污泥法的异同。
（2）简述 SBR 法的工艺特点及滗水器的作用。
（3）如果对脱氮除磷有要求，应怎样调整各阶段的控制时间？

实训五 活性炭吸附

一、目的

（1）了解吸附的基本原理。
（2）掌握活性炭吸附公式中常数的确定方法。

二、原理

活性炭是由含碳物质（木炭、木屑、果核、硬果壳、煤等）作为原料，经高温脱水碳化和活化而制成的多孔性疏水性吸附剂。活性炭因其比表面积大、高度发达的孔隙结构、优良的机械物理性能和吸附能力，被应用于多种行业。在水处理领域，活性炭吸附通常作为饮用水深度净化处理和废水的三级处理，以除去水中的有机物。

活性炭对水中所含杂质的吸附既有物理吸附现象，也有化学吸附作用。有一些被吸附物质先在活性炭表面上积聚浓缩，继而进入活性炭固体晶格原子或分子之间被吸附，还有一些特殊物质则与活性炭分子结合而被吸着。水中所含的溶解性杂质在活性炭表面积聚而被吸附，同时也有一些被吸附物质由于分子的运动而离开活性炭表面，重新进入水中，即同时发生解吸现象。当吸附和解吸处于动态平衡状态时，称为**吸附平衡**。这时活性炭和水（即固相和液相）之间的溶质浓度具有一定的分布比例。如果在一定压力和温度条件下，用 m 克活性炭吸附溶液中的溶质，被吸附的溶质为 x 毫克，则单位质量的活性炭吸附溶质的数量 q_e，即吸附容量可按下式计算：

$$q_e = \frac{x}{m}$$

q_e 的大小除了取决于活性炭的品种之外，还与被吸附物质的性质和浓度、水的温度及 pH 有关。一般来说，当被吸附的物质能够与活性炭发生结合反应，被吸附物质不易溶解于水，会被水所排斥。活性炭对被吸附物质的亲和作用力强，被吸附物质的浓度又较大时，q_e 值就比较大。

描述吸附容量 q_e 与吸附平衡时溶液浓度 C 的关系有 Langmuir、BET 和 Freundlich 吸附等温式等。

在水和污水处理中通常用 Freundlich 表达式来比较不同温度和不同溶液浓度时的活性炭的吸附容量，即

$$q_e = KC^{\frac{1}{n}}$$

式中　q_e——吸附容量，mg/g；

K——与吸附比表面积、温度有关的系数；

n——与温度有关的常数，$n>1$；

C——吸附平衡时的溶液浓度，mg/L。

这是一个经验公式，通常用图解方法求出 K、n 的值。为了方便易解，往往将上式变换成线性对数关系式：

$$\lg q_e = \lg \frac{C_0 - C}{m} = \lg K + \frac{1}{n} \lg C$$

式中　C_0——水中被吸附物质原始浓度，mg/L；

C——被吸附物质的平衡浓度，mg/L；

m——活性炭投加量，mg/L。

三、仪器、试剂、装置

本实训间歇性吸附采用锥形瓶内装入活性炭和水样进行振荡的方法。主要仪器、试剂、装置有：智能型全温振荡器、锥形瓶（250mL，16 个）、紫外可见分光光度计、漏斗（10 个）、温度计（刻度 0～100℃）、亚甲基蓝溶液（分析纯）、比色管（100mL，7 个）、移液枪。

四、步骤

1. 绘制标准曲线

（1）配制 100mg/L 亚甲基蓝溶液。

（2）用紫外可见分光光度计对样品在 500～750nm 波长范围内进行全程扫描，确定最大吸收波长。一般最大吸收波长为 662～667nm。

（3）测定标准曲线（亚甲基蓝浓度 0～4mg/L 时，浓度 C 与吸光度 A 成正比）。分别移取 0、0.5mL、1.0mL、2.0mL、2.5mL、3.0mL、4.0mL 的 100mg/L 亚甲基蓝溶液于 100mL 比色管中，加水稀释至刻度。在上述最大吸收波长下，以蒸馏水为参比，测定吸光度。

以浓度为横坐标,吸光度为纵坐标,绘制标准曲线,拟合出标准曲线方程。

2. 吸附等温线间歇式吸附实验步骤

(1) 将活性炭放在蒸馏水中浸 24h,然后放在 105℃ 烘箱内烘至恒重,再将烘干后的活性炭压碎,使其成为 200 目以下筛孔的粉状活性炭。

因为粒状活性炭要达到吸附平衡耗时太长,往往需数日或数周,为了使实验能在短时间内结束,所以多用粉状活性炭。

(2) 分别在锥形瓶中装入 20mg 已准备好的粉状活性炭。

(3) 在锥形瓶中各注入 90mL 水,然后按下列体积加入浓度为 100mg/L 的亚甲基蓝溶液:0、4mL、8mL、12mL、16mL、20mL、22mL、26mL、30mL、32mL、36mL、40mL。

(4) 将锥形瓶置于振荡器上振荡 30min,然后用静置法移除活性炭,静置 30min。

(5) 计算各个锥形瓶中亚甲基蓝的去除率、吸附量。

五、结果分析

将数据记录于表 7-4 和表 7-5 中。

表 7-4 亚甲基蓝浓度与吸光度

当前温度: ℃

浓度/(mg/L)	吸光度	标准曲线方程/线性相关系数
0.0		
0.5		
1.0		
2.0		
2.5		
3.0		
4.0		

表 7-5 活性炭间歇吸附实验记录

亚甲基蓝加入量/mL	吸光度	剩余浓度/(mg/L)	吸附容量/(mg/g)
$\lg q_e = \lg \dfrac{C_0 - C}{m} = \lg K + \dfrac{1}{n} \lg C$		$K=$	$n=$

(1) 根据测定数据绘制吸附等温线。
(2) 根据 Freundlich 等温线，确定方程中常数 K、n。
(3) 讨论实训数据与吸附等温线的关系。

六、思考题

(1) 吸附等温线有什么现实意义？
(2) 作吸附等温线时为什么要用粉状活性炭？
(3) 通过本实训，你对活性炭吸附有什么结论性意见？该实训如何进一步改进？

实训六　加氯消毒

一、目的

(1) 掌握折点加氯消毒的技术。
(2) 通过实训，探讨某含氨氮水样与不同氯量接触一定时间（2h）的情况下，水中游离性余氯、化合性余氯及总余氯量与投氯量的关系。

二、原理

经过混凝沉淀、澄清、过滤等水质净化过程，水中大部分悬浮物质已被去除，但是还有一定数量的微生物，包括对人体有害的病原菌仍在水中，常采用消毒方法来杀死这些致病微生物。

氯消毒广泛用于给水处理和污水处理。由于不少水源受到不同程度的污染，水中含有一定浓度的氨氮，掌握折点加氯消毒的原理及技术，对解决受污染水源的消毒问题很有必要。

氯或其他氯化消毒剂溶于水后，在常温下很快水解成次氯酸（HOCl），反应式如下：

$$Cl_2 + H_2O \longrightarrow HOCl + HCl$$
$$2Ca(OCl)Cl + 2H_2O \longrightarrow 2HOCl + Ca(OH)_2 + CaCl_2$$
$$Ca(OCl)_2 + 2H_2O \longrightarrow 2HOCl + Ca(OH)_2$$

HOCl 特点如下：

① 呈电中性，易接近并吸附于微生物；
② 分子小，颗粒小，易穿过微生物细胞壁，影响细菌多种酶系统，损伤细胞膜，使蛋白、核酸释放，致细菌死亡；
③ 是强氧化剂，能氧化病毒的核酸，使病毒死亡。

此外氯加入水时，可产生氯胺，也有杀菌作用。

如果水中没有细菌、氨、有机物和还原性物质，则投加在水中的氯全部以自由氯形式存在，即余氯量＝加氯量。

由于水中存在有机物及相当数量的氨氮化合物，它们性质很不稳定，常发生化学反应逐渐转变为氨，氨在水中是游离状态或以铵盐形式存在。加氯后，氯与氨生成化合性余氯，同样也起消毒作用。根据水中氨的含量、pH 值高低、加氯量、加氯量与剩余氯量的关系，将出现四个阶段，即四个区间，见图 7-5。

第一区间 OA 段：表示水中杂质把氯消耗光，余氯量为零，消毒效果不可靠。

第二区间 AH 段：加氯量增加后，水中有机物等被氧化殆尽，出现化合性余氯，反应式为：

$$NH_3 + HClO \longrightarrow NH_2Cl + H_2O$$

$$NH_2Cl + HClO \longrightarrow NHCl_2 + H_2O$$

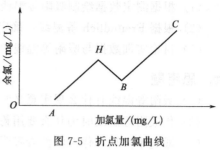

图 7-5 折点加氯曲线

若氨与氯全部生成 NH_2Cl，则投加氯用量是氨的 4.2 倍，水中 pH<6.5 时主要生成 $NHCl_2$。

第三区间 HB 段：投加的氯量不仅生成 $NHCl_2$、NCl_3，同时还发生如下反应：

$$2NH_2Cl + HOCl \longrightarrow N_2\uparrow + 3HCl + H_2O$$

结果使氨氮被氧化生成一些不起消毒作用的化合物，余氯逐渐减少到折点 B。

第四区间 BC 段：继续增加加氯量，水中开始出现自由性余氯。加氯量超过折点时的加氯称为折点加氯或过量加氯。

三、仪器、试剂、装置

折点加氯消毒设备 1 台，水箱或水桶 1 个（容量几十升），20L 玻璃瓶 1 个，50mL、100mL 比色管多根，1mL、5mL 移液管，50mL、100mL、1000mL 量筒，温度计 1 支。

四、步骤

1. 药剂制备

（1）1% 浓度的氨氮溶液：称取 3.819g 干燥过的无水氯化铵（NH_4Cl）溶于不含氨的蒸馏水中稀释至 100mL，其氨氮浓度为 1%，即 10g/L。

（2）10% 浓度的漂白粉溶液：称取漂白粉 59mg 溶于 100mL 蒸馏水中调成糊状，然后稀释至 500mL，其有效氯含量约为 2.5g/L。

2. 水样制备

取自来水 20L 加入 1% 浓度的氨氮溶液 2mL，混匀，即得实验用原水，其氨氮含量约 1mg/L。

3. 进行折点加氯实验

（1）测原水水温及氨氮含量（采用纳氏试剂分光光度法），记入表 7-6。

（2）测漂白粉溶液中有效氯的含量。取漂白粉溶液 1mL，用蒸馏水稀释至 500mL，测出余氯量，记入表 7-6。

（3）在 12 个 1000mL 烧杯中盛原水 1000mL。

（4）当加氯量分别为 1mg/L、2mg/L、4mg/L、6mg/L、7mg/L、8mg/L、9mg/L、10mg/L、12mg/L、14mg/L、17mg/L、20mg/L 时，计算 1% 浓度漂白粉溶液的投加量。

（5）将 12 个盛有 1000mL 原水的烧杯编号，依次投加 10% 浓度的漂白粉溶液，其投加量分别为 1mL、2mL、4mL、6mL、7mL、8mL、9mL、10mL、12mL、14mL、17mL、20mL，快速混匀 2h，立即测各烧杯水样的游离氯、化合氯及总氯的量。各烧杯水样测余氯方法相同，均采用邻联甲苯胺-亚砷酸盐比色法。

表 7-6 折点加氯实验记录

原水水温_____℃ 氨氮含量_____mg/L
漂白粉溶液含氯量_____mg/L

水样编号		1	2	3	4	5	6	7	8	9	10	11	12
漂白粉溶液投加量/mL													
加氯量/(mg/L)													
比色测定结果/(mg/L)	A												
	B_1												
	B_2												
	C												
余氯计算	总余氯 ($D=C-B_2$) /(mg/L)												
	游离性余氯 ($E=A-B_1$) /(mg/L)												
	化合性余氯 ($D-E$) /(mg/L)												

五、结果分析

根据比色测定结果进行余氯计算，绘制游离性余氯量、化合性余氯量及总余氯量与投氯量的关系曲线。

六、注意事项

（1）各水样加氯的接触时间应尽可能相同或接近，以便互相比较。

（2）所用漂白粉的存放时间最好不要超过几个月。漂白粉应密闭存放，避免受热受潮。

七、思考题

（1）水中含有氨氮时，投氯量-余氯量关系曲线为何出现折点？

（2）有哪些因素影响投氯量？

（3）本实训原水如采用折点加氯消毒，投氯量应为多少？

实训七 塔式生物滤池

一、目的

（1）通过实训进一步认识生物膜法处理污水的机理及特征。

（2）通过运行模型了解塔式生物滤池的构造及运行特点。

二、原理

塔式生物滤池是生物膜法污水处理的一种反应器。所谓生物膜法，是与活性污泥法相并列的一种污水好氧生物处理技术，指使细菌等微生物和原生动物、后生动物等附着在载体膜上，并形成膜状生物污泥——生物膜。污水在与生物膜接触过程中，水中的有机污染物作为营养物质被膜上的微生物摄取从而得到降解，同时膜上微生物得到生长的过程。

生物膜对水体的净化过程实质上就是生物膜内外、生物膜与水层之间多种物质的传递过程。

相对于活性污泥法，生物膜法具有以下特点。
（1）参与净化反应的微生物种类多，食物链长，且能够存活的世代时间较长。
（2）对水质、水量变动有较强的适应性。
（3）形成污泥量少，且污泥沉降性能好。
（4）可以处理 BOD 值低于 50mg/L 的低浓度污水。
（5）易于运行维护、节能。

塔式生物滤池是生物滤池的一种，属于第三代生物滤池，主要由塔身、载体（或滤料）、布水装置（一般采用旋转布水器、多孔管、喷嘴等）、通风装置（通常采用自然通风）、集水设备组成。通常在塔底部设有集水渠，并由管渠与后续处理构筑物相连（如二沉池）。

塔式生物滤池在工艺方面具有的特点如下。
（1）处理污水量大，容积负荷高，占地面积小，运行费用低。容积负荷 N_v 是生物滤池的一个重要参数，它是指每立方米滤料在每日内所能接受（降解）的有机物量，由下式计算：

$$N_v = \frac{Q(S_0 - S_e)}{V}$$

式中　Q——污水流量，m^3/d；
　　　S_0——进水的 BOD 或 COD，mg/L；
　　　S_e——出水的 BOD 或 COD，mg/L；
　　　V——滤料（载体）的体积，m^3。

通常塔滤的容积负荷（以 BOD_5 计）可以达到 $1000 \sim 3000 g/(m^3 \cdot d)$。
（2）塔内微生物在水流方向存在分层，耐有机物及有毒物质冲击负荷强。
（3）塔身较高，自然通风良好，供氧充足，污泥量少。

塔式生物滤池的主要缺点是 BOD 去除率低，一般为 60%～85%，并且基建投资较大。

三、仪器、试剂、装置

（1）塔式生物滤池实验装置，内部设有塑质载体以及配水、集水系统。
（2）水泵、转子流量计。
（3）测 COD 所需药品及容器。
（4）生活污水。

四、步骤

（1）培养生物膜。
（2）选定一定的容积负荷率，打开水泵调节流量，将污水由布水管喷洒到塔内。

(3) 测定水温、pH 值及进出水 COD 值，记录在表 7-7 中。

五、数据处理

(1) 按下式计算 COD 去除率 η：

$$\eta = \frac{S_0 - S_e}{S_0} \times 100\%$$

式中，S_0 为进水 COD，mg/L；S_e 为出水 COD，mg/L。

(2) 填写表 7-7。

表 7-7　生物滤池实验原始数据

测定次数	进水水温/℃	进水 pH	进水 COD/(mg/L)	出水 COD/(mg/L)

六、思考题

(1) 通过对运行参数和重要指标的分析，对塔式生物滤池的运行状况进行评价。
(2) 简单介绍塔式生物滤池在运行管理中的注意事项。
(3) 通过塔式生物滤池实训，简单介绍塔式生物滤池的优缺点和适用范围。

实训八　过　滤

一、目的

(1) 了解滤料级配原则。
(2) 熟悉过滤实验设备的过滤、反冲洗过程。
(3) 掌握过滤和反冲洗基本参数的计算方法。

二、原理

过滤是通过具有孔隙的物料层截留水中杂质从而使水得到澄清的工艺过程。过滤不仅可去除水中的细小悬浮颗粒杂质，而且可以去除细菌、病毒及有机物等。过滤工艺包括两个过程：过滤与反冲洗。

在过滤中，滤料起着核心作用，为了取得良好的过滤效果，滤料应具有一定级配。滤料级配是指将不同粒径的滤料按一定的比例组合。在生产中，常用一套不同孔径的筛子筛分滤料试样，选取合适的级配，通常采用 0.5mm 和 1.2mm 孔径的筛子进行筛选，取其中段。这种方法虽然简单易行，但却不能反映滤料粒径的均匀程度，因此还应该考虑级配的情况。

能反映级配状况的指标是通过筛分曲线求得的有效粒径 d_{10}、d_{80} 和不均匀系数 K_{80}。d_{10} 表示通过滤料质量 10% 的孔径，它反映滤料中细颗粒的尺寸，即产生水头损失的"有效"部分尺寸；d_{80} 表示通过滤料质量80%的孔径，它反映滤料中粗颗粒的尺寸；不均匀系数 $K_{80}=d_{80}/d_{10}$。K_{80} 越大，表示粗细颗粒的尺寸相差越大，滤料粒径越不均匀，这样的滤料对过滤及反冲洗均不利。尤其是反冲洗时，为了满足滤料粗颗粒的膨胀要求就会使细颗粒因为过大的反冲洗强度而被冲走；反之，若为了满足细颗粒不被冲走而减小冲洗强度，粗颗粒可能因为冲不起来而得不到充分的清洗。所以，滤料需要经过筛分以求得适宜的级配。

在研究过滤过程的有关问题时，常常涉及孔隙度的概念，其计算方法为：

$$M=\frac{V_n}{V}$$

式中　M——滤料孔隙度，%；

　　　V_n——滤料层孔隙体积，m³；

　　　V——滤料层体积，m³。

要想获得较好的过滤出水水质，除了滤料的组成须符合要求外，在沉淀前或过滤前投加混凝剂也是必不可少的。良好的滤层应不含有气泡，因为气泡对过滤有破坏作用：一是减少有效过滤面积，使过滤时的水头损失及滤速增加，严重时会破坏滤后水质；二是气泡会穿过滤层上升，有可能把部分细滤料或轻质滤料带出，破坏滤层结构。

为了保证滤后的水质和过滤速率，当过滤一段时间后，需要对滤层进行反冲洗，使滤料层在短时间内恢复工作能力。反冲洗流量增大后，滤料层完全膨胀，处于流态化状态。根据滤料层膨胀前后的厚度就可求出膨胀度 e：

$$e=\frac{L-L_0}{L_0}\times 100\%$$

式中，L 为砂层膨胀后的厚度，m；L_0 为砂层膨胀前的厚度，m。

反冲洗的强度的大小决定了滤料层的膨胀度，膨胀度的大小直接影响了反冲洗的效果。反冲洗的强度取决于流速，但流速并不是越大越好，冲洗流速过大，滤层膨胀度过大，使得滤层空隙中的水流剪力（冲刷力）降低，而且由于滤料颗粒过于分散，碰撞摩擦概率也减小，从而使得冲洗效果降低。

三、仪器、试剂、装置

1. 装置

本实训装置为一个耐压的有机玻璃柱，柱的底部是承托层，上面是石英砂滤料，滤柱的上下两端分别有两个采样口，用以取样测定进出水浊度，装置示意图见图7-6。

过滤所用的原水由高位水箱提供，以

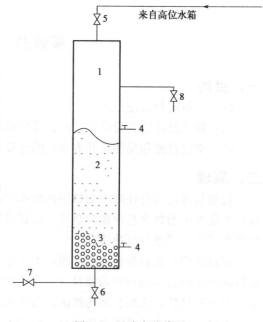

图 7-6　过滤实验装置

1—过滤柱；2—滤料层；3—承托层；
4—采样口；5—过滤进水阀门；
6—反冲洗进水阀门；7—过滤出水阀门；
8—反冲洗出水阀门

保证恒定的压头,通过一个调节阀控制流量。用自来水进行反冲洗。

滤料柱属性:内径 100mm,堆积滤层厚度 40mm。

石英砂滤料属性:孔隙度 0.4,平均粒径 0.8mm,型度系数 0.8,密度 2.7g/cm³,滤料的筛分用孔径为 0.2~2.0mm 的一组筛子过筛。

2. 设备及材料

(1) 过滤柱有机玻璃 1 根。

(2) 浊度仪(加滤纸)1 台。

(3) 烧杯 200mL(或比色管 50mL)8 个,量筒 1000mL、100mL 各 1 个。

(4) 秒表、钢尺、温度计各 1 个。

(5) 硅藻土。

四、步骤

1. 清洁砂层过滤实训步骤

(1) 开启反冲洗进水阀门,冲洗滤层 1min。

(2) 关闭反冲洗进水阀门,开启过滤进水阀门、过滤出水阀门,快滤 5min,砂面保持稳定。

(3) 调节过滤进水阀门、过滤出水阀门,使出水流量稳定后,测进水流量、浊度和水温。

(4) 分别测出滤柱过滤后 1min、3min、5min、10min、15min、20min 的出水浊度。

(5) 量出滤层厚度 L。

2. 滤层反冲洗实训步骤

(1) 量出滤层厚度 L_0,慢慢开启反冲洗进水阀门,使滤料膨胀起来。待滤层表面稳定后,记录反冲洗流量和滤层膨胀后的厚度 L。

(2) 开大反冲洗进水阀门,改变反冲洗流量。按步骤(1)测出反冲洗流量和滤层膨胀后的厚度 L。

(3) 改变反冲洗流量 6~8 次,直至最后一次砂层膨胀度达 100% 为止。测出反冲洗流量和膨胀后的厚度 L。

五、数据处理

1. 清洁砂层过滤实训结果整理

过滤柱 $d=100$mm,$L=150$mm,横截面积 $W=$ _____ m²,水温 _____ ℃,滤速 = _____ m/h,流量 = _____ L/h,进水浊度 = _____ NTU。

(1) 将过滤时所测的出水浊度填入表 7-8 中。

(2) 求出浊度去除率,填入表 7-8 中。

(3) 根据表 7-8 数据绘出浊度去除率随时间的变化曲线。

表 7-8 过滤实训记录

实训日期:_____ 年 _____ 月 _____ 日

过滤时间/min						
出水浊度/NTU						
浊度去除率/%						

2. 滤层反冲洗实训结果整理

反冲洗前滤层厚度 $L_0 =$ _____ cm。

（1）将反冲洗流量变化情况、膨胀后砂层厚度填入表 7-9。
（2）求出滤层膨胀度，记入表 7-9 中。
（3）根据表 7-9 数据绘出砂层膨胀度随反冲洗流量变化曲线。

表 7-9 滤层反冲洗实训记录

序号					
反冲洗流量/(L/h)					
膨胀后砂层厚度/cm					
砂层膨胀度/%					

六、注意事项

（1）反冲洗滤柱中的滤料时，不要将进水阀门开启过大，应缓慢打开以防滤料冲出柱外。

（2）在过滤实训前，滤层中应保持一定水位，不要把水放空。

（3）反冲洗时，为了准确地量出砂层厚度，一定要在砂面稳定后再测量，并在每一个反冲洗流量下连续测量三次。

七、思考题

（1）滤层内有气泡时对过滤、冲洗有何影响？
（2）冲洗强度为何不宜过大？
（3）实训结果能获取哪些工艺设计参数？

实训九　加压溶气气浮

一、目的

（1）通过实训进一步了解和掌握气浮净水方法的原理。
（2）通过模型的运行，掌握加压溶气气浮装置的工艺流程。

二、原理

气浮是使固液分离或液液分离的一种技术。它是通过人为采取某种方式产生大量的微小气泡，使气泡与水中的一些杂质微粒相吸附形成相对密度比水轻的气浮体。在水的浮力的作用下，气浮体上浮到水面而形成浮渣，进而达到杂质与水分离的目的。

气浮处理工艺可分为电解气浮法、散气气浮法和溶气气浮法。其中溶气气浮法可分为溶气真空气浮法和加压溶气气浮法。加压溶气气浮指空气在加压的条件下溶解在水中，在常压下，将水中过饱和的空气以微小气泡的形式释放出来。

加压溶气气浮装置由以下几部分组成。

（1）空气供给及空气饱和设备。其作用是在一定的压力下，将供给的空气溶于水中，以提供废水处理所要求的溶气水。主要是由以下几部分组成：①加压水泵，作用是提供压力水；②溶气罐，作用是使水与空气充分接触，加速空气溶解，并在其中形成溶气水；③空气供给设备，作用是提供制造溶气水所需要的空气，设备的形式主要取决于溶气方式，通常采取空压机为空气供给设备。

(2) 溶气水减压释放设备。其作用是将压力溶气水减压后迅速将溶于水中的空气以微小气泡的形式释放出来。

(3) 气浮池。其作用是使释放的微气泡与废水充分接触，并形成气浮体，完成水与杂质的分离过程。

回流加压溶气方式流程示意图见图 7-7。

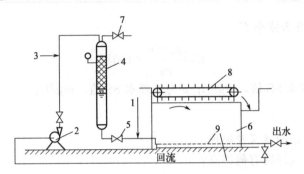

图 7-7　回流加压溶气方式流程示意图

1—原水进入；2—加压泵；3—空气进入；4—压力溶气罐(含填料层)；
5—减压阀；6—气浮池；7—放气阀；8—刮渣机；9—集水管及回流清水管

三、仪器、试剂、装置

1. 仪器

加压溶气气浮装置、空压机、水泵、转子流量计、止回阀、减压阀、废水水箱及加压水箱、搅拌器。

2. 试剂

(1) 混凝剂 $Al_2(SO_4)_3 \cdot 18H_2O$。

(2) 测水中悬浮物浓度需用的分析天平、烧杯、移液管、称量瓶、滤纸、烘箱等。

四、操作步骤

(1) 检查气浮设备是否完好，向加压水箱中注入清水。

(2) 将待处理废水样加入废水水箱中，并测定原水中 SS 浓度，根据水箱中的水量向废水水箱中加入混凝剂 $[Al_2(SO_4)_3 \cdot 18H_2O]$ 破乳，投量为 50～60mg/L。

(3) 打开空压机向溶气罐内压缩空气至 0.3MPa 左右。

(4) 打开水泵，向溶气罐内送入压力水，在 0.3～0.4MPa 压力下，将气体溶入水中，形成溶气水。此时，进水流量可控制在 2～4L/min，进气流量可以为 0.1～0.2L/min。

(5) 待溶气罐中液位升至溶气罐中上部时，缓慢打开溶气罐底部出水阀，出水量与溶气罐压力水进水量相对应。

(6) 经加压溶气的水在气浮池中释放并形成大量微小气泡时，再打开废水进水阀门,废水进水量可按 4~6L/min 控制。

(7) 浮渣由排渣管排至下水道,处理水可排至下水道也可部分回流至回流水箱。

五、数据处理

将数据记录于表 7-10 中。

表 7-10 溶气气浮实训数据

项目	悬浮物浓度 SS/(mg/L)
进 水	
出 水	

按下式计算 SS 去除率 E:

$$E = \frac{\rho_0 - \rho}{\rho_0} \times 100\%$$

式中,ρ_0 为废水 SS 值,mg/L;ρ 为处理水 SS 值,mg/L。

六、思考题

(1) 简述气浮法的含义及原理。
(2) 加压溶气气浮法有何特点?

实训十 活性污泥的生物相观察

一、目的

(1) 了解活性污泥生物相观察的意义。
(2) 了解和认识活性污泥,观察活性污泥絮体絮凝、沉降及泥水分离,学会活性污泥的微生物镜检,观察并识别微生物种类。
(3) 通过活性污泥性状初步判断污水生物处理的净化效果。

二、原理

活性污泥是由细菌、菌胶团、原生动物、后生动物等微生物群体及其吸附的污水中有机和无机物质组成的、有一定活力的、具有良好的净化污水功能的絮绒状污泥。活性污泥的组成如图 7-8 所示。

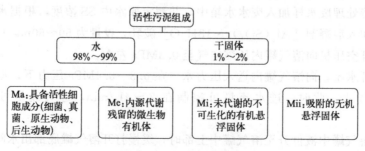

图 7-8 活性污泥的组成

污泥生物相较为复杂，以细菌和原生动物为主，也有真菌和后生动物等。当水质条件或曝气池操作条件发生变化时，生物相也会随之变化。一般认为，原生动物固着型纤毛虫占优势时，表明污水处理系统运转正常；后生动物轮虫大量出现则意味着污泥已经老化；缓慢游动或匍匐前进的生物出现时，说明污泥正在恢复正常状态；丝状菌占据优势，甚至伸出絮体外，则是污泥膨胀的标志。发育良好的污泥具有一定的形状，结构紧密，沉降性能好。因此，观察活性污泥絮体及其生物相，可初步判断生物处理系统的运转状况，有助于及时采取调控措施，保证生物处理系统稳定运行。

三、材料

（1）活性污泥。
（2）石炭酸复红染色液。
（3）仪器及相关材料：光学显微镜、载玻片、盖玻片、香柏油、擦镜纸、微型动物计数板、目镜测微尺、镜台测微尺。
（4）其他材料：吸水纸、酒精灯、火柴、接种环、镊子、滴管。

四、步骤

1. 制片镜检

（1）样品准备。取曝气池活性污泥（若曝气池混合液中的活性污泥较少，可先沉淀浓缩；若污泥较多，可先加水稀释）。

（2）制作样片。

① 水浸片：用滴管吸取一滴准备好的污泥混合液，放在载玻片中央，盖上盖玻片，制成活性污泥标本。加盖玻片时，先使盖玻片的一边接触样液，然后轻轻放下，以免产生气泡，影响观察。

② 染色片：用滴管取一滴准备好的污泥混合液，放在载玻片中央，自然干燥（或酒精灯加热干燥），固定，加石碳酸复红染色液染色1min，水洗，用吸水纸吸干。

（3）水浸片观察。

① 低倍镜观察：观察活性污泥及其生物相全貌，注意污泥絮粒大小及结构松紧程度；观察菌胶团细菌和丝状菌的分布状况；观察微型动物的形态及其活动状况，并对主要种类进行计数。

② 高倍镜观察：观察活性污泥中菌胶团与污泥絮粒之间的联系；观察菌胶团细菌和丝状菌形态特征（观察菌胶团时，应注意胶质的厚薄和色泽，新生菌胶团出现的比例），注意两者之间的相对数量；观察微型动物的结构特征，注意微型动物的外形和内部结构（例如钟虫体内是否存在食物泡、纤毛环的摆动情况等）。

（4）染色片观察。

① 低倍镜观察：在视野中找到丝状菌并移至中央。
② 高倍镜观察：观察丝状菌的形态特征。
③ 油镜观察：观察丝状菌的假分支和衣鞘，菌体在衣鞘内的排列情况，菌体内的贮藏物质。

2. 污泥絮粒大小测定

（1）制作样片。用滴管取一滴准备好的污泥混合液，放在载玻片中央。

(2) 校正目镜测微尺。

(3) 测定絮粒直径。随机取视野中 50 颗絮粒，用经校正的目镜测微尺测量絮粒直径。

(4) 污泥絮粒分级。按平均直径，污泥絮粒可分成以下三个粒级。

①大粒污泥：絮粒平均直径＞500μm。

②中粒污泥：絮粒平均直径在 150～500μm 之间。

③细粒污泥：絮粒平均直径＜150μm。

根据絮粒直径，计算三个粒级所占的比例。

3. 污泥絮粒形状和结构分析

(1) 制作样片。用滴管吸取一滴准备好的污泥混合液，放在载玻片中央。

(2) 观察絮粒形状和结构。随机取视野中 50 颗絮粒，用低倍或高倍镜观察污泥絮粒的形状和结构。

(3) 污泥絮粒分型。按形状和结构，污泥絮粒可分成以下三种类型。

①圆形紧密絮粒：圆形或近似圆形，菌胶团排列致密，沉降性较好。

②不规则疏松絮粒：形状不规则，菌胶团排列疏松，沉降性较差。

③无规则松散絮粒：形状无规则，絮粒边缘与悬液界线不清晰，沉降性极差。

根据观察结果，分析三种类型所占的比例。

4. 污泥絮粒中丝状菌数量测定

(1) 制作样片。用滴管吸取一滴准备好的污泥混合液，放在洁净的载玻片中央，盖上盖玻片，制成活性污泥标本。

(2) 标本镜检。随机选择视野，用低倍镜、高倍镜和油镜观察污泥絮粒中的丝状菌数量。

(3) 丝状菌数量分级。按活性污泥中丝状菌与菌胶团细菌的比例，将丝状细菌分为以下五个等级。

① 0 级：絮粒中几乎看不到丝状菌。

② ±级：絮粒中可见少量丝状菌。

③ +级：絮粒中存在一定数量的丝状菌，但总量少于菌胶团细菌。

④ ++级：絮粒中存在大量丝状菌，总量与菌胶团细菌大致相等。

⑤ +++级：絮粒以丝状菌为骨架，数量超过菌胶团细菌。

根据观察结果，判断样品所属的丝状菌数量等级。

5. 微型动物计数

(1) 取样。用洁净滴管，取一滴（1/20mL）污泥混合液到计数板中央的方格内，加盖洁净的大号盖玻片，使其四周正好搁在计数板凸起的边框上（图 7-9）。

(2) 计数。所加污泥混合液不一定布满 100 个小方格。用低倍镜进行计数时，只计数存在污泥混合液的小方格。遇到群体时，则需将群体中的个体逐个计数。

(3) 计算。假设在稀释一倍的一滴污泥混合液中，测得钟虫 50 只，则每毫升活性污泥混合液含钟虫数为：$50 \times 20 \times 2 = 2000$（只）。

五、结果分析

根据观察结果填写表 7-11，与结果相符打"√"。

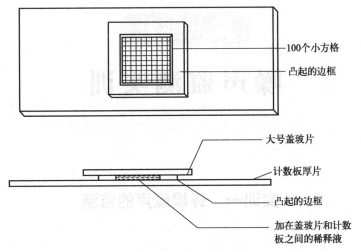

图 7-9 微型动物计数板

表 7-11 活性污泥生物相观察结果

絮粒大小	大;中;小;平均　　μm
絮粒形态	圆形;不规则形
絮粒结构	开放;封闭
絮粒紧密度	紧密;疏松
丝状菌数量分级	0级;±级;+级;++级;+++级
游离细菌	几乎不见;少;多
微型动物　优势种(数量及形态)	
微型动物　其他种(种类、数量及形态)	

六、注意事项

（1）观察污泥絮粒时，可先将活性污泥加水稀释或用水洗涤，防止絮粒粘连在一起，不易测定。

（2）观察污泥絮粒中丝状菌数量时，应注意它们与菌胶团细菌的相对比例。

七、思考题

（1）根据生物相观察结果，判断此活性污泥的质量、污水生物处理效果以及是否发生污泥膨胀。

（2）正常运行的污水处理厂活性污泥中常见的微生物有哪些？哪些是出水水质良好的指示生物？

（3）污泥膨胀对活性污泥处理系统有何危害？

第八部分

噪声监测实训

实训一 环境噪声的监测

一、目的
(1) 掌握声级计的使用方法。
(2) 掌握环境噪声的监测方法，学会监测点的布设和优化。
(3) 学会环境质量标准的运用。

二、设备
积分声级计。

三、方法及步骤

1. 测量条件

(1) 测量应在无雨、无雪的天气条件下进行，当风速达到 5m/s 以上时，停止测量。

(2) 手持仪器测量，传声器要求距地面的垂直距离为 1.2m。

(3) 测量点选在居住或工作建筑物外，离任一建筑物的距离不小于 1m。不得不在室内测量时，测量点与墙面和其他主要反射面距离不小于 1m，距地板 1.2~1.5m，距窗户约 1.5m，开窗状态下测量。

2. 测量方法

(1) 将某一地区划分为 25m×25m 的网格，网格总数应多于 100 个，测量点选在每个网格的中心，若中心点的位置不宜测量，可移到旁边能够测量的位置。

(2) 每组配置一台声级计，按顺序到各网点测量，分别测量昼间和夜间的等效连续 A 声级和最大声级 L_{max}。昼间在工作时间（一般选择 8:00~12:00 和 14:00~18:00）进行，夜间在 22:00~24:00 进行（时间不足可顺延）。

(3) 数据读取：用快挡，读取每次每个测量点测量 10min 的等效声级 L_{eq}（L_d、L_n）和最大声级 L_{max}。同时记录噪声主要来源（如社会生活、交通、施工、工厂噪声等）。数据记录见表 8-1。

(4) 数据处理：将全部网格中心测量点测得的 10min 的等效声级做算术平均值运算，所得到的平均值代表某一声环境功能区的总体环境噪声水平，并计算标准偏差。对照标准对各测点测量结果进行独立评价。

其中，算术平均值的计算公式为

$$\overline{L_{eq}} = \frac{\sum_{i=1}^{N} L_{eq}}{N}$$

标准偏差的计算公式为

$$\sigma = \frac{\sqrt{\sum_{i=1}^{N}(\overline{L_{eq}} - L_{eqi})^2}}{\sqrt{N-1}}$$

式中 N——监测点数量（网格数）；

L_{eqi}——各监测点等效连续声级的测量结果（昼间为 L_d，夜间为 L_n）。

根据每个网格中心的噪声值及对应的网格面积，统计不同噪声影响水平的面积所占比例，以及昼间、夜间的达标面积比例。如有条件可估算受影响人口。

四、数据记录及数据处理

将测量数据记录于 8-1。

表 8-1 环境噪声测量数据

测量日期：　　　　　天气状况：　　　　　　风向、风速：
声级计型号、编号：　　　　　　　　同组人姓名：　　　　　单位：dB（A）

测点编号	测点位置	昼间				夜间				主要噪声源
		测量时段	$L_{eq}(L_d)$	L_{max}	超标率	测量时段	$L_{eq}(L_n)$	L_{max}	超标率	

五、思考题

(1) 为什么测量点要距离任何建筑物不小于 1m？

(2) 标准偏差能说明什么问题？

(3) 影响噪声测定的因素有哪些？如何注意？

实训二 交通噪声的监测

一、目的

(1) 掌握交通噪声的监测方法。

(2) 掌握对交通噪声的评价方法。

二、设备

积分声级计。

三、测量方法及步骤

1. 测量条件

在无雨、无雪的天气进行测量,声级计应加风罩,以免风噪声干扰;同时使传声器膜片保持清洁。风力在三级以上时必须加风罩,四级以上大风天气应停止测量。

2. 测量地点

测量地点原则上应选择在两个道路口之间的交通线,测量点设在马路边的人行道上,一般距离马路边缘20cm。传声器离地1.2m。

3. 测量方法

(1) 每组配置一台声级计,分别进行测量、记录和监测。

(2) 按顺序到各点测量,分别测量昼间和夜间的等效连续A声级、L_{10}、L_{50}、L_{90}和最大声级L_{max}。每次的测量时间为20min。将测量数据记于表8-2中,并同时记录车流量。

(3) 按路段长度计算加权算术平均值,以此得出全市交通噪声水平。根据每个典型路段的噪声值及对应的路段长度,统计不同噪声影响水平下的路段所占比例,以及昼间、夜间的达标路段比例。如有条件可估算受影响人口。

其中,加权算术平均值的计算公式为

$$\overline{L_{eq}} = \frac{\sum_{i=1}^{N} S_i \times L_{eqi}}{\sum_{i=1}^{N} S_i}$$

式中 L_{eqi}——第i段交通干线的等效A声级L_{eq}(L_d、L_n),dB(A);

S_i——第i段交通干线的长度,m。

四、数据记录

将监测数据记录于表8-2。

表8-2 交通噪声监测原始数据

监测日期: 天气状况: 声级计型号: 声级计编号:

编号	测量时间	L_{10}/dB(A)	L_{50}/dB(A)	L_{90}/dB(A)	L_{eq}/dB(A)	L_{max}/dB(A)	干线长度S_i/m	车流量/(辆/h)
测点示意图						周围环境情况		
						备注		

监测: 校核: 审核:

五、思考题

（1）在无机动车辆通过时，监测点处的本底噪声约为多少？
（2）何种情况下可以使用统计声级计算等效连续 A 声级？

实训三　工业企业厂界噪声监测

一、目的

（1）掌握工业企业厂界噪声监测方法。
（2）学会测点的布设。
（3）学会运用《工业企业厂界环境噪声排放标准》对监测数据进行分析评价。

二、设备

积分声级计。

三、测量方法及步骤

1. 测量条件

（1）测量应在无雨雪、无雷电天气，风速为 5m/s 以下时进行。不得不在特殊气象条件下测量时，应采取必要措施保证声级计测量的准确性，同时注明当时所采取的措施及气象情况。
（2）声级计测量应在被测声源正常工作时间进行，同时注明当时的工况。
（3）测量仪器时间计权特性设为"F"挡，采样时间间隔不大于 1s。

2. 测量地点

（1）声级计放置应根据工业企业声源、周围噪声敏感建筑物的布局以及毗邻的区域类别，在工业企业厂界布设多个测点，其中包括距噪声敏感建筑物较近以及受被测声源影响较大的位置。
（2）一般情况下，声级计测量位置选在工业企业厂界外 1m、高度 1.2m 以上、距任一反射面距离不小于 1m 的位置。
（3）当厂界有围墙且周围有受影响的噪声敏感建筑物时，声级计测量位置应选在厂界外 1m、高于围墙 0.5m 以上的位置。
（4）当厂界无法测量到声源的实际排放状况时，如声源位于高空、厂界设有声屏障等，应按一般情况的要求设置声级计位置，同时在受影响的噪声敏感建筑物户外 1m 处另设测点。
（5）室内噪声测量时，室内测量点位设在距任一反射面 0.5m 以上、距地面 1.2m 高度处，在受噪声影响方向的窗户开启状态下测量。
（6）固定设备结构传声至噪声敏感建筑物室内，在噪声敏感建筑物室内测量时，测点应距任一反射面 0.5m 以上、距地面 1.2m、距外窗 1m 以上，窗户关闭状态下测量。被测房间内的其他可能干扰测量的声源，如电视机、空调机、排气扇以及镇流器较响的日光灯、运转时出声的时钟等应关闭。

3. 测量时段

（1）测量要分别在昼间、夜间两个时段进行，夜间有频发、偶发噪声影响时同时测量最大声级。

(2) 被测声源是稳态噪声，采用 1min 的等效声级。

(3) 被测声源是非稳态噪声，测量被测声源有代表性时段的等效声级，必要时测量被测声源整个正常工作时段的等效声级。

4. 背景噪声测量

(1) 测量环境：不受被测声源影响且其他声环境与测量被测声源时保持一致。

(2) 测量时段：与被测声源测量的时间长度相同。

5. 测量记录

应主要包括被测量单位名称、地址、厂界所处声环境功能区类别等信息，见表 8-3。

表 8-3　工业企业厂界噪声测量记录表

项目名称：　　　　　　　　　　　　　　　任务编号：
项目地址：　　　　　　　监测日期：　　　　　天气状况：
方法依据：
声级计名称、型号及编号：
风速：　　　　　　　　　风向：　　　　　　　　　　单位：dB（A）

测点编号	监测点名称	测量值 L_{eq}				备注	测点分布示意图及测量工况
		昼间		夜间			
		第一天	第二天	第一天	第二天		
声级计校准	校准器名称及型号： 监测前校准值；			校准总编号： 监测后校准值；			

监测人员：　　　　　　　记录人员：　　　　　　　校核人员：
记录时间：　　　　　　　校核时间：

6. 测量结果修正

(1) 噪声测量值与背景噪声值相差大于 10dB（A）时，噪声测量值不做修正。

(2) 噪声测量值与背景噪声值相差在 3~10dB（A）时，噪声测量值与背景噪声值的差值取整后，按表 8-4 进行修正。

表 8-4　测量结果修正　　　　　　　　　　　　单位：dB（A）

差值	3	4~5	6~10
修正值	−3	−2	−1

(3) 噪声测量值与背景噪声值相差小于 3dB（A）时，应采取措施降低背景噪声

后,按上述要求执行;仍无法满足上述要求的,应按环境噪声监测技术规范的有关规定执行。

7. 测量结果评价

(1) 各个测点的测量结果应单独评价。同一测点每天的测量结果按昼间、夜间进行评价。

(2) 最大声级 L_{max} 直接评价。

四、思考题

(1) 工业企业厂界噪声测量要注意什么?

(2) 如何测定背景噪声?

实训四 小区主要噪声源的调查分析

一、目的

噪声污染作为一种环境污染,被认为是仅次于大气污染与水污染的第三大公害。随着经济的快速增长和城市化的不断推进,环境噪声污染对人们的正常生活产生的干扰日益严重,同时也逐渐呈现出噪声源的复合型特点。本次实训是围绕当地一个典型居民小区的噪声源现状进行实地走访和分析,要求达到以下目的:

(1) 掌握小区噪声主要污染源调查方法;

(2) 熟悉噪声污染危害;

(3) 巩固小区噪声实地监测技能;

(4) 了解噪声污染常用控制对策;

(5) 掌握调查报告编写方法。

二、仪器和设备

测量仪器准确度为Ⅱ型及以上的普通声级计、精密声级计或同类型的其他噪声测量系统,其性能要符合《电声学 声级计》(GB/T 3785)的要求。测量前后均需使用声级校准仪进行校准,测量前后的校准偏差要≤2dB(A)。

装有 Office 操作系统的计算机,可以进行网络查询。

三、内容

(1) 结合问卷调查,开展实地走访,摸清小区主要噪声源状况。

(2) 结合所学知识,开展文献检索,了解噪声污染危害及后果。

(3) 结合实地监测,开展影响分析,提出噪声控制合理化建议。

(4) 结合前期工作,进行文档编辑,完成小区噪声污染调查报告。

四、步骤和要求

1. 组建工作团队

班级全体学生自由组合,组建若干工作团队。团队成员由 5~7 名学生构成,每队设组长 1 名。团队成员要有强烈的团队意识,项目的具体实施过程中要严格服从指导老师和组长的工作任务安排。

2. 开展实践工作

（1）选定待查小区。要求待查小区与学校所在地的空间距离较近，交通方便，小区要有较大的人口密度；建筑功能多样性较好，有一定的代表性。

（2）完成调查问卷的设计。要求紧密围绕小区群众反映的现存的主要噪声源和噪声污染的情况设计调查问卷。题目设计总量要控制在 20 道以内，必须要有调查对象的身份信息，如年龄、性别、学历层次等；同时要设计 1~2 个针对受访对象的主观意愿表达题，问卷篇幅要控制在单页 A4 纸范围之内。

（3）实地走访，发放和回收调查问卷。问卷发放要有一定的基准数量；发放对象要有一定的针对性；发放过程要注意方式方法，确保调查问卷回收量在 150 份以上、回收率高于 90%；同时，在实地走访过程中对典型噪声源和偶发性强噪声源要进行视频或图像采集。

（4）文献检索，了解噪声污染危害。利用好学校图书馆和网络资源，多途径进行噪声污染危害和后果的有效检索，要有明确的参考文献索引；同时可以针对大型居民区适时开展噪声污染危害的科普宣传，实现课程实践与环保科普的"共赢"。

（5）实地噪声测量。具体要求参见本部分实训一。

（6）提出并讨论噪声控制的合理化建议。要有团队成员的讨论过程，噪声控制的合理化建议要有针对性、可行性，必须紧密贴合调查小区的实际情况、调查问卷的反馈情况和现场监测数据的分析结果。

（7）完成调查报告。用 Word 文档编辑该调查报告，在结构上必须包含标题、前言、正文、讨论或建议、结论和参考资料等；在内容上要有理有据，有必要的数据分析和图表支撑。

五、注意事项

（1）团队成员要分工合作，同时要实行互换机制，每一位成员都应熟悉团队所有工作。

（2）实践工作特别是实地测量工作应在无雨、无雪、小风（静风）的天气条件下进行。

（3）在实践过程中，团队成员要注意人身、财产安全。

（4）校外实地调研和测量过程中团队成员要注重礼仪，体现当代大学生的风貌。

六、思考题

（1）传声器的方向是否对测定结果有影响？什么方向是正确的？

（2）测量时测量人员为什么要保持与传声器的距离？

第九部分

环境微生物实训

实训一 显微镜的构造及使用

一、目的
(1) 了解显微镜的构造、性能及成像原理。
(2) 掌握显微镜的正确使用及维护方法。

二、仪器、材料
显微镜、纱布、酵母菌细胞示教标本。

三、显微镜的构造
微生物最显著的特点就是个体微小，必须借助显微镜才能观察到它们的个体形态和细胞结构。熟悉显微镜并掌握其操作技术是研究微生物不可缺少的手段。

显微镜可分为电子显微镜和光学显微镜两大类。光学显微镜包括明视野显微镜、暗视野显微镜、相差显微镜、偏光显微镜、荧光显微镜、立体显微镜等。其中明视野显微镜为最常用的普通光学显微镜，其他显微镜都是在此基础上发展而来的，基本结构相同，只是在某些部位作了一些改变。明视野显微镜简称显微镜。

显微镜构造见图 9-1。普通光学显微镜的构造可以分为机械系统和光学系统两大部分。

1. 机械系统

(1) 镜座：在显微镜的底部，呈马蹄形、长方形、三角形等。

(2) 镜臂：连接镜座和镜筒之间的部分，呈圆弧形，作为移动显微镜时的握持部位。

(3) 镜筒：位于镜臂上端的空心圆筒，是光线的通道。镜筒的上端可插入接目镜，下端可与转换器相连接。镜筒的长度一般为 160mm。显微镜分为直筒式和斜筒式；有单筒式的，也有双筒式的。

(4) 转换器：位于镜筒下端，是一个可以旋转的圆盘。有 3~4 个孔，用于安装不同放大倍数的接物镜。

(5) 载物台：放置被检标本的平台，呈方形或圆形。中央有孔可透过光线，台上有用来固定标本的夹子和标本移动器。

(6) 调焦旋钮：包括粗调焦旋钮和细调焦旋钮，是调节载物台或镜筒上下移动的装置。

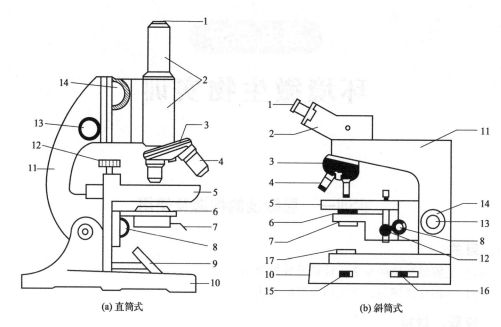

图 9-1 显微镜构造

1—接目镜；2—镜筒；3—转换器；4—接物镜；5—载物台；6—聚光镜；7—虹彩光圈；8—聚光镜调节旋钮；9—反光镜；10—镜座；11—镜臂；12—标本片移动钮；13—细调焦旋钮；14—粗调焦旋钮；15—电源开关；16—光亮调节旋钮；17—光源

2. 光学系统

（1）接物镜：常称为镜头，简称物镜，是显微镜中最重要的部分，由许多块透镜组成。其作用是将标本上的待检物放大，形成一个倒立的实像。一般显微镜有 3~4 个物镜，根据使用方法的差异可分为干燥系和油浸系两组。干燥系物镜包括低倍物镜（4~10 倍）和高倍物镜（40~45 倍），使用时物镜与标本之间的介质是空气；油浸系物镜（90~100 倍）在使用时，物镜与标本之间加有一种折射率与玻璃折射率几乎相等的油类物质（香柏油）作为介质。物镜标记示意图见图 9-2。

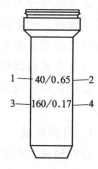

图 9-2 物镜标记示意图
1—放大倍数；2—数值孔径；
3—镜筒长度（mm）；
4—指定盖玻片厚度（mm）

（2）接目镜：通常称为目镜，一般由 2~3 块透镜组成。其作用是将由物镜所形成的实像进一步放大，并形成虚像而映入眼帘。一般显微镜的标准目镜是 10 倍。

（3）聚光镜：位于载物台的下方，由两个或几个透镜组成，其作用是将由光源来的光线聚成一个锥形光柱。聚光镜可以通过位于载物台下方的聚光镜调节旋钮进行上下调节，以求得最适光度。聚光镜还附有虹彩光圈，可调节锥形光柱的角度和大小，以控制进入物镜的光的量。

（4）反光镜：是一个双面镜，一面是平面，另一面是凹面，起到把外来光线变成平行光线进入聚光镜的作用。使用内光源的显微镜不需要反光镜。

（5）光源：日光和灯光均可，以灯光较好，其光色和光强都比较容易控制，有的显微镜采用装在底座内的内光源。

四、显微镜的使用

1. 观察前的准备

（1）取放显微镜时应一手握住镜臂、一手托住镜座，使显微镜保持直立、平稳。置显微镜于平整的实验台上，镜座距实验台边缘3～4cm。镜检时姿势要端正。

（2）接通电源，根据所用物镜的放大倍数，调节光亮调节旋钮，调节虹彩光圈的大小，使视野内的光线均匀、亮度适宜。

2. 显微观察

（1）接通电源。采用白炽灯为光源时，应在聚光镜下加一蓝色的滤色片，除去黄光。一般情况下，对于初学者，进行显微观察时应遵从低倍镜到高倍镜再到油浸镜的观察程序，因为低倍镜视野较大，易发现目标及确定观察的位置。

（2）低倍镜观察。将做好的酵母菌标本片固定在载物台上，用标本夹夹住，移动推进器使观察对象处在物镜的正下方。旋转转换器，将10倍物镜调至光路中央。旋转粗调焦旋钮将载物台升起，从侧面注视小心调节物镜接近标本片，然后用目镜观察，慢慢降载物台，使标本在视野中初步聚焦，再使用细调焦旋钮调节图像清晰。通过玻片夹推进器慢慢移动玻片，认真观察标本各部位，找到合适的观察目标，仔细观察并记录所观察的结果。调焦时应只降载物台，以免因一时的误操作而损坏镜头。注意无论使用单筒显微镜还是双筒显微镜均应双眼同时睁开观察，以减少眼睛的疲劳，也便于边观察边绘图记录。

（3）高倍镜观察。在低倍镜下找到合适的观察目标并将其移至视野中心，轻轻转动转换器将高倍镜移至观察位置。对聚光镜光圈及视野亮度进行适当调节后微调细调焦旋钮使物像清晰，仔细观察并记录。如果高倍镜和低倍镜不同焦，则按照低倍镜的调焦方法重新调节焦距。

（4）油浸镜观察。在高倍镜或低倍镜下找到要观察的样品区域，用粗调焦旋钮先降载物台，然后将油浸镜转到工作位置。在待观察的样品区域加一滴香柏油，从侧面注视，用粗调焦旋钮将载物台小心地上升，使油浸镜浸入香柏油并几乎与标本片相接。将聚光镜升至最高位置并开足光圈，慢慢地降载物台至视野中出现清晰图像为止，仔细观察并作记录。

3. 显微镜的维护

（1）观察结束后，先降载物台，取下载玻片。

（2）用擦镜纸分别擦拭物镜和目镜。

（3）用擦镜纸拭去镜头上的油，然后用擦镜纸蘸少许二甲苯擦去镜头上残留的油迹，最后再用干净的擦镜纸擦去残留的二甲苯。

（4）清洁显微镜的金属部件。

（5）将显微镜各部分还原，将物镜转为"八"字形，同时把聚光镜降下，以免物镜和聚光镜发生碰撞导致损坏。

（6）把显微镜放回原处。

五、思考题

（1）根据图9-1，对照实物，熟悉显微镜的构造。

（2）按照显微镜的使用方法，分别用低倍镜和高倍镜对酵母菌细胞示教标本进行观察。

(3) 哪个物镜的工作距离最短？
(4) 有哪些部件可以调节视野中光的强弱？
(5) 有哪些方法可以提高显微镜的分辨率？
(6) 为什么在用高倍镜和油浸镜观察标本之前要先用低倍镜进行观察？

实训二　培养基的制作与灭菌

一、目的

(1) 学会玻璃器皿的洗涤和灭菌前的准备工作。
(2) 掌握培养基配制和无菌水制备的方法。
(3) 学会高压蒸汽灭菌技术。

二、原理

培养基是供微生物生长、繁殖、代谢的混合养料。由于微生物具有不同的营养类型，对营养物质的要求也各不相同，加之实验和研究的目的不同，所以培养基的种类很多，使用的原料也各有差异，但从营养角度分析，培养基中一般含有微生物所必需的碳源、氮源、无机盐、生长素以及水分等。另外，培养基还应具有适宜的 pH 值、一定的缓冲能力、一定的氧化还原电位及合适的渗透压。

琼脂是从石花菜等海藻中提取的胶体物质，是应用最广的凝固剂。加琼脂制成的培养基在 98~100℃下融化，于 45℃以下凝固。但多次反复融化后，其凝固性降低。

任何一种培养基一经制成都应及时彻底灭菌，以备纯培养用。一般培养基的灭菌采用高压蒸汽灭菌。

三、仪器、试剂、装置

(1) 培养皿（又称平皿，直径 90mm）、试管、吸管、锥形瓶、烧杯等玻璃仪器。
(2) 纱布、棉花、报纸。
(3) pH 试纸（6~8.4）、洗液、10%HCl、10%NaOH、牛肉膏、蛋白胨、氯化钠、琼脂、蒸馏水。
(4) 高压蒸汽灭菌器、烘箱、冰箱、电炉等。

四、步骤

1. 玻璃器皿的洗刷与包装

(1) 洗刷。玻璃器皿在使用前必须洗刷干净。培养皿、试管、锥形瓶等可先用去污粉或肥皂洗刷，然后用自来水冲洗。吸管则先用洗液浸泡，再用水冲洗。洗刷干净的玻璃器皿应放在烘箱中烘干。

(2) 包装。
① 培养皿由一底一盖组成 1 套，按实验所需的套数一起用牛皮纸包装。
② 吸管应在吸端用铁丝塞入少许棉花，构成 1~1.5cm 长的棉塞，以防止细菌吸入口中，并避免将口中细菌吸入管内。棉花要塞得松紧适宜，吸时既能通气，又不致使棉

花滑入管内。将塞好棉花的吸管的尖端放在 4.5cm 宽的长纸条的一端，吸管与纸条构成 45°夹角，折叠纸条包住尖端（图 9-3），用左手将吸管压紧，在桌面上向前搓转，纸条即呈螺旋式包在吸管外面，余下纸头折叠打结，按照实验需要，可单支包装或多支包装，以备灭菌。培养皿和吸管也有放在特制容器内进行灭菌的。

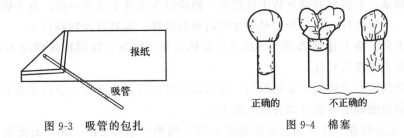

图 9-3　吸管的包扎　　　　图 9-4　棉塞

③ 试管和锥形瓶等的管口或瓶口均需用棉塞堵塞。做好的棉塞，四周应紧贴管壁和瓶口，不留缝隙，以防空气中的微生物沿棉塞皱折处浸入。棉塞不宜过松或过紧，以手提棉塞，管、瓶不掉下为准。棉塞的 2/3 应在管内或瓶内，上端露出少许，以便拔塞。棉塞的大小及形状应如图 9-4 所示。在制作培养基的过程中，如不慎将棉塞沾上培养基时，应用清洁棉花重做。

待灭菌的试管口和瓶口都要用牛皮纸包裹，并用线绳捆扎后存放在铁丝篓内（用纸包裹是为了避免灭菌时冷凝水淋湿棉塞），以备灭菌。

2. 培养基的制备——牛肉膏蛋白胨培养基的配制

牛肉膏蛋白胨培养基是一种应用最广泛和最普通的细菌基础培养基。其配方如下：牛肉膏 3g，蛋白胨 10g，NaCl 5g，琼脂 15～20g，水 1000mL，pH 为 7.4～7.6。

（1）称药品。按实际用量计算后，按配方称取各种药品放入大烧杯中。牛肉膏可放在小烧杯中称量，用热水溶解后倒入大烧杯。蛋白胨极易吸潮，故称量时要迅速。

（2）加热溶解。在烧杯中加入少于所需要的水量，然后放在陶土网上，小火加热，并用玻璃棒搅拌，待药品完全溶解后再补充水分至所需量。若配制固体培养基，则将称好的琼脂放入已溶解的药品中，再加热融化，此过程中需不断搅拌，以防琼脂糊底或溢出，最后补足所失的水分。

（3）调 pH。检测培养基的 pH，若 pH 偏酸，可滴加 1mol/L NaOH，边加边搅拌，并随时用 pH 试纸检测，直至达到所需 pH 范围。若偏碱，则用 1mol/L HCl 进行调节。pH 的调节通常放在加琼脂之前。应注意 pH 值不要调过头，以免回调而影响培养基内各离子的浓度。

（4）过滤。液体培养基可用滤纸过滤，固体培养基可用 4 层纱布趁热过滤，以便培养的观察。但是供一般使用的培养基，该步骤可省略。

（5）分装。按实训要求，可将配制的培养基分装入试管或锥形瓶内。分装时可用漏斗，以免使培养基沾在管口或瓶口上而造成污染。固体培养基的分装量约为试管高度的 1/5，灭菌后制成斜面。分装入锥形瓶内以不超过其容积的一半为宜。半固体培养基的分装量以试管高度的 1/3 为宜，灭菌后垂直等待凝固。

（6）加棉塞。将试管口和锥形瓶口塞上用普通棉花（非脱脂棉）制作的棉塞。棉塞的形状、大小和松紧度要合适，四周紧贴管壁，不留缝隙，才能起到防止杂菌侵入和有利于通气的作用。要使棉塞总长约 3/5 塞入试管口或瓶口内,以防棉塞脱落。有些微生物对通气条件要求较高,则可用 8 层纱布制成通气塞。有时也可用试管帽或塑料塞代替棉塞。

(7) 包扎。加棉塞后,在锥形瓶的棉塞外包一层牛皮纸或双层报纸,避免灭菌时冷凝水沾湿棉塞。若将培养基分装于试管中,则应以 5 支或 7 支为一组,再于棉塞外包一层牛皮纸,用绳扎好。然后用记号笔注明培养基名称、组别以及制备日期。

(8) 灭菌。将上述培养基于 121.3℃湿热灭菌 20min。如因特殊情况不能及时灭菌,则应放入冰箱内暂存。

(9) 摆斜面。灭菌后,如制斜面,则需趁热将试管口端搁在一根长木条上,并调整斜度,使斜面的长度不超过试管总长的 1/2。

(10) 无菌检查。将灭菌的培养基放入 37℃温箱中培养 24~48h,无菌生长即可使用,或贮存于冰箱或清洁的橱内,备用。

3. 无菌水的制备

在试管或瓶内先盛以适量的自来水(不用蒸馏水,管口或瓶口用塞子塞好,并用牛皮纸扎紧),使其灭菌后水量恰为 9mL(用管)或 99mL(用瓶)。此种适量的水体积可在灭菌器内获得。也可以先将管或瓶灭菌,再用灭菌的吸管(即无菌吸管)取灭菌的自来水 9mL 或 99mL 加入管或瓶中。无菌水常用来稀释水样。

4. 高压蒸汽灭菌

上述所准备的一切玻璃器皿、培养基等均需进行灭菌。本实训用高压蒸汽灭菌器灭菌,其操作和注意事项如下:

(1) 加水至电加热圈 1cm 以上。

(2) 把需要灭菌的器具放入灭菌器内,关严灭菌器盖,以防漏气。

(3) 打开出气口。

(4) 接通电源。

(5) 器内水沸腾以后,蒸汽逐渐驱除器内原有的冷空气。当指针指到 100℃时,关闭出气口。

这一点应特别注意,因为如果冷空气没有排尽,器内虽然达到了一定的压力,但达不到所需的温度。

(6) 关闭出气口后,器内蒸汽将不断增多,压力和温度随之升高。当蒸汽压达到所需的压力时,即为灭菌开始时间。灭菌时间的长短由待灭菌的物品决定。玻璃器皿、无菌水、营养琼脂培养基可用高压蒸汽灭菌器已定的 13.7MPa(125℃)的压力灭菌 20min(高压蒸汽灭菌器到 13.7MPa 时自动放气减压)。含糖的培养基用 6.9MPa(115℃)的压力灭菌 20min(高压蒸汽灭菌器到 6.9MPa 时人工放气减压)。

(7) 到达灭菌时间后,切断电源。

(8) 待压力计指针降到"0"时,打开出气口。如过早打开,管内和瓶内的培养基会因压力骤降,而温度并不立刻下降,导致培养基翻腾,沾污棉塞。

(9) 打开器盖,取出灭菌的物品,将器内剩余的水放掉。

(10) 待已灭菌的物品冷却后,置阴凉处。

本实训除学习培养基制备和高压灭菌法外,还要为下次实训作好准备。所以所用培养皿、吸管、试管、锥形瓶、烧杯等玻璃器皿以及无菌水、培养基等的量均须根据下次实训所需准备。

五、注意事项

（1）称药品用的牛角匙不要混用，称完药品应及时盖紧瓶盖。
（2）调 pH 时要小心操作，避免回调。
（3）不同培养基各有其配制特点，要注意具体操作。

六、思考题

（1）培养基是根据什么原理配制的？营养琼脂培养基中的成分各起什么作用？
（2）为什么湿热灭菌比干热灭菌优越？

实训三　微生物的染色

一、目的

（1）学习微生物的染色原理、染色的基本操作技术。
（2）掌握微生物的一般染色法和革兰染色法。

二、原理

由于微生物细胞含有大量水分，对光线的吸收和反射与水溶液的差别不大，菌体是无色透明的，与周围背景没有明显的反差，在普通光学显微镜下不易识别，因此必须对它们进行染色，使经染色后的菌体与背景形成明显的色差，从而能更清楚地观察到其形态和结构。

微生物细胞由蛋白质、核酸等两性电解质及其他化合物组成。所以，微生物细胞表现出两性电解质的性质。两性电解质兼有碱性基和酸性基，在酸性溶液中离解出碱性基，呈碱性带正电。在碱性溶液中离解出酸性基，呈酸性带负电。

经测定，细菌等电点 pH 为 2~5，故在中性、碱性或偏酸性溶液中，细菌的等电点均低于上述溶液的 pH 值，所以细菌带负电荷，容易与带正电荷的碱性染料结合，故用碱性染料染色的较多。微生物体内各结构与染料结合力不同，故可用不同染料分别染微生物的各结构以便观察。

三、染色方法

1. 简单染色法

简单染色法又叫作普通染色法，指只用一种染料使细菌染上颜色。如果仅为了在显微镜下看清细菌的形态，用简单染色即可。

2. 复染色法

指用两种或多种染料染细菌，目的是鉴别不同性质的细菌，所以又叫鉴别染色法。主要的复染色法有革兰染色法和抗酸性染色法。

革兰染色法不仅能观察到细菌的形态，而且还可将所有细菌区分为两大类：染色反应呈蓝紫色的称为革兰阳性细菌，用 G+ 表示；染色反应呈红色（复染颜色）的称为革兰阴性细菌，用 G− 表示。细菌对革兰染色的不同反应是由于它们细胞壁的成分和结构不同而造成的。

四、仪器、试剂、装置

(1) 显微镜、香柏油、二甲苯、擦镜纸、吸水纸、接种环、载玻片、酒精灯等。

(2) 石炭酸复红染液、草酸铵结晶紫染液、碘液、95％乙醇、番红染液、美蓝染液。

(3) 菌种：金黄色葡萄球菌、枯草杆菌、大肠埃希菌。

五、步骤

1. 简单染色步骤

细菌的简单染色步骤为：涂片→干燥→固定→染色→水洗→干燥→镜检。

(1) 涂片。取干净的载玻片于实验台上，在载玻片的中央滴一滴无菌蒸馏水，将接种环在火焰上烧红，待冷却后从斜面挑取少量菌种（金黄色葡萄球菌或枯草杆菌）与载玻片上的水滴混匀后，在载玻片上涂布成一均匀的薄层，注意涂布面不宜过大。

(2) 干燥。涂片最好在室温下使其自然干燥，有时为了使之干得更快些，可将标本面向上，手持载玻片一端的两侧，小心地在酒精灯上高处微微加热，使水分蒸发，但切勿紧靠火焰或加热时间过长，以防标本烤枯而变形。

(3) 固定。固定常常利用高温，手持载玻片的一端，标本面向上，在酒精灯火焰外层快速地来回通过2～3次，共2～3s，并不时以载玻片背面加热触及皮肤，不觉过烫为宜（不超过60℃），放置待冷却后，进行染色。

(4) 染色。在涂片薄膜上滴加染色液（石炭酸复红染液、草酸铵结晶紫染液或美蓝染液任选一种）一滴，使染色液覆盖涂片，染色约1min。

(5) 水洗。斜置载玻片，用小股水流冲洗，直至洗下的水呈无色为止。

(6) 干燥。用吸水纸吸去涂片边缘的水珠，置于室温下自然干燥。注意用吸水纸时切勿将菌体擦掉。

(7) 镜检。用显微镜观察，并用铅笔绘出细菌形态图。

2. 革兰染色步骤

细菌的革兰染色步骤为：涂片→干燥→固定→初染→水洗→媒染→水洗→脱色→水洗→复染→水洗→干燥→观察。

(1) 取大肠埃希菌和枯草杆菌（均以无菌操作）分别进行涂片、干燥、固定操作，方法均与简单染色的相同。

(2) 用草酸铵结晶紫染液染色1min后水洗。

(3) 加碘液媒染1min后水洗。

(4) 斜置载玻片，滴加95％乙醇脱色，至流出的乙醇不显紫色为止，需时20～30s，随即水洗。

(5) 用番红染液复染1min，水洗。

(6) 用吸水纸吸掉水滴，待标本片干后置显微镜下，用低倍镜观察，发现观察目标后用油浸镜观察，注意细菌细胞的颜色。绘出细菌的形态图并说明革兰染色的结果。

六、数据处理

简单染色：金黄色葡萄球菌和枯草杆菌染成（　　）色。

革兰染色（大肠埃希菌与枯草杆菌）：将结果填于表9-1中。

表 9-1　革兰染色记录表

菌名	菌体形态	液体颜色	G+或G-
大肠埃希菌			
枯草杆菌			

七、注意事项

(1) 革兰染色成败的关键是脱色时间，如脱色时间过长，导致脱色过度，革兰阳性菌也可被脱色而被误认为革兰阴性菌；如脱色时间过短，革兰阴性菌也会被误认为是革兰阳性菌。因此必须严格把控脱色时间。

(2) 选用培养 18～24h 菌龄的细菌为宜，若细菌太老，由于菌体死亡或自溶常使革兰阳性菌转呈阴性反应。

八、思考题

(1) 不经复染这一步，能否区别革兰阳性菌和革兰阴性菌？
(2) 你认为革兰染色在微生物学中有何实践意义？

实训四　细菌的接种、分离纯化及培养

一、目的

(1) 学习接种方法。
(2) 学习常用的分离、纯化菌种的方法。

二、说明

微生物在自然界中呈混杂状态存在，要获得所需菌种，必须从中把它们分离出来。在保存菌种时不慎受到污染也需予以分离纯化。微生物分离和纯化的方法很多，但基本原理却是相似的，即将待分离的样品进行一定的稀释，并使微生物的细胞（或孢子）尽量以分散状态存在，然后使其长成一个个纯种单菌落。然而上述工作又离不开接种，即将一种微生物移到灭过菌的培养基上的过程。

三、仪器、试剂、装置

恒温培养箱、接种环、玻璃棒、吸管、酒精灯、培养基（在实训二中配制的）、大肠埃希菌、枯草杆菌、金黄色葡萄球菌、酵母菌。

四、步骤

1. 接种的操作

(1) 斜面接种（接金黄葡萄球菌）。

① 操作前，先用 75％酒精擦手，待酒精挥发后点燃酒精灯。
② 将菌种管和斜面握在左手大拇指和其他四指之间，使斜面和有菌种的一面向上，并处于水平位置。
③ 先将菌种和斜面的棉塞旋转一下，以便接种时便于拔出。
④ 左手拿接种环（如握钢笔一样），在火焰上先将环端烧红灭菌，然后将有可能伸

入试管的其余部位也过火灭菌。

⑤ 用右手的无名指、小指和手掌将菌种管和待接斜面试管的棉花塞或试管帽同时拔出，然后让试管口缓缓过火灭菌（切勿烧过烫）。

⑥ 将灼烧过的接种环伸入菌种管内，将接种环在试管内壁或未长菌苔的培养基上接触一下，让其充分冷却，然后轻轻刮取少许菌苔，再从菌种管内抽出接种环。

⑦ 迅速将沾有菌种的接种环伸入另一支待接斜面试管。从斜面底部向上作"Z"形来回密集画线。有时也可用接种针仅在培养基的中央拉一条线来作斜面接种，以便观察菌种的生长特点。

⑧ 接种完毕后抽出接种环灼烧管口，塞上棉塞。

⑨ 将接种环烧红灭菌。放下接种环，再将棉塞旋紧。

斜面接种示意图见图 9-5。

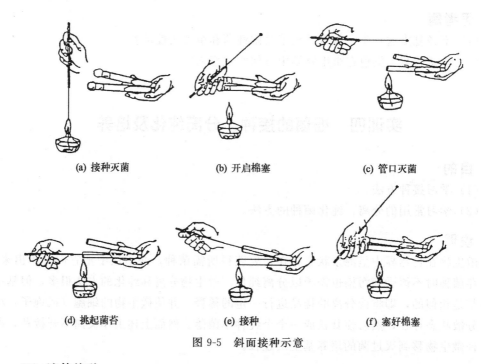

(a) 接种灭菌　　　　　(b) 开启棉塞　　　　　(c) 管口灭菌

(d) 挑起菌苔　　　　　(e) 接种　　　　　(f) 塞好棉塞

图 9-5　斜面接种示意

(2) 液体接种。

① 由斜面培养基接入液体培养基。此法用于观察细菌的生长特性和生化反应的测定，操作方法与斜面接种相同，但须使试管口向上斜，以免培养液流出。接入菌体后，将接种环与试管内壁摩擦几下，以便刮下环上的菌体。接种后塞好棉塞将试管在手掌中轻轻敲打，使菌体充分分散。

② 由液体培养基接种液体培养基。菌种是液体时，接种除用接种环外还可用无菌吸管或滴管。接种时只需在火焰旁拔出棉塞，将管口通过火焰，用无菌吸管吸取菌液注入培养液内，摇匀即可。

(3) 平板接种。即将菌在平板上画线和涂布。

① 画线接种：见平板画线法。

② 涂布接种：用无菌吸管吸取菌液注入平板后，用灭菌的玻璃棒在平板表面均匀涂布。

（4）穿刺接种。把菌种接种到固体深层培养基中，此法用于嫌气性细菌接种或为鉴定细菌时观察生理性能用。

① 操作方法与上述相同，但所用的接种针应挺直。

② 将接种针自培养基中心刺入，直刺到接近管底，但勿穿透，然后沿原穿刺途径慢慢拔出（图9-6）。

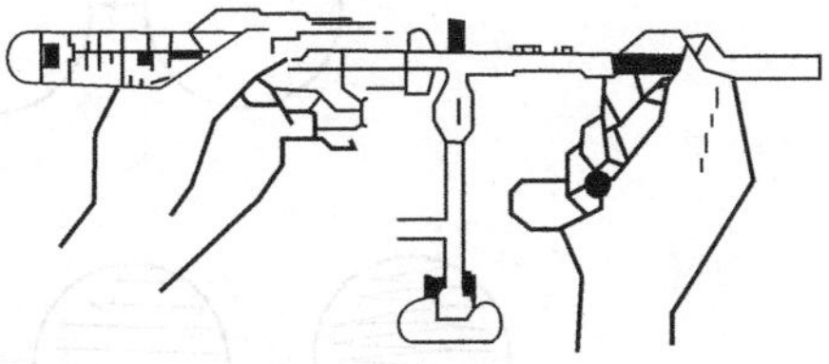

图 9-6　穿刺接种示意

2. 分离纯化的操作方法

含有一种以上的微生物培养物称为混合培养物。如果在一个菌落中所有细胞均来自一个亲代细胞，那么这个菌落称为纯培养。在进行菌种鉴定时，所用的微生物一般均要求为纯的培养物。得到纯培养的过程称为分离纯化，操作方法如下。

（1）倾注平板法。首先把微生物悬液通过适当稀释，取一定量的稀释液与熔化好的保持在 40~50℃ 的营养琼脂培养基充分混合，然后把该混合液倾注到无菌的培养皿中，待凝固之后，把培养皿倒置在恒温箱中培养。单一细胞经过多次增殖后形成一个菌落，取单个菌落制成悬液，重复上述步骤数次，便可得到纯培养物，如图 9-7(a) 所示。

（2）涂布平板法。首先把微生物悬液通过适当稀释，取一定量的稀释液放在无菌的已经凝固的营养琼脂平板上，然后用无菌的玻璃刮刀把稀释液均匀地涂布在培养基表面上，经恒温培养便可以得到单个菌落，如图 9-7(b) 所示。

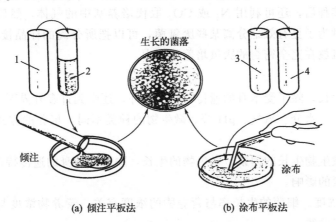

图 9-7　倾注平板法和涂布平板法图解
1—菌悬液；2—熔化的培养基；3—培养物；4—无菌水

（3）平板画线法。最简单的分离微生物的方法是平板画线法，即用无菌的接种环取培养物少许在平板上进行画线。画线的方法很多，常见的易出现单个菌落的画线方法有斜线法、曲线法、方格法、放射法、四格法等，见图9-8。当接种环在培养基表面上往后移动时，接种环上的菌液逐渐稀释，最后在所画的线上分散着单个细胞，经培养，每一个细胞可长成一个菌落。

（4）富集培养法。富集培养法的方法和原理非常简单，可以创造一些条件只让所需的微生物生长，在这些条件下，所需要的微生物能有效地与其他微生物进行竞争，在生长能力方面远远超过其他微生物。所创造的条件包括选择最适宜的碳源、能源、温度、

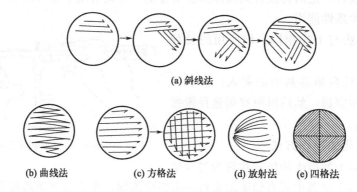

图 9-8　平板画线分离法

光、pH、渗透压等。在相同的培养基和培养条件下，经过多次重复移种，最后富集的菌株很容易在固体培养基上长出单菌落。如果要分离一些专性寄生菌，就必须把样品接种到相应敏感宿主细胞群体中，使其大量生长。通过多次重复移种便可以得到纯的寄生菌。

（5）厌氧法。在实验室中，为了分离某些厌氧菌，可以利用装有原培养基的试管作为培养容器，把这支试管放在沸水浴中加热数分钟，以便逐出培养基中的溶解氧，然后快速冷却，并进行接种。接种后，加入无菌的石蜡于培养基表面，使培养基与空气隔绝。

此外，在接种后，还可利用 N_2 或 CO_2 取代培养基中的气体，然后在火焰上把试管口密封。有时为了更有效地分离某些厌氧菌，可以把所分离的样品接种于培养基上，然后再把培养皿放在完全密封的厌氧培养装置中。

3. 培养

微生物的生长，除了受本身的遗传特性决定外，还受到许多外界因素的影响，如营养物浓度、温度、水分、氧气、pH 等。微生物的种类不同，培养的方式和条件也不尽相同。

（1）影响微生物生长的因素。微生物的生长，除了受本身的遗传特性决定外，还受到外界许多因素的影响。

① 营养物浓度。细菌的生长率与营养物的浓度有关，营养物浓度与生长率的关系曲线是典型的双曲线。

② 温度。在一定的温度范围内，每种微生物都有自己的生长温度三基点：最低生长温度、最适生长温度和最高生长温度。在生长温度三基点内，微生物都能生长，但生长速率不一样。

根据微生物最适生长温度的不同，可将它们分为三个类型。

a. 嗜冷微生物：其最适生长温度多数在 $-10 \sim 20$℃之间。

b. 中温微生物：其最适生长温度一般在 $20 \sim 45$℃之间。

c. 嗜热微生物：其生长温度在 45℃以上。

③ 水分。水分是微生物进行生长的必要条件。芽孢、孢子萌发，首先需要水分。微生物是不能脱离水而生存的。但是微生物只能在水溶液中生长，而不能生活在纯水中。

④ 氧气。按照微生物对氧气的需求情况，可将它们分为以下五个类型。

a. 需氧微生物：这类微生物需要氧气供呼吸之用。没有氧气，便不能生长，但是高浓度的氧气对需氧微生物也是有毒害作用的。

b. 兼性需氧微生物：这类微生物在有氧气存在或无氧气存在的情况下，都能生长，只是所进行的代谢途径不同。

c. 微量需氧微生物：这类微生物生存环境中的氧气含量低于大气中的氧含量（大气中氧含量通常为20%～21%，而这种生物生存环境的氧含量一般为2%～10%）。

d. 耐氧微生物：这类微生物在生长过程中，不需要氧气，但也不怕氧气存在，不会因氧气存在而死亡。

e. 厌氧微生物：这类微生物在生长过程中，不需要分子氧。

(2) 培养方法。

① 根据培养时是否需要氧气，可分为好氧培养和厌氧培养两大类。

a. 好氧培养：也称"好气培养"，这类微生物在培养时，需要有氧气加入，否则就不能生长良好。在实验室中，斜面培养是通过棉塞从外界获得无菌的空气；锥形瓶液体培养多数是通过摇床振荡，使外界的空气源源不断地进入瓶中。

b. 厌氧培养：也称"厌气培养"，这类微生物在培养时，不需要氧气参加。在厌氧微生物的培养过程中，最重要的一点就是要除去培养基中的氧气。一般可采用下列几种方法。

（a）降低培养基中的氧化还原电位：常将还原剂如谷胱甘肽、巯基乙酸盐等加入培养基中，便可达到目的。有时将一些动物组织如牛心、羊脑加入培养基中，也适宜厌氧菌的生长。

（b）化合去氧：例如，用焦性没食子酸吸收氧气；用磷吸收氧气；用好氧菌与厌氧菌混合培养吸收氧气，即通过好氧菌呼吸而消耗掉氧气；用植物组织如发芽的种子吸收氧气；用产生氢气与氧化合的方法除氧。

（c）隔绝阻氧：深层液体培养；用石蜡油封存；半固体穿刺培养。

（d）替代驱氧：用二氧化碳驱赶替代氧气；用氮气驱赶替代氧气；用真空驱赶替代氧气；用氢气驱赶替代氧气；用混合气体驱赶替代氧气。

② 根据培养基的物理状态，可分为固体培养和液体培养两大类。

a. 固体培养：是将菌种接至疏松而富有营养的固体培养基中，在合适的条件下进行微生物培养的方法。

b. 液体培养：在实训中，通过液体培养可以使微生物迅速繁殖，获得大量的培养物，在一定条件下是微生物选择增菌的有效方法。

五、思考题

(1) 什么情况下适宜用平板画线法分离？什么情况下适宜用涂布平板法分离？

(2) 为什么要把培养皿倒置培养？

(3) 接种前和接种后为什么要灼烧接种环？

(4) 为什么要在接种环冷却后才能用其与菌种接触？是否可以将接种环放在实验台上待其冷却？怎样才能知道它是否已经冷却？

实训五　水中细菌总数的测定

一、目的

（1）学习水样的采集方法和水样细菌总数测定的方法。
（2）了解水源水的平板菌落计数的原则。

二、原理

本实训应用平板菌落计数方法测定水中细菌总数。由于水中细菌种类繁多且各自对营养条件和其他生长条件的要求差别很大，因此无法找到一种培养基在一定条件下适宜水中所有细菌的生长繁殖。因此，以一定的培养基平板上生长的菌落计算出来的水中细菌总数仅是一种近似值。目前一般采用普通肉膏蛋白胨琼脂培养基。

三、仪器、试剂、装置

（1）培养基：肉膏蛋白胨琼脂培养基、无菌水。
（2）仪器或其他用具：灭菌锥形烧瓶、灭菌的带玻璃塞瓶、灭菌培养皿、灭菌吸管、灭菌试管等。

四、步骤

1. 水样的采取

（1）自来水：先将自来水龙头用火焰灼烧 3min 灭菌，再打开水龙头使水流下 5min 后，以灭菌锥形烧瓶接取水样，以待分析。

（2）池水、河水或湖水：应取距水面 10～15cm 的深层水样，先将灭菌的带玻璃塞瓶的瓶口向下浸入水中，然后翻转过来，除去玻璃塞，水即流入瓶中，盛满后，将瓶塞盖好，再从水中取出，最好立即测定，否则需放入冰箱中保存。

2. 细菌总数测定

（1）自来水。

① 用灭菌吸管吸取 1mL 水样，注入灭菌培养皿中。共做两个培养皿。

② 分别倾注约 15mL 已熔化并冷却到 45℃左右的肉膏蛋白胨琼脂培养基于上述培养皿中，并立即在桌上作平面旋摇，使水样与培养基充分混匀。

③ 另取一个空的灭菌培养皿，倾注肉膏蛋白胨琼脂培养基 15mL 做空白对照。

④ 培养基凝固后，倒置于 37℃培养箱中，培养 24h，进行菌落计数。

⑤ 两个平板的平均菌落数即为 1mL 水样的细菌总数。

（2）池水、河水或湖水等。

① 稀释水样：取 3 个灭菌空试管，分别加入 9mL 灭菌水。取 1mL 水样注入第一管 9mL 灭菌水内并摇匀，再从第一管取 1mL 注入下一管灭菌水内，如此稀释到第三管，稀释度分别为 10^{-1}、10^{-2} 与 10^{-3}。稀释倍数视水样污浊程度而定，以培养后平板的菌落数在 30～300 个之间的稀释度最为合适。若三个稀释度的菌数均多到无法计数或少到无法计数，则需继续稀释或减小稀释倍数。

一般中等污染水样，取 10^{-1}、10^{-2}、10^{-3} 三个连续稀释度，污染严重的取 10^{-2}、

10^{-3}、10^{-4} 三个连续稀释度。

② 从最后三个稀释度的试管中各取 1mL 稀释水加入空的灭菌培养皿中，每一稀释度做两个培养皿。

③ 分别倾注 15mL 已熔化并冷却至 45℃ 左右的肉膏蛋白胨琼脂培养基于上述培养皿中，立即放在桌上摇匀。

④ 培养基凝固后，倒置于 37℃ 培养箱中培养 24h。

3. 菌落计数方法

（1）先计算相同稀释度的平均菌落数。若其中一个平板有较大片状菌苔生长时，则不应采用，而应以无片状菌苔生长的平板作为该稀释度的平均菌落数。若片状菌苔的大小不到平板的一半，而其余的一半菌落分布又很均匀时，则可将此均匀的一半菌落数乘 2 以代表全平板的菌落数，然后再计算该稀释度的平均菌落数。

（2）首先选择平均菌落数在 30～300 之间的，当只有一个稀释度的平均菌落数符合此范围时，则以该平均菌落数乘其稀释倍数即为该水样的细菌总数（见表 9-2 的例 1）。

（3）若有两个稀释度的平均菌落数均在 30～300 之间，则按两者菌落总数之比值来决定。若其比值小于 2，应采取两者的平均数；若大于 2，则取其中较小的菌落总数（见表 9-2 的例 2 及例 3）。

（4）若所有稀释度的平均菌落数均大于 300，则应按稀释度最高的平均菌落数乘以稀释倍数（见表 9-2 的例 4）。

（5）若所有稀释度的平均菌落数均小于 30，则应按稀释度最低的平均菌落数乘以稀释倍数（见表 9-2 的例 5）。

（6）若所有稀释度的平均菌落数均不在 30～300 之间，则以最近 300 或 30 的平均菌落数乘以稀释倍数（见表 9-2 的例 6）。

表 9-2　菌落计数例表

例次	不同稀释度的平均菌落数			两个稀释度菌落总数之比	菌落总数 /(个/mL)	备注
	10^{-1}	10^{-2}	10^{-3}			
1	1365	164	20	—	16400 或 $1.6×10^4$	两位以后的数字采取四舍五入的方法取舍
2	2760	295	46	1.6	37750 或 $3.8×10^4$	
3	2890	271	60	2.2	27100 或 $2.7×10^4$	
4	无法计数	4650	513	—	513000 或 $5.1×10^5$	
5	27	11	5	—	270 或 $2.7×10^2$	
6	无法计数	305	12	—	30500 或 $3.0×10^4$	

五、数据处理

1. 自来水（表 9-3）

表 9-3　自来水菌落计数结果

平板	菌落数	1mL 自来水中细菌总数
1		
2		

2. 池水、河水或湖水等（表 9-4）

表 9-4　池水、河水或湖水菌落计数结果

稀释度	10^{-1}		10^{-2}		10^{-3}	
平板	1	2	1	2	1	2
菌落数						
平均菌落数						
计算方法						
菌落总数/(个/mL)						

六、思考题

（1）从自来水的细菌总数结果来看，能否达到饮用水的标准？

（2）所测水源的污染程度如何？

（3）国家对自来水的细菌总数有一定标准，各地能否自行设计其测定条件（诸如培养温度、培养时间等）来测定水样总数呢？为什么？

第十部分

环境土壤学实训

实训一 土壤 pH 值的测定

一、目的
（1）了解土壤 pH 的含义。
（2）掌握电位法测定土壤 pH 值的原理。

二、原理
土壤溶液中氢离子和氢氧根离子的浓度比例不同，所表现出来的酸碱性质称为**土壤的酸碱度**，通常用 pH 表示。在纯水或稀溶液中 pH 可用 $pH=-\lg[H^+]$ 来表示。本实训采用电位法测定土壤 pH 值。

当把 pH 玻璃电极和甘汞电极插入土壤悬浊液时，构成一电池反应，两者之间产生一个电位差，由于参比电极的电位是固定的，因而该电位差的大小取决于溶液中的氢离子活度，其负对数即为 pH，在 pH 计上直接读出。

三、仪器和设备
酸度计、pH 玻璃电极-饱和甘汞电极或 pH 复合电极、搅拌器。

四、试剂和溶液
除非另有说明，分析时均使用符合国家标准的分析纯试剂。
（1）邻苯二甲酸氢钾（$C_8H_5KO_4$）。
（2）磷酸氢二钠（Na_2HPO_4）。
（3）磷酸二氢钾（KH_2PO_4）。
（4）硼砂（$Na_2B_4O_7 \cdot 10H_2O$）。
（5）氯化钾（KCl）。
（6）pH 4.01（25℃）标准缓冲溶液 [$c(C_8H_5KO_4)=0.05\text{mol/L}$]：称取经 110～120℃烘干 2～3h 的邻苯二甲酸氢钾 10.21g 溶于水，移入 1L 容量瓶中，用水定容，贮于塑料瓶。
（7）pH 6.87（25℃）标准缓冲溶液 [$c(KH_2PO_4)=0.025\text{mol/L}$，$c(Na_2HPO_4)=0.025\text{mol/L}$]：称取经 110～130℃烘干 2～3h 的磷酸氢二钠 3.53g 和磷酸二氢钾 3.39g 溶于水，移入 1L 容量瓶中，用水定容，贮于塑料瓶。
（8）pH 9.18（25℃）标准缓冲溶液 [$c(Na_2B_4O_7)=0.01\text{mol/L}$]：称取经平衡处理的硼砂（$Na_2B_4O_7 \cdot 10H_2O$）3.80g 溶于无 CO_2 的水，移入 1L 容量瓶中，用水定

容，贮于塑料瓶。

（9）硼砂的平衡处理：将硼砂放在盛有蔗糖和食盐饱和水溶液的干燥器内平衡两昼夜。

（10）去除 CO_2 的蒸馏水。

五、分析步骤

1. 仪器校准

将仪器温度补偿器调节到试液、标准缓冲溶液同一温度值。将电极插入 pH 4.01 的标准缓冲溶液中，调节仪器，使标准溶液的 pH 值与仪器标示值一致。移出电极，用水冲洗，以滤纸吸干，插入 pH 6.87 标准缓冲溶液中，检查仪器读数，两标准溶液之间允许绝对差值 0.1 pH 单位。反复几次，直至仪器稳定。如超过规定允许差，则要检查仪器电极或标准液是否有问题。当仪器校准无误后，方可用于样品测定。

2. 土壤水浸 pH 的测定

（1）称取通过 2mm 孔径筛的风干试样 10g（精确至 0.01g）于 50mL 高型烧杯中，加去除 CO_2 的水 25mL（土液比为 1∶2.5），用搅拌器搅拌 1min，使土粒充分分散，放置 30min 后进行测定。

（2）将电极插入试样悬液中（**注意**：玻璃电极球泡下部位于土液界面处，甘汞电极插入上部清液），轻轻转动烧杯以除去电极的水膜，促使快速平衡，静置片刻，按下读数开关，待读数稳定时记下 pH 值。放开读数开关，取出电极，以水洗净，用滤纸条吸干水分后即可进行第二个样品的测定。每测 5~6 个样品后需用标准溶液检查定位。

六、结果分析

用酸度计测定 pH 值时，可直接读取 pH 值，不需计算。土壤酸碱度分级见表 10-1。

测定结果保留至小数点后 2 位。当读数小于 2.00 或大于 12.00 时，结果分别表示为 pH<2.00 或 pH>12.00。

表 10-1 土壤酸碱度分级

pH 值	酸碱度分级	pH 值	酸碱度分级
<4.5	极强酸性	7.0~7.5	弱碱性
4.5~5.5	强酸性	7.5~8.5	碱性
5.5~6.0	酸性	8.5~9.5	强碱性
6.0~6.5	弱酸性	>9.5	极强碱性
6.5~7.0	中性		

资料来源：林成谷. 土壤学：北方本. 北京：农业出版社，1996。

七、质量保证和质量控制

每批样品应至少测定 10% 的平行双样，每批少于 10 个样品时，应至少测定 1 组平行双样。

两次平行测定结果允许绝对相差：中性、酸性土壤≤0.1 pH 单位，碱性土壤≤0.2 pH 单位。

八、注意事项

（1）长时间存放不用的玻璃电极需要在水中浸泡 24h，使之活化后才能使用。暂时不用的可浸泡在水中,长期不用时,要干燥保存。玻璃电极表面受到污染时,需进行处理。甘汞电极腔内要充满饱和氯化钾溶液,在室温下应该有少许氯化钾结晶存在,但氯化钾结晶不宜过多,以防堵塞电极与被测溶液的通路。玻璃电极的内电极与球泡之间、甘汞电极内电极和多孔陶瓷末端芯之间不得有气泡。

(2) 电极在悬液中所处的位置对测定结果有影响,要求将甘汞电极插入上部清液中,尽量避免与泥浆接触。

(3) pH 读数时摇动烧杯会使读数偏低,要在摇动后稍加静止再读数。

(4) 操作过程中避免酸碱蒸汽浸入。

(5) 标准溶液在室温下一般可保存 1~2 个月,在 4℃ 冰箱中可延长保存期限。用过的标准溶液不要倒回原液中混存,发现浑浊、沉淀,就不能够再使用。

(6) 温度影响电极电位和水的电离平衡。测定时,要用温度补偿器调节至与标准缓冲液、待测试液温度保持一致。标准溶液 pH 随温度稍有变化,校准仪器时可参照表 10-2。

表 10-2 pH 缓冲溶液在不同温度下的变化

温度/℃	pH			温度/℃	pH		
	标准溶液 4.01	标准溶液 6.87	标准溶液 9.18		标准溶液 4.01	标准溶液 6.87	标准溶液 9.18
2	4.003	6.984	9.464	30	4.015	6.853	9.139
5	3.999	6.951	9.395	35	4.024	6.844	9.102
10	3.998	6.923	9.332	38	4.030	6.840	9.081
15	3.999	6.900	9.276	40	4.035	6.838	9.064
20	4.002	6.881	9.225	45	4.047	6.834	9.038
25	4.008	6.865	9.180				

(7) 在连续测量 pH>7.5 以上的样品后,建议将玻璃电极在 0.1mol/L 盐酸溶液中浸泡一下,防止电极由碱引起的响应迟钝。

九、思考题

(1) 电位法测定土壤 pH 值的原理是什么?

(2) 土壤水浸 pH 测定时,为何要经过搅拌且静置 30min?

实训二 土壤有机质的测定

一、目的

(1) 了解土壤有机质含量的意义。

(2) 掌握土壤有机质含量的测定原理。

(3) 熟练土壤有机质含量的测定方法。

二、原理

土壤里有机质的含量是衡量土壤持久性肥力的重要标志,所以测定土壤有机质的含量具有重要意义。测定土壤里有机质的含量有多种方法,其中用重铬酸钾作氧化剂,与土壤里的有机质发生氧化还原反应,再用滴定法或比色法测定的方法用得较多。本实训中,土壤有机质含量的测定采用重铬酸钾法。

在加热的条件下,用过量的重铬酸钾-硫酸($K_2Cr_2O_7$-H_2SO_4)溶液氧化土壤有机质中的碳,$Cr_2O_7^{2-}$ 等被还原成 Cr^{3+},剩余的重铬酸钾($K_2Cr_2O_7$)用硫酸亚铁($FeSO_4$)标准溶液滴定,并以二氧化硅为添加物作试剂空白标定,根据消耗的重铬酸钾量计算出有机碳量,再乘以常数1.724,即为土壤有机质含量。

消解反应:

$$2K_2Cr_2O_7 + 8H_2SO_4 + 3C \longrightarrow 2K_2SO_4 + 2Cr_2(SO_4)_3 + 3CO_2 + 8H_2O$$

滴定反应:

$$K_2Cr_2O_7 + 6FeSO_4 + 7H_2SO_4 \longrightarrow K_2SO_4 + Cr_2(SO_4)_3 + 3Fe_2(SO_4)_3 + 7H_2O$$

三、主要仪器设备

(1) 电炉(1000W)。

(2) 硬质试管(ϕ25mm×200mm)。

(3) 油浴锅:用紫铜皮做成或用高度为15~20cm的铝锅代替,内装甘油(工业用)或固体石蜡(工业用)。

(4) 铁丝笼:大小和形状与油浴锅配套,内有若干小格,每格内可插入一支试管。

(5) 自动调零滴定管。

(6) 温度计(300℃)。

四、试剂

本试验所用试剂和水,除特殊注明外,均指分析纯试剂和GB/T 6682中规定的三级水。所述溶液如未指明溶剂,均系水溶液。

1. 0.4mol/L 重铬酸钾-硫酸标准溶液

称取40.0g重铬酸钾(化学纯)溶于600~800mL水中,用滤纸过滤到1L量筒内,用水洗涤滤纸,并加水至1L,将此溶液转移入3L烧杯中。另取1L密度为1.84g/cm³的浓硫酸(化学纯),慢慢地倒入重铬酸钾水溶液中,不断搅动。为避免溶液急剧升温,每加约100mL浓硫酸后可稍停片刻,并把大烧杯放在盛有冷水的大塑料盆内冷却,当溶液的温度降到不烫手时再加另一份浓硫酸,直到全部加完为止。此溶液浓度 $c(1/6K_2Cr_2O_7)=0.4$mol/L。

2. 0.1mol/L 硫酸亚铁标准溶液

称取28.0g 硫酸亚铁(化学纯)或40.0g 硫酸亚铁铵(化学纯)溶解于600~800mL水中,加浓硫酸(化学纯)20mL,搅拌均匀,静置片刻后用滤纸过滤到1L容量瓶内,再用水洗涤滤纸并加水至1L。此溶液易被空气氧化而致浓度下降,每次使用时应标定其准确浓度。

0.1mol/L 硫酸亚铁溶液的标定:吸取0.1000mol/L 重铬酸钾标准溶液20.00mL放入150mL锥形瓶中,加浓硫酸3~5mL、邻菲啰啉指示剂3滴,以硫酸亚铁溶液滴定,根据硫酸亚铁溶液消耗量即可计算出硫酸亚铁溶液的准确浓度。

3. 重铬酸钾标准溶液

准确称取130℃烘2~3h的重铬酸钾(优级纯)4.904g,先用少量水溶解,然后无损移入1000ml容量瓶中,加水定容,此标准溶液浓度 $c(1/6K_2CrO_7)=0.1000$mol/L。

4. 邻菲啰啉指示剂

准确称取邻菲啰啉 1.49g 溶于含有 0.70g $FeSO_4 \cdot 7H_2O$ 或 $1.00g(NH_4)_2SO_4 \cdot FeSO_4 \cdot 6H_2O$ 的 100mL 水溶液中。此指示剂易变质，应密闭保存于棕色瓶中。

五、分析步骤

(1) 准确称取通过 0.25mm 孔径筛风干试样 0.05～0.5g（精确到 0.0001g，称样量根据有机质含量范围而定），放入硬质试管中，然后从自动调零滴定管准确加入 10.00mL 0.4mol/L 重铬酸钾-硫酸溶液，摇匀并在每个试管口插入一个玻璃漏斗。

(2) 将试管逐个插入铁丝笼中，再将铁丝笼沉入已在电炉上加热至 185～190℃的油浴锅内，使管中的液面低于油面，要求放入后油浴温度下降至 170～180℃，等试管中的溶液沸腾时开始计时，此刻必须控制电炉温度，不使溶液剧烈沸腾，其间可轻轻提起铁丝笼在油浴锅中晃动几次，以使液温均匀，并维持 170～180℃，5min±0.5min 后将铁丝笼从油浴锅内提出，冷却片刻，擦去试管外的油（蜡）液。

(3) 把试管内的消煮液及土壤残渣无损转入 250mL 锥形瓶中，用水冲洗试管及小漏斗，洗液并入锥形瓶中，使锥形瓶内溶液的总体积控制在 50～60mL。加入 3 滴邻菲啰啉指示剂，用硫酸亚铁标准溶液滴定剩余的 $K_2Cr_2O_7$，溶液的变色过程是橙黄—蓝绿—棕红。

(4) 空白试验：每批分析时，必须同时做 2 个空白试验，即取大约 0.2g 灼烧浮石粉或土壤代替土样，其他步骤与土样测定相同。

六、结果分析

土壤有机质含量按下式计算：

$$OM = \frac{c \times (V_0 - V) \times 0.003 \times 1.724 \times 1.10}{m} \times 1000$$

式中　OM——土壤有机质的含量，g/kg；

　　　V_0——空白试验所消耗硫酸亚铁标准溶液体积，mL；

　　　V——试样测定所消耗硫酸亚铁标准溶液体积，mL；

　　　c——硫酸亚铁标准溶液的浓度，mol/L；

　　　0.003——1/4 碳原子的毫摩尔质量，g；

　　　1.724——由有机碳换算成有机质的系数；

　　　1.10——氧化校正系数；

　　　m——称取烘干试样的质量，单位为 g；

　　　1000——换算成每千克含量。

平行测定结果用算术平均值表示，保留三位有效数字。

七、精密度

平行测定结果允许相差见表 10-3。

表 10-3　平行测定结果允许相差

有机质含量/(g/kg)	允许绝对相差/(g/kg)	有机质含量/(g/kg)	允许绝对相差/(g/kg)
<10	≤0.5	40～70	≤3.0
10～40	≤1.0	>70	≤5.0

八、注意事项

(1) 氧化时，若加 0.1g 硫酸银粉末，氧化校正系数取 1.08。

(2) 测定土壤有机质必须采用风干样品。因为水稻土及一些长期渍水的土壤，由于存在较多的还原性物质，可消耗重铬酸钾，使结果偏高。

(3) 本实训不宜用于测定含氯化物较高的土壤。

(4) 加热时，产生的二氧化碳气泡不是真正沸腾，只有在真正沸腾时才能开始计算时间。

九、思考题

(1) 土壤有机质含量越高，是否土壤就越肥沃，植物生长就越好？土壤颜色越黑，是否说明土壤有机质含量越高？

(2) 土壤有机质的测定原理是什么？

实训三 土壤汞的测定

一、目的

(1) 掌握汞测定时土壤的预处理方法。

(2) 掌握原子荧光光度法测定汞的原理和技术。

二、原理

在土壤中一般浓度的汞对植物生长并无影响，但是汞对动物和人体却具有高度毒性，汞残留在植物中，通过食物链传递，从而危害动物、人体健康。

测定土壤汞的方法主要有冷原子吸收法和冷原子荧光法。

基态汞原子在波长为 235.7nm 的紫外光激发下而产生共振荧光，在一定的测量条件下和较低浓度范围内，荧光浓度与汞浓度成正比。

样品用硝酸-盐酸混合试剂在沸水浴中加热消解，使所含汞全部以二价汞的形式进入溶液中，再用硼氢化钾将二价汞还原成单质汞，形成汞蒸气，在载气带动下导入仪器的荧光池中，测定荧光峰值，求得样品中汞的含量。

本方法最低检出量为 0.04ng 汞。若称取 0.5g 样品测定，则最低检出限为 0.002mg/kg，测定上限可达 0.4mg/kg。

三、主要仪器和设备

原子荧光光度计、氩气或高纯氮气瓶。

四、试剂和溶液

本试验所用试剂和水，除特殊注明外，均指分析纯试剂和 GB/T 6682 中规定的一级水。所述溶液如未指明溶剂，均系水溶液。

(1) (1+1) 王水溶液：取 3 份浓盐酸（优级纯，$\rho=1.19g/cm^3$）与 1 份浓硝酸（优级纯，$\rho=1.40g/cm^3$）混合，用二级水稀释 1 倍。

(2) 硼氢化钾-氢氧化钾溶液（还原剂）：称取 0.2g 氢氧化钾（KOH）放入烧杯中，用少量水溶解；称取 0.01g 硼氢化钾（KBH_4，99%）放入氢氧化钾溶液中，用水稀释至100mL。

(3) 保存液：称取0.5g重铬酸钾（$K_2Cr_2O_7$，优级纯），用少量水溶解，加50mL浓硝酸（优级纯，$\rho=1.40\text{g/cm}^3$），用水稀释至1L，摇匀。

(4) 稀释液：称取0.2g重铬酸钾（$K_2Cr_2O_7$，优级纯）溶于900mL水中，加入28mL浓硫酸（优级纯，$\rho=1.84\text{g/cm}^3$），用水稀释至1L，摇匀。

(5) 汞标准贮备溶液 [$\rho(\text{Hg})=0.1\text{g/L}$]：称取0.1354g在硅胶干燥器中放置过夜的氯化汞（$HgCl_2$，优级纯），用保存液溶解并用保存液无损移入1L容量瓶中，用保存液定容，即为含汞100mg/L的标准贮备溶液。

准确吸取10.00mL上述汞标准贮备溶液，移入1L容量瓶中，用保存液定容，即为含汞1.00mg/L的标准溶液。

准确吸取20.00mL含汞1.00mg/L的标准溶液，移入1L容量瓶中，用保存液定容，即为含汞20.00ng/mL的标准溶液（现用现配）。

(6) 硝酸溶液 [$\varphi(HNO_3)=5\%$]。

五、步骤

1. 试样制备

称取通过0.149mm筛孔的风干试样0.2~2.0g（精确至0.0001g）置于50mL具塞比色管中，加10mL（1+1）王水，加塞后小心摇匀，于沸水浴中加热消解2h，取出冷却，立即加10mL保存液，用稀释液定容，澄清后直接上机待测。同时做空白试验。

2. 测定

按仪器说明书的要求调试好原子荧光光度计测量条件，以硝酸溶液为载流，以硼氢化钾-氢氧化钾溶液为还原剂，测量试液的荧光强度。

3. 绘制标准曲线

分别准确吸取含汞20.00ng/mL的标准溶液0.00、0.50mL、1.00mL、2.00mL、3.00mL、4.00mL、5.00mL于7个50mL具塞比色管中，加10mL保存液，用稀释液稀释至标线，摇匀，即为含汞0.00、0.20ng/mL、0.40ng/mL、0.80ng/mL、1.20ng/mL、1.60ng/mL、2.00ng/mL的标准系列溶液。在原子荧光光度计上，与试样同条件将标准系列溶液各浓度吸入原子化器中进行原子化，分别测量、记录荧光强度，绘制标准曲线或求出一元直线回归方程。

六、结果分析

土壤中汞的含量按下式进行计算：

$$w(\text{Hg})=\frac{\rho \cdot V}{1000 \cdot m}$$

式中　$w(\text{Hg})$——土壤汞的质量分数，mg/kg；

　　　ρ——从标准曲线上查得汞的浓度，ng/mL；

　　　V——试样消解后定容体积，mL，本试验为50mL；

　　　m——风干试样质量，g；

　　　1000——将ng换算为μg的系数。

七、精密度

重复试验结果允许相对标准偏差见表10-4。

表 10-4　重复试验结果允许相对标准偏差

样品含量范围/(mg/kg)	允许差(实验室内)/%	允许差(实验室间)/%
<0.1	35	40
0.1~0.4	30	35
>0.4	25	30

八、注意事项

(1) 操作中要注意检查全程序的试剂空白，发现试剂或器皿沾污，应重新处理，严格筛选，并妥善保管，防止交叉污染。

(2) 此消解体系不仅由于它本身的氧化能力使样品中大量有机物得以分解，同时也能提取各种无机形态的汞。而在盐酸存在的条件下，大量 Cl^- 与 Hg^{2+} 作用形成稳定的 $[HgCl]^{2-}$ 络离子，可抑制汞的吸附和挥发。但应避免使用沸腾的王水处理样品，以防止汞以氯化物形式挥发而损失。样品中含有较多的有机物时，可适当增大硝酸-盐酸混合试剂的浓度和用量。

(3) 由于环境因素的影响及仪器稳定性的限制，每批样品测定时须同时绘制标准曲线。若试样中汞含量太高，不能直接测量，应适当减少称样量，使试样含汞量保持在标准曲线的直线范围内。

(4) 样品消解完毕，通常加入保存液和稀释液稀释，以防止汞的损失。不过样品宜尽早测定为妥，一般情况下只允许保存 2~3d。

(5) 激发态汞原子与某些原子或化合物（如氧、氮和二氧化碳等）碰撞发生能量传递而产生"荧光猝灭"，故用惰性气体氩气或高纯氮气作为载气通入荧光池中，以帮助改善测试的灵敏度和稳定性。操作时应注意避免空气和水蒸气进入荧光池。

九、思考题

(1) 为什么要对硝酸-盐酸混合试剂进行加热消解？
(2) 为什么硼氢化钾-氢氧化钾溶液（还原剂）要在临测定前才能加入？

实训四　土壤速效钾的测定

一、目的

(1) 了解土壤速效钾的意义。
(2) 掌握土壤速效钾的测定原理。
(3) 熟练土壤速效钾的测定方法。

二、原理

根据钾在土壤中的存在形态和作物吸收利用的情况，可分为水溶性钾、交换性钾和黏土矿物中固定的钾三种类型，其中前两类可被当季作物吸收利用，统称为速效性钾，即速效钾。土壤速效钾的测定，对于判断土壤钾供应情况以及确定是否需用钾肥及其施用量，具有重要意义。

土壤速效钾的测定有乙酸铵浸提-火焰光度法和硝酸钠浸提-四苯硼钠比浊法。本实训采用的是前者。原理如下：以中性 1mol/L 乙酸铵溶液为浸提剂，NH_4^+ 与土壤胶体表面的 K^+ 进行交换，连同水溶性的 K^+ 一起进入溶液。浸出液中的钾可用火焰光度计法直接测定。

本实训测定结果在非石灰性土壤中为交换性钾，在石灰性土壤中则为交换性钾和水溶性钾。

三、仪器和设备

分析天平、往复式振荡机（振荡频率满足 150～180r/min）、火焰光度计、其他常用仪器。

四、试剂

（1）中性乙酸铵溶液 $[c(CH_3COONH_4)=1.0mol/L]$：称取 77.08g CH_3COONH_4 溶于水中，用稀乙酸（CH_3COOH）或氨水（1+1）（$NH_3 \cdot H_2O$）调节至 pH 为 7.0，用水定容至 1L。该溶液不宜久放。

（2）钾标准溶液 $[c(K)=100\mu g/mL]$：称取经 110℃烘 2h 的氯化钾 0.1907g 溶于乙酸铵溶液中，并用该溶液定容至 1L，即为含 100mg/L 钾的乙酸铵溶液。

五、步骤

（1）称取通过 1mm 孔径筛的风干土试样 5g（精确至 0.01g）于 200mL 塑料瓶（或 100mL 锥形瓶）中，加入 50.0mL 乙酸铵溶液（土液比为 1∶10），盖紧瓶塞。在 20～25℃下，150～180r/min 振荡 30min，干过滤。滤液直接在火焰光度计上测定。同时做空白试验。

（2）绘制标准曲线：

① 分别吸取钾标准溶液体积：0.00、3.00mL、6.00mL、9.00mL、12.00mL、15.00mL 于 50mL 容量瓶中，用乙酸铵溶液定容，即为浓度 0、$6\mu g/mL$、$12\mu g/mL$、$18\mu g/mL$、$24\mu g/mL$、$30\mu g/mL$ 的钾标准系列溶液；

② 用钾浓度为 0 的溶液调节仪器零点，用火焰光度计测定，绘制标准曲线或求回归方程。

六、结果分析

土壤速效钾含量的计算公式如下：

$$w(K)=\frac{c_1 V_1}{m_1}$$

式中　$w(K)$——土壤速效钾的含量；

　　　c_1——查标准曲线或求回归方程而得到待测液中钾的浓度数值，$\mu g/mL$；

　　　V_1——浸提剂体积的数值，mL；

　　　m_1——试样的质量，g。

取平行测定结果的算术平均值为测定结果，结果取整数。

七、允许差

（1）平行测定结果的相对相差不大于 5%。

（2）不同实验室测定结果的相对相差不大于 8%。

八、注意事项

(1) 土水比为 1∶10。
(2) 振荡温度维持在 20～25℃。

九、思考题

(1) 什么是土壤速效钾？其对土壤有什么重要作用？
(2) 测定土壤速效钾的方法原理是什么？

实训五　土壤有效磷的测定

一、目的

(1) 了解测定土壤有效磷的意义。
(2) 掌握土壤有效磷的测定原理。
(3) 熟练土壤有效磷的测定方法。

二、原理

土壤中的有效磷是植物生长必需的元素之一，不仅能促进植物体内蛋白质的合成，而且能增强植物的抗病能力。了解土壤中有效磷的供应状况，对施肥有着直接的指导意义。土壤有效磷的测定方法很多，主要区别在于使用的提取剂不同。提取剂的选择主要根据各种土壤性质而定，一般情况下，石灰性土壤和中性土壤使用碳酸氢钠来提取，酸性土壤采用酸性氟化铵或氢氧化钠-草酸钠法来提取。本实训采用碳酸氢钠浸提法（磷钼蓝分光光度法），原理如下。

中性和石灰性土壤中的有效磷多以磷酸一钙和磷酸二钙状态存在，用 0.5mol/L 的碳酸氢钠浸提溶液使得钙离子形成碳酸钙沉淀，从而释放出磷酸根离子到溶液中。含磷的溶液在酸性条件下可以与钼酸铵形成黄色的磷钼酸铵沉淀。磷钼酸铵沉淀在还原剂抗坏血酸的作用下，使得磷钼酸铵中的一部分 Mo^{6+} 离子还原为 Mo^{5+} 离子，生成一种蓝色的 Mo^{5+} 的"钼蓝"，进而采用分光光度法得到溶液中有效磷的含量。

三、仪器和设备

电子天平、酸度计、紫外/可见分光光度计、恒温往复式振荡器及其他常用仪器。

四、试剂

(1) 氢氧化钠溶液（ρ＝100g/L）：称取 10g 氢氧化钠溶于 100mL 水中。
(2) 碳酸氢钠浸提剂：称取 42.0g 碳酸氢钠溶于约 950mL 水中，用氢氧化钠溶液调节 pH 至 8.5，用水稀释至 1L，贮存于聚乙烯瓶或玻璃瓶中备用，如贮存期超过 20d，使用时必须检查并校准 pH。
(3) 硫酸（ρ＝1.84g/mL）。
(4) 磷标准贮备液 [$\rho(P)$＝100mg/L]：准确称取经 105℃烘干 2h 的磷酸二氢钾（优级纯）0.4394g，用水溶解后，加入 5mL 硫酸，定容至 1L。
(5) 磷标准溶液 [$\rho(P)$＝5mg/L]：吸取 5.00mL 磷标准贮备液于 100mL 容量瓶中，用水定容，摇匀后待用。

(6) 酒石酸氧锑钾溶液（$\rho = 3g/L$）：称取酒石酸氧锑钾（$KSbOC_4H_4O_6 \cdot 1/2 H_2O$）0.30g 溶于 100mL 水中。

(7) 钼锑贮备液：称取 10.0g 钼酸铵 $[(NH_4)_2MoO_4]$ 溶于 300mL 约 60℃ 的水中，冷却。另量取 181mL 硫酸溶液，缓慢倒入约 800mL 水中，搅拌，冷却。然后将配制好的硫酸溶液缓缓倒入钼酸铵溶液中。再加入 100mL 酒石酸氧锑钾溶液，冷却后，用水定容至 2L，摇匀，贮于棕色试剂瓶中。

(8) 钼锑抗显色剂：称取 0.5g 抗坏血酸（$C_6H_8O_6$）溶于 100mL 钼锑贮备液中，此溶液现用现配。

五、步骤

1. 有效磷的浸提

称取通过 2mm 筛孔的风干试样 2.50g，置于 200mL 塑料瓶中，加入 (25±1)℃ 的碳酸氢钠浸提剂 50.00mL，在 (25±1)℃ 条件下，振荡 30min [振荡频率为 (180±20) r/min]。立即用无磷滤纸干过滤。

2. 空白溶液的制备

除不加试样外，其他步骤同步骤 1。

3. 标准曲线绘制

分别吸取磷标准溶液 0.00、0.50mL、1.00mL、2.00mL、3.00mL、4.00mL、5.00mL 于 25mL 容量瓶中，加入碳酸氢钠浸提剂 10.00mL、钼锑抗显色剂 5.00mL，慢慢摇动，排出 CO_2 后加水定容，即得含磷 0.0、0.10mg/L、0.20mg/L、0.40mg/L、0.60mg/L、0.80mg/L、1.00mg/L 的磷标准系列溶液。在室温高于 20℃ 条件下静置 30min 后，用 1cm 光径比色皿在波长 880nm 处，以标准溶液的零点调零后进行比色测定，绘制标准曲线。

4. 测定

吸取试样溶液 10.00mL 于 50mL 容量瓶或锥形瓶中，缓慢加入钼锑抗显色剂 5.00mL，慢慢摇动，排出 CO_2，再加入 10.00mL 水，充分摇匀，逐净 CO_2。在室温高于 20℃ 条件下静置 30min 后，用 1cm 光径比色皿在波长 880nm 处，以标准溶液的零点调零后进行比色测定。

若测定的磷质量浓度超出标准曲线范围，应用浸提剂将试样溶液稀释后重新比色测定。同时进行空白溶液的测定。

六、结果分析

土壤有效磷的含量按下式进行计算：

$$w(P) = \frac{(\rho - \rho_0) \times V \times D}{m \times 1000} \times 1000$$

式中　$w(P)$——土壤有效磷的质量分数；

　　　ρ——从标准曲线求得的显色液中磷的浓度，mg/mL；

　　　ρ_0——从标准曲线求得的空白试样中磷的浓度，mg/L；

　　　V——显色液体积，mL；

　　　D——分取倍数，试样浸提剂体积与分取体积之比；

　　　m——试样质量，g；

1000——将 mL 换算成 L 和将 g 换算成 kg 的系数。

平行测定结果以算术平均值表示,保留小数点后一位。

七、精密度

平行测定结果允许差见表 10-5。

表 10-5 平行测定结果允许差

测定值/(mg/kg)	允许差	测定值/(mg/kg)	允许差
<10	绝对差值≤0.5mg/kg	>20	相对相差≤5%
10~20	绝对差值≤1.0mg/kg		

八、注意事项

(1) 可通过加入活性炭来吸附溶液中其他杂色的影响,以避免最后比色时对蓝色造成干扰。

(2) 提取有效磷的过程中,克服非有效磷的溶解是方法成败的关键,因此水土比例不能太大,振荡时间不能太长。

(3) 定容时碳酸氢钠与水、钼锑抗显色剂形成大量二氧化碳气体,为防止液体外溢,应边定容边摇动。

九、思考题

(1) 土壤有效磷的测定过程中应该注意哪些问题?

(2) 用碳酸氢钠浸提法测定土壤中有效磷时,滴定过程有哪些颜色变化?为什么?

(3) 为什么中性和石灰性土壤中有效磷的测定要用碳酸氢钠浸提法?

实训六 土壤总铬的测定

一、目的

(1) 了解总铬的危害。

(2) 掌握土壤中总铬的测定方法和原理。

二、原理

土壤中铬的化合价态决定了其危害程度。Cr(Ⅵ)以阴离子的形态存在,一般不易被土壤所吸附,具有较高的活性,对植物易产生毒害,具有致癌作用,还会引起呼吸道疾病、鼻黏膜溃疡、鼻中隔穿孔、喉炎和胃肠道疾病。Cr(Ⅲ)是人体必需的微量元素,是正常糖脂代谢所不可缺少的,缺铬会引起动脉硬化等多种疾病。因 Cr(Ⅲ)极易被土壤胶体吸附和形成沉淀,其活动性差,产生的危害相对较轻,Cr(Ⅵ)对动植物和微生物的毒性一般比 Cr(Ⅲ)大得多。

土壤中总铬的测定方法较多,主要有火焰原子吸收光谱法、分光光度法、极谱法、等离子体发射光谱法、X 射线荧光光谱法和仪器中子活化法等。本实训采用分光光度法。

土壤经硫酸、硝酸、磷酸消化,铬的化合物转化为可溶物,用高锰酸钾将铬氧化成六价铬，过量的高锰酸钾用叠氮化钠还原除去，在酸性条件下，六价铬与二苯碳酰二肼（DPC）反应生成紫红色化合物，于波长540nm处进行比色测定。

三、仪器和设备

分光光度计、离心机、电热板。

四、试剂和溶液

本试验所用试剂和水，除特殊注明外，均指分析纯试剂和 GB/T 6682 中规定的一级水。所述溶液如未指明溶剂，均系水溶液。

(1) 硝酸（优级纯，$\rho=1.42g/mL$）。
(2) 硫酸（优级纯，$\rho=1.84g/mL$）。
(3) 磷酸（优级纯，85%）。
(4) 高锰酸钾（优级纯）。
(5) 叠氮化钠（优级纯）。
(6) 二苯碳酰二肼。
(7) 乙醇或丙酮。
(8) 铬标准贮备溶液 [$\rho(Cr)=100mg/L$]：称取 0.2829g 经 110℃ 烘干 2h 的重铬酸钾（优级纯）于小烧杯中，加少量水溶解，无损移入 1L 容量瓶中，用水定容，即为含铬 100mg/L 的标准贮备溶液。准确将此溶液稀释成含铬 1.00mg/L 的标准溶液备用。
(9) (1+1) 硫酸溶液。
(10) (1+1) 磷酸溶液。
(11) 高锰酸钾溶液（5g/L）。
(12) 叠氮化钠溶液（5g/L）。
(13) 二苯碳酰二肼溶液（2.5g/L）：称取二苯碳酰二肼 0.25g 溶于 100mL 乙醇溶液中。

五、步骤

1. 试液制备

称取通过 0.149mm 筛孔的风干试样 0.5g（精确至 0.0001g）于 100mL 高型烧杯（或锥形瓶）中，加几滴水湿润样品，加 1.5mL 浓硫酸，小心摇匀，加 1.5mL 浓磷酸、3mL 硝酸，小心摇匀。盖上表面皿，置于电热板上（表面温度控制在 220℃以下）加热消解至冒大量白烟。这时如果土样未变白，将烧杯取下稍冷，再加 1mL 硝酸，继续加热至冒浓白烟，直至土样变白，取下烧杯冷却，用水冲洗表面皿和烧杯壁，将烧杯内容物无损转入 50mL 容量瓶中，加水至刻度，摇匀，干过滤或放置澄清或离心。同时做空白试验。

2. 测定

准确吸取 5.00mL 清亮试液于 25mL 比色管中，加 1~2 滴高锰酸钾溶液至紫红色，置沸水浴中煮沸 15min，若紫红色褪去，再补加 1 滴高锰酸钾溶液至紫色不褪，摇匀。趁热滴加叠氮化钠溶液，迅速充分摇匀至紫红色刚好消失，将比色管放入冷水中迅速冷却，加 1mL 磷酸溶液，摇匀，加水至刻度。加 2mL 二苯碳酰二肼溶液，迅速摇匀。5min 后，用 3cm 比色皿于波长 540nm 处，以标准系列溶液的零浓度为参比调节仪器零点比色，读取吸光度。

3. 绘制校准曲线

分别吸取含铬 1.00mg/L 的标准溶液 0.00、1.00mL、2.00mL、4.00mL、6.00mL、8.00mL、10.00mL 于 25mL 比色管中，加 1mL（1+1）磷酸溶液、0.25mL（1+1）硫酸溶液，摇匀，滴加 1~2 滴高锰酸钾溶液至紫红色，置沸水浴中煮沸 15min，若紫红色褪去，再补加高锰酸钾溶液。趁热滴加叠氮化钠溶液至紫红色刚好消失，将比色管放入冷水中迅速冷却，加水至刻度，即为含铬 0.00、1.00μg、2.00μg、4.00μg、6.00μg、8.00μg、10.00μg 的标准系列溶液。加入二苯碳酰二肼溶液 2mL，迅速摇匀，5min 后与试样同条件比色。读取吸光度，绘制校准曲线或求出一元直线回归方程。

六、结果分析

土壤中总铬含量按下式进行计算：

$$w(\text{Cr}) = \frac{m_1 \times D}{m}$$

式中　w（Cr）——土壤总铬的质量分数；
　　　m_1——从校准曲线查得总铬的含量，μg；
　　　D——分取倍数，定容体积/分取体积，本实验为 50/5；
　　　m——试样质量，g。

重复试验结果以算术平均值表示，保留两位小数。

七、精密度

重复试验结果允许相对相差≤8%。

八、注意事项

（1）加入磷酸掩蔽铁，使之形成无色配合物，同时也配位其他金属离子，避免一些盐类析出产生浑浊。在磷酸存在下还可以排除硝酸银、氯离子的影响。如果在氧化时或显色时出现浑浊可考虑加大磷酸的用量。

（2）用叠氮化钠使高锰酸钾褪色时，要逐滴加入并充分摇匀，至红色刚好褪去。

（3）用高锰酸钾氧化低价铬时，七价锰可能被还原为二价锰，出现棕色而影响低价铬的氧化完全，因而应控制好溶液的酸度及高锰酸钾的用量。

（4）加入二苯碳酰二肼乙醇溶液后，应立即摇动，防止局部有机溶剂过量而使六价铬部分被还原为三价铬，使测定结果偏低。

九、思考题

（1）如何消除铝、铁、铅等金属离子对本实训的干扰？
（2）测定土壤总铬的含量时，如何进行土壤的预处理？
（3）分光光度法测定土壤铬的原理是什么？

实训七　土壤总砷的测定

一、目的

（1）了解砷的危害。

（2）掌握原子荧光光度法测定砷的方法。

二、原理

砷单质毒性低，但是砷的化合物均有剧毒，且 As^{3+} 化合物比其他砷化合物的毒性更强。砷的测定方法有分光光度法、原子荧光光度法、新银盐法、原子吸收法等。本实训采用的是原子荧光光度法。

砷的酸性溶液在氢化物发生器中，与还原剂硼氢化钾发生氢化反应，生成砷化氢气体。用氩气作载气将砷化氢气体导入石英炉中进行原子化，受热的砷化氢解离成砷的气态原子。砷原子受到光源特征辐射线的照射而被激发产生原子荧光，荧光信号到达检测器变为电信号，经电子放大器放大后由读数装置读出结果。产生的荧光强度与试样中被测元素含量成正比，可以从校准曲线查得被测元素的含量。土壤中大多数元素经分解后也能进入待测溶液中，Cu^{2+}、Co^{2+}、Ni^{2+}、Cr^{6+}、Au^{3+}、Hg^{2+} 对测定有干扰，加入硫脲即可消除。

方法检出限为 $0.4\mu g/L$。

三、仪器和设备

原子荧光光度计、砷双阴极空心阴极灯。

四、试剂和溶液

本试验所用试剂和水，除特殊注明外，均指分析纯试剂和 GB/T 6682 中规定的一级水。所述溶液如未指明溶剂，均系水溶液。

（1）（1+1）王水溶液（优级纯）：取 3 份浓盐酸（优级纯）与 1 份浓硝酸（优级纯）混合均匀，然后用水稀释一倍。现用现配。

（2）氢氧化钠溶液 $[\rho(NaOH)=100g/L]$：称取 10g 氢氧化钠溶于 100mL 水中。

（3）氢氧化钾溶液 $[\rho(KOH)=1g/L]$：称取 0.1g 氢氧化钾溶于 100mL 水中。

（4）硼氢化钾-氢氧化钾溶液：称取 1.5g 硼氢化钾溶于 100mL 氢氧化钾溶液中。用时现配。

（5）（1+1）盐酸溶液（优级纯）。

（6）硫脲-抗坏血酸溶液：称取 5g 硫脲（优级纯，H_2NCSNH_2）、5g 抗坏血酸（$C_6H_8O_6$）溶于水中，稀释至 100mL。用时现配。

（7）（1+9）盐酸溶液（优级纯）。

（8）砷标准贮备溶液 $[\rho(As)=1.00g/L]$：称取 0.6600g 预先在 110℃烘干 2h 的三氧化二砷（As_2O_3，优级纯）于小烧杯中，加入 10mL 氢氧化钠溶液，加热溶解，无损移入 500mL 容量瓶中，用水稀释到刻度，摇匀。此溶液含 As 1.00g/L。

临用时，取此溶液一定量，用（1+9）盐酸溶液准确稀释成含 As 1.00mg/L 的标准工作溶液。

五、步骤

1. 试液制备

称取通过 0.149mm 筛孔的风干试样 0.5g（精确至 0.0001g）置于 50mL 具塞比色管中，加数滴水湿润样品，加 10mL（1+1）王水溶液，加塞后小心摇匀，在室温下放置过夜。于沸水浴中加热消解 2h，其间振荡一次，取出冷却，加水定容。同时做空白试验。

2. 样品测定

吸取 5.00mL 清亮试液于 10mL 比色管中，加 2.5mL 硫脲-抗坏血酸溶液，充分摇匀，加 2mL（1＋1）盐酸溶液，加水至刻度，摇匀，放置 15min。以（1＋9）盐酸溶液为载体、以硼氢化钾-氢氧化钾溶液为还原剂，用氩气作载气，将样品吸入氢化物发生器中，将产生的砷化氢气体导入电热石英炉中进行原子化，将测得的荧光强度减去试剂空白的荧光强度后，从校准曲线上求出试液中砷的含量。

3. 绘制校准曲线

分别吸取含砷 1.00mg/L 的标准工作溶液 0.00、0.50mL、1.50mL、2.50mL、5.00mL、7.50mL 于 50mL 比色管中，加 10mL（1＋1）盐酸溶液，摇匀，加 12.5mL 硫脲-抗坏血酸溶液，加水至刻度，充分摇匀，即为含砷 0.00、0.01mg/L、0.03mg/L、0.05mg/L、0.10mg/L、0.15mg/L 的标准系列溶液。放置 15min，与试样同条件测量样品的荧光强度。

六、结果分析

土壤中总砷含量的计算公式：

$$w(\text{As}) = \frac{\rho \times V \times D}{m}$$

式中　w（As）——土壤总砷的质量分数；
　　　　ρ——从校准曲线查得砷的浓度，mg/L；
　　　　V——测定体积，mL，本实验为 10mL；
　　　　D——分取倍数，本实验为 50/5；
　　　　m——试样质量，g；

重复试验结果以算术平均值表示，保留两位小数。

七、精密度

重复试验结果允许相对标准偏差见表 10-6。

表 10-6　重复试验结果允许相对标准偏差

样品含量范围/(mg/kg)	允许差(实验室内)/%	允许差(实验室间)/%
＜10	20	30
10～20	15	25
＞20	15	20

八、注意事项

（1）加入硫脲将 As^{5+} 还原成低价后才能有效地生成砷化氢。

（2）加入硫脲后应充分摇匀使其溶解。

（3）试样酸度不宜过大，一般以 c（HCl）＝1.2mol/L 为宜。

（4）20 多种常见元素的量在 100mg/L 或大于 100mg/L 时对此法不产生干扰，但 Ag、Au、Bi 分别不超过 5mg/L、3mg/L、20mg/L。

九、思考题

（1）测定土壤中总砷含量时，如何对土壤样品进行预处理？

（2）如何排除本实训测定中的一些干扰？比如 Ag、Au 等的干扰。

第十一部分

固体废物处理与处置实训

实训一 垃圾好氧型填埋实训

一、目的

(1) 掌握城市垃圾卫生填埋的场地选择和场地设计。

(2) 掌握卫生填埋渗滤液的产生及控制,气体的产生及控制,填埋场的操作流程。

二、原理

卫生填埋作为一种针对城市垃圾处理的有效手段,主要通过运用先进的工程技术,并采取一系列科学有效的技术措施,以防止垃圾渗滤液及有害气体对水体和大气环境造成污染。在此过程中,垃圾被压实至最小体积,从而显著减少填埋所需的占地面积。为确保整个处理流程不对公共卫生安全构成威胁,避免污染环境,通常会在每日操作结束后或按既定时间间隔,使用土壤对填埋区域进行覆盖。综上所述,卫生填埋是一种能够确保整个处理过程对公共卫生安全及环境均无负面影响的土地垃圾处理方法。

三、设备

KL-HTML-1 型垃圾好氧型填埋装置:有贯通整个填埋深度的透明观察窗,可以方便地观察整个垃圾层在填埋过程中的变化。该装置是环境工程、市政工程以及生物工程等专业有用的教学与科研试验装置,也是环卫科研院所理想的科研实验装置。

四、步骤

(1) 安装完毕后,首先检查设备运转是否正常,操作步骤如下。

① 给水泵灌水口灌入密封水,用清水检验水泵回灌运行及自动运行是否正常。检验完毕后,排出清水待用。

② 试设定几分钟以内的风机开启时间及停风间隔时间,开启空压机,检验其手动运行是否运行正常以及其自动运行是否正常。然后待用。

(2) 用 10~25mm 砾石铺垫填充模拟场底部,厚度以能埋没排水管至水平为止,然后将塑料过滤网铺于其上。

(3) 填装实验垃圾,由于模拟填埋体积、深度及压实力度有限,故填入的垃圾粒度不能过大,以免出现填埋层空洞现象而影响实验效果和影响温度检测准确度问题。并且注意不要将不透气物堵塞排气管路。

(4) 填装 10~20mm 压实一次,然后再继续填装,直至上部。然后再用 10~20mm 透水透气性土壤封闭压实。

(5) 为模拟雨水对填埋体的影响及渗滤液的产生，填入的垃圾应有一定含水量。可边填装边不时开回灌泵用清水或污水将填入垃圾喷洒到一定湿度，也可填装完毕后采用回灌方式使之达到一定湿度。

(6) 填装完毕后，调节渗滤液流量计至所需流量开度，调节气体流量计至所需流量开度。

(7) 接通电源，设备开始自动回灌和自动鼓风组合运行。

(8) 接电后开机顺序如下。

① 设定鼓风连续时间及停风间歇时间（均可在 0～99h 范围内调节）。

② 将供风功能转换开关先打到"手动"挡，空压机启动，待其气压上升至 0.4MPa 后，再将功能开关打至"自动"挡，然后设备开始自动鼓风及自动回灌运行。

(9) 当完成一次模拟实训之后，将长条形玻璃视窗往上拉开显现下部 20～30mm，由下部将垃圾掏出。掏毕后，放清水入泵池，开动回灌泵，清洗泵内及填埋槽；仔细清洗空气弥散管，以免结垢堵塞。特别是当设备此后要较长期空闲时，清洗务必要彻底，此时下部砾石层亦应全部清出，以免发臭。

(10) 鉴于垃圾填埋工艺操作程序本身就是实训研究内容，因此，涉及非设备本身操作的工艺操作程序内容，可按照自己的填埋模拟实训操作工艺之设计进行操作。但务必注意以下三点：

① 设备须与室外接地线可靠连接，以确保操作安全；

② 回灌水泵不可无水开动，以免烧坏电机；

③ 空压机自动及手动操作程序属于设备本身的操作，应严格遵守操作规范，以免设备损坏。

五、设备维护及注意事项

(1) 用毕后若长期闲置，则务必彻底清洗，以免设备发臭影响实训室环境。注意要在清洗后确保泵内部不存积污水，以免降低水泵使用寿命。

(2) 注意定期清洗空气弥散管，以免日久结垢堵塞。

(3) 空压机应定期更换或添加润滑油或密封油，空压机内不应进水。

(4) 水泵达到泵池上水位线时却不自启动，而是自动断电，这可能是由于水泵被大型垃圾缠绕导致过载，应清除后再开机。平时应当注意不要将易堵塞垃圾落入泵池。

(5) 当空压机无论是在手动还是在自动模式下都不能启动，或者启动后立即自动断电，但脱离填埋槽电气连接后单独插电却能正常运行时，可能是由于空压机缺油或者供气系统管道堵塞而引发控制电路过载跳闸。此时应当将气体弥散管拔出，清理后再开机。

(6) 水泵及空压机脱机状态运行正常，接电后联机运行却整个系统都无法启动，可能是由于设备机壳漏电导致空气开关及漏电保护装置启动。此时应停机并断开总电源，检查水泵是否被堵塞或者供电导线是否破损。待确认故障排除后才能继续开机。

(7) 不可将水或液体喷淋于机体上特别是电控箱上。倘若机体不慎被喷湿，请立即关闭实训室内配给该设备电源回路的开关，然后拔下本设备电源插头，用干毛巾擦干机体并检查电控箱内是否进水，确认处于干燥状态后方可重新开机。倘若发现水已经进入电控箱，则必须用电吹风机将水吹干后，方可再次开机。

(8) 若涉及必须打开泵体或检查内部电路的情况，请与专业技术员联系。

六、思考题
（1）填埋场场地选择需要考虑的因素有哪些？
（2）影响填埋场渗滤液产生量的因素有哪些？

实训二　固体废物风力分选实训

一、目的
（1）了解风力分选的原理、方法和影响风力分选效果的主要因素。
（2）确定风力分选的适宜条件。

二、原理
风力分选又称气流分选，包括两个过程：一是分离出具有低密度、空气阻力大的轻质部分和具有高密度、空气阻力小的重质部分；二是进一步将轻颗粒从气流中分离出来。

任何颗粒一旦与介质作相对运动，就会受到介质阻力的作用。在空气介质中，任何固体废物颗粒的密度均大于空气密度，因此，固体废物颗粒物在静止空气中作向下的沉降运动，受到的空气阻力与它的运动方向相反。空气阻力（R）和有效重力（G_0）的公式如下：

$$R = \Phi d^2 v^2 \rho$$

$$G_0 = \frac{\pi}{6} d^3 (\rho_s - \rho) g \approx \frac{\pi}{6} d^3 \rho$$

式中，Φ 为阻力系数；d 为颗粒粒度；v 为沉降速度；ρ 为空气密度；ρ_s 为颗粒密度；g 为重力加速度。

根据牛顿定律有

$$G_0 - R = m \frac{dv}{dt}$$

刚开始沉降时，$v=0$，此时得到的 dv/dt 为球形颗粒的初始加速度，也是最大加速度。随着沉降时间的延长，v 逐渐增大，导致 dv/dt 逐渐减小。到 $dv/dt=0$ 时，沉降速度达到最大，固体颗粒在 G_0、R 的作用下达到动态平衡而作等速沉降运动。设最大沉降速度为 v_0，称为沉降末速，则有 $v_0 = f(d, \rho)$。

可见，当颗粒粒度一定时，密度大的颗粒沉降末速大，因此，可借助于沉降末速的不同分离不同密度的固体颗粒。当颗粒密度相同时，直径大的颗粒沉降末速大，也可借助于沉降末速的不同分离不同粒度的固体颗粒。

由于颗粒的沉降末速同时与颗粒的密度、粒度及形状有关，因而在同一介质中，密度、粒度和形状不同的颗粒在特定的条件下，可以具有相同的沉降速度，将这样具有相同的沉降速度的颗粒称为等降颗粒。其中，密度小的颗粒粒度（d_1）与密度大的颗粒粒度（d_2）之比称为等降比，用 e_0 表示，显然，$e_0 = d_1/d_2 > 1$。若两颗粒等降，则根据 $v_{01} = v_{02}$，有

$$e_0 = \frac{d_1}{d_2} = \frac{\Phi_1 \rho_{s2}}{\Phi_2 \rho_{s1}}$$

可见，等降比 e_0 将随两种颗粒密度差（$\rho_{s2} - \rho_{s1}$）的增大而增大，而且 e_0 还是阻

力系数 Φ 的函数。理论与实践都表明，e_0 将随颗粒粒度的变小而减小。因此，为了提高分选效率，在分选之前需要将废物进行分级或破碎处理使粒度均匀，然后按照密度差异进行分选。

颗粒在静止介质中具有不同的沉降末速，可借助沉降末速的不同分离不同密度的固体颗粒。但是由于固体废物中大多数颗粒 ρ_s 的差别不大，因此，它们的沉降末速不会差别很大。为了扩大固体颗粒间沉降末速的差异，提高不同颗粒的分离精度，分选常在运动气流中进行。气流运动方向常为向上（称为上升气流）或水平（称为水平气流）。在运动气流中，固体颗粒的沉降速度大小和方向会有所改变，从而使分离精度得到提高。

设存在上升气流时，μ_a 为上升气流速度，则固体颗粒沉降速度为 $v = v_0 - \mu_a$。则有，当 $v_0 > \mu_a$，$v > 0$，颗粒向下作沉降运动；当 $v_0 = \mu_a$，$v = 0$，颗粒作悬浮运动；当 $v_0 < \mu_a$，$v < 0$，颗粒向上作漂浮运动。

因此，可通过控制上升气流速度，控制不同密度固体颗粒的运动状态，使有的固体颗粒上浮，有的下沉，从而将这些不同密度的固体颗粒加以分离。

设存在水平气流时，固体颗粒的实际运动方向 $\tan\alpha = v_0/\mu_a$，则在 μ_a 一定时，对窄级别固体颗粒，其密度 ρ_s 越大，沉降距离离出发点越近。沿着气流运动方向，固体颗粒的密度是逐渐减小的，因此，通过控制水平气流速度，就可控制不同密度颗粒的沉降位置，从而有效分离不同密度的固体颗粒。

三、设备、仪器和原料

1. 主要设备、仪器

卧式分选机组 1 台，手筛筛子（规格 100mm×40mm，筛孔为 80mm、50mm、20mm、10mm、5mm、3mm 各一个），烘箱 1 台，台式天平（10kg）1 台，磅秤（50kg）1 台，搪瓷盆（ϕ50mm）10 个，铁铲 2 把。

2. 物料

以城市垃圾作为分选实训的材料。

3. 分析测试

采用拣块分类、称重的方法测得城市垃圾中每类成分的含量。

四、方法和步骤

1. 实训准备

（1）仔细检查分选机组连接是否正确与恰当。

（2）检查实训所需的仪器材料是否齐全。

2. 实训过程

（1）将城市垃圾烘干后进行破碎，以保证分选的顺利进行。

（2）按筛孔 80mm、50mm、20mm、10mm、5mm、3mm 筛分分级，保证物料粒度均匀。

（3）调整风力分选机的各种参数，使之能满足风力分选的需要。

（4）将破碎和筛分分级后的固体废物定量分别放入风机内，待固体废物中的各成分在风力的作用下沿着不同运动轨迹落入不同的收集槽中后，取出收集槽内的固体废物，分别称重计量。

（5）分析各收集槽中不同成分的含量。

(6) 记录整理实训数据，并计算分选效率。

五、数据的记录和处理

1. 数据的处理

固体废物的分选效率通常用回收率和品位两个指标来评价。回收率是指从某种分选过程中排出的某种成分的质量与进入分选过程的各种成分的质量之比。品位是指从某种分选过程中排出的某种成分的质量与该分选过程中排出物料的所有组分的质量之比。

（1）测定各产品各类成分的含量。

（2）计算固体废物分选后各产品的质量分数。

$$产品的质量分数 = \frac{某产品的质量}{给入作业的总质量} \times 100\%$$

（3）计算分选效率（回收率）。

$$回收率 = \frac{某产品中某成分的质量}{某种成分的质量} \times 100\%$$

2. 实训数据的记录

将实训数据和计算结果分别记录在表 11-1 和表 11-2 中。

实训名称：_____　　实训人员：_____
实训时间：_____　　实训试样名称：_____
实训温度：_____

表 11-1　不同级别物料分选实训记录表

级别	产品名称	质量/g	质量分数/%	品位/%	分布率/%
不分级物料	重质组分				
	中重质组分				
	轻质组分				
	共计				
分级物料	重质组分				
	中重质组分				
	轻质组分				
	共计				

表 11-2　不同气流速度分选实训记录表

气流速度	产品名称	质量/g	质量分数/%	品位/%	分布率/%
不分级物料	重质组分				
	中重质组分				
	轻质组分				
	共计				
分级物料	重质组分				
	中重质组分				
	轻质组分				
	共计				

六、思考题

(1) 分选的原理是什么？如何对分选设备进行分类？
(2) 根据实训结果分析影响风力分选的主要因素。

实训三　固体废物厌氧发酵实训

一、目的

(1) 掌握有机垃圾厌氧发酵产甲烷的过程和机理。
(2) 了解厌氧发酵的操作特点以及主要控制条件。

二、原理

厌氧发酵是指在厌氧状态下利用厌氧微生物使固体废物中的有机物转化为 CH_4 和 CO_2 的过程。厌氧发酵产生以 CH_4 为主要成分的沼气。

参与厌氧分解的微生物可以分为两类，一类是由一个十分复杂的混合发酵细菌群将复杂的有机物水解，并进一步分解为以有机酸为主的简单产物，通常称为水解菌。另一类微生物为绝对厌氧细菌，其功能是将有机酸转变为甲烷，被称为产甲烷菌。

厌氧发酵一般可以分为三个阶段，即液化阶段（水解阶段）、产酸阶段和产甲烷阶段，如图 11-1 所示，每一阶段各有其独特的微生物类群起作用。

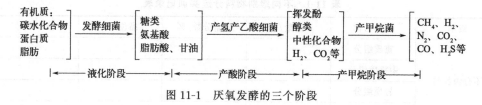

图 11-1　厌氧发酵的三个阶段

(1) 液化阶段：发酵细菌利用胞外酶对有机物进行体外酶解，使固体物质变成可溶于水的物质，然后，细菌再吸收可溶于水的物质，并将其分解为不同产物。高分子有机物的水解速率很低，它取决于物料的性质、微生物的浓度，以及温度、pH 等环境条件。纤维素、淀粉等水解成单糖类，蛋白质水解成氨基酸，再经脱氨基作用形成有机酸和氨，脂肪水解后形成甘油和脂肪酸。

(2) 产酸阶段：液化阶段产生的简单的可溶性有机物在产氢和产酸细菌的作用下，进一步分解成挥发性脂肪酸（VFA）、醇、酮、醛、CO_2 和 H_2 等。

(3) 产甲烷阶段：产甲烷菌将第二阶段的产物进一步降解成 CH_4 和 CO_2，同时利用产酸阶段所产生的 H_2 将部分 CO_2 再转变为 CH_4。产甲烷阶段的生化反应相当复杂，其中 72% 的 CH_4 来自乙酸，主要反应有：

$$CH_3COOH \longrightarrow CH_4\uparrow + CO_2\uparrow$$

$$4H_2 + CO_2 \longrightarrow CH_4\uparrow + 2H_2O$$

$$4HCOOH \longrightarrow CH_4\uparrow + 3CO_2\uparrow + 2H_2O$$

$$4CH_3OH \longrightarrow 3CH_4\uparrow + CO_2\uparrow + 2H_2O$$

$$4(CH_3)_3N + 6H_2O \longrightarrow 9CH_4\uparrow + 3CO_2\uparrow + 4NH_3\uparrow$$

$$4CO + 2H_2O \longrightarrow CH_4\uparrow + 3CO_2\uparrow$$

三、装置、原料及方法

（1）装置：厌氧发酵反应器。

（2）发酵原料：生活垃圾。

（3）接种：可采用活性污泥接种，取就近的污水处理厂污泥间的脱水剩余活性污泥，在培养过程中可以不添加其他培养物；

（4）分析方法：

① 总固体（TS）和挥发性固体（VS）的检测采用重量法；

② 总化学需氧量（TCOD）和溶解性化学需氧量（SCOD）的检测采用 $K_2Cr_2O_7$ 氧化法；

③ pH 值使用精密 pH 计测定；

④ 甲烷和二氧化碳浓度可采用 9000D 型便携式红外线分析系统；

⑤ TN 采用 TOC-V CPN 型 TOC/TN 分析仪；

⑥ 挥发性脂肪酸以乙酸计，采用滴定法。

四、步骤

（1）污泥驯化：将脱水污泥加水过筛以除去杂质，然后放入恒温室内厌氧驯化一天。

（2）按要求配制好有机垃圾的样品放置于备料池中备用。

（3）将培养好的接种污泥投入反应器，采用有机垃圾和污泥 VS 之比为 1∶1 的混合物料。用 CO_2 和 N_2 的混合气通入反应器底部 2~3min，以吹脱瓶中剩余的空气。立即将反应器密封，将系统置于恒温中进行培养。恒温系统温度升至 35℃时，测定即正式开始。

（4）记录每日产气量以及相关参数，直到底物的 VFA 的 80% 已被利用。

（5）为了消除污泥自身消化产生甲烷气体的影响，需作空白试验，空白试验是以去离子水代替有机垃圾，其他操作与活性测定实验相同。

（6）分别设置不同的反应温度，以及不同的有机垃圾与活性污泥的配比，参考不同温度对厌氧发酵产甲烷的影响。

五、数据记录及处理

将测定结果记录于表 11-3 中。

表 11-3 有机垃圾厌氧发酵产甲烷实训记录

序号	有机负荷	日产气量	甲烷含量	pH

六、思考题

（1）分析厌氧发酵的三阶段理论和两阶段理论的异同点。

(2) 厌氧发酵装置有哪些类型？试比较它们的优缺点。

(3) 影响厌氧发酵的因素有哪些？

实训四　固体废物的破碎实训

一、目的

本实训为验证型实训。通过固体废物的破碎实训，初步了解破碎技术的原理和特点，掌握固体废物破碎设备和流程的相关知识。

二、原理

固体废物破碎是利用外力克服固体废物质点间的内聚力而使大块固体废物分裂成小块的过程。磨碎是使小块固体废物颗粒分裂成细粉的过程。固体废物经破碎和磨碎后，粒度变得小而均匀，其目的如下。

(1) 原来不均匀的固体废物经破碎和磨碎之后变得均匀一致，可提高焚烧、热解、熔融、压缩等后续处理的稳定性和处理效率。

(2) 固体废物破碎后堆积密度减小，体积减小，便于压缩、运输、贮存、高密度填埋和加速复土还原过程。

(3) 固体废物破碎后，使原来结合在一起的矿物或联结在一起的异种材料等单体分离，便于从中分选、拣选回收有价值的物质和材料。

(4) 防止粗大、锋利的废物损坏分选、焚烧、热解等设备或炉腔。

(5) 有利于固体废物的下一步加工和资源化。

在工程设计中，破碎比常采用废物破碎前的最大粒度（D_{max}）与破碎后的最大粒度（d_{max}）之比来计算。这一破碎比称为极限破碎比。

在科研理论研究中破碎比常采用废物破碎前的平均粒度（D_{cp}）与破碎后的平均粒度（d_{cp}）之比来计算。这一破碎比称为真实破碎比，能较真实地反映废物的破碎程度。

通常，根据最大物料直径来选择破碎机给料口的宽度。

三、破碎设备

KL-CSPS-1 型密封锤式破碎实训装置：通过更换筛板，出料粒度可达 6mm 或 3mm，是破碎具有一定硬度的矿物的理想设备，适用于煤炭、冶金、电力、水泥、化工、环保等部门。

1. 基本结构

如图 11-2 所示，它由进料斗、破碎腔、接料斗、电动机及传动机构和机座构成。破碎腔内装有转子（破碎锤）和筛板，进料装置和排料装置为全密封结构，上、下壳体采用铰链连接，锁紧装置用弹簧手柄锁紧。

2. 破碎原理

KL-CSPS-1 型密封锤式破碎实训装置采用冲击式破碎原理。电动机通过胶带轮和传动胶带，带动破碎腔内转子高速旋转。物料进入破碎腔后，受到高速旋转的转子活动锤产生的离心力的冲击，同时与腔内壁互相撞击、摩擦而破碎。破碎后物料通过筛板进入接料斗。更换不同孔径的筛板，可改变排料粒度。

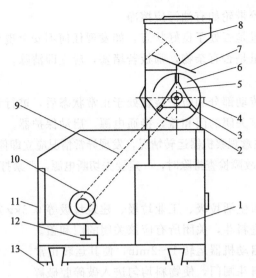

图 11-2　KL-CSPS-1 型密封锤式破碎实训装置

1—接料斗；2—下机壳；3—筛板；4—紧锁手柄；5—转子总成；6—上机壳；7—闸门手柄；8—进料斗；9—三角带；10—电动机；11—机架；12—调节螺杆；13—底座

设备常见问题及解决措施见表 11-4。

表 11-4　设备常见问题及解决措施

异常问题	原因	措施
运转中有异常声响	金属物落入破碎腔	检查物料，严防金属物混入
	锤头及小轴磨损后摩擦筛板	更换小轴
	机器紧固件松弛	固紧各紧固件
闷机（卡死）	先投料，后开机	停机清理；先开机，后投料
	一次投料量太多	适量、均匀投料
破碎时间长，排料慢	胶带损坏或张力不够，打滑	更换新胶带或调整胶带张力
	筛板孔堵塞	清除筛孔堵塞物
排料粒度大于要求粒度	锤头磨损	更换锤头
	筛板错号或筛孔磨损	更换筛板
轴承温度过高	润滑油脂不足	添加适量润滑脂
	润滑油脂含脏物	清洗轴承，更换新润滑脂
	轴承损坏	更换轴承，并加润滑脂
粉尘泄漏	密封件破损	更换密封件

四、步骤

1. 使用前检查

（1）检查所有的紧固件是否完全紧固，发现松弛立即固紧。

（2）检查轴承的润滑情况是否良好，传动件及配合处是否有足够的润滑脂。同时用手盘动胶带轮，观察设备转动是否灵活，如转动不灵活，则应查明原因并排除。

（3）检查传动带是否良好，张紧度是否合适；若胶带破损应及时更换，松紧不合适应及时调整；胶带和胶带轮如有油污应擦净。

(4) 检查防护装置是否处于良好状态，如发现任何不安全现象，应及时排除。

(5) 检查破碎腔里是否有杂物，筛板若堵塞，应立即清除。

2. 试运转

(1) 检查机器、传动部分和防护装置处于正常状态后，进行无负荷试运转。

(2) 关闭所有应该关闭的门和盖，接通电源，启动保护器。

(3) 设备运转中注意观察机器运转情况，发现异常情况应立即停机，查明原因，排除故障后，再次启动机器。故障检查排除时，一定要先切断电源，严禁打开运转中的机壳。

3. 物料破碎

(1) 自备典型城市生活垃圾、工业垃圾、建筑垃圾等 0.5kg 左右。

(2) 将物料加入进料斗，关闭所有应该关闭的门和盖。

(3) 接通电源，启动机器运转 1~2min，使其运转正常。

(4) 缓缓打开进料斗闸门，使物料均匀进入破碎腔破碎。

(5) 待进料斗中物料全部进入破碎腔，排料口不再有物料排出后，切断电源，停机。

(6) 待机器停稳后，取出接料斗，倒出破碎后物料。

(7) 打开进料斗盖和破碎腔门，将机器内部特别是筛板清扫干净；然后盖上盖子，关门，清扫机器外表，结束工作。

4. 维护

(1) 投入进料斗的物料粒度应符合机器主要技术参数规定，同时注意检查物料，严防金属或易爆物（如雷管）混入。

(2) 开始破碎时，应先开机后投料，停机时，应先停止供料并等破碎物料排尽后，再关机停电。

(3) 使用过程中，应注意观察机器运转情况，如有异常（如破碎腔内物料阻塞而造成闷机，轴承温度超过 70℃等）应立即切断电源，排除故障后，方可再次启动。

(4) 经常注意并做好轴承和其他摩擦面的润滑工作，一般可用钙基、钠基或钙钠基润脂膏。轴承座的润滑脂每三个月必须更换一次。轴承使用一年后应及时保养、注油。

五、常见故障和排除方法

常见故障和排除方法见表 11-5。

表 11-5 常见故障和排除方法

故障现象	可能原因	排除方法
机器通电后不运转或跳闸	电源不通，电压过低	检查电源（刀闸、插头、保险、电机接线，排除故障，确保 380V 电压）
	磁力启动器失灵	更换磁力启动器
	电机烧坏	更换电机
	电源线接错	正确接线
破碎时物料反弹、不下料	电机运转方向不对	交换电机三相线的任意两线接线位置
	给料粒度超过规定粒度	按机器规定粒度给料
	物料水分过高	物料先空气干燥再破碎
	筛板孔堵塞	清理筛板孔

续表

故障现象	可能原因	排除方法
启动保护器不能正常启动	先投料,后开机,破碎腔堵塞	先启动,后投料
	一次投料量太多导致破碎腔堵塞	均匀投料
	电源缺相	检查三相电源是否正常
	热过载继电器失调	调节启动保护器内热过载继电器电流

六、数据记录及处理

数据的记录及部分数据计算填入表 11-6 中。

表 11-6 破碎过程数据记录表

破碎	破碎前	破碎后
固体废物总质量/g		
固体废物总体积/mL		
堆积密度/(g/m³)		
最大粒径/mm		

七、思考题

(1) 简述锤式破碎机的特点。
(2) 简述固体废物堆积密度及变化、体积减小百分比、破碎比的计算方法。
(3) 提出本实训改进意见与建议。

实训五 垃圾渗滤液处理模拟实训

一、目的

(1) 学习垃圾渗滤液的处理方法。
(2) 掌握垃圾渗滤液的处理工艺技术。
(3) 锻炼实际操作与团队协作能力。

二、原理

通过活性炭吸附渗滤液中的一些悬浮物以及重金属离子,接着进行水热处理工艺,可将氨氮进行分解,从而降低氨氮含量,最后再进行活性炭吸附,从而达到排放标准。

三、装置及工艺

一种垃圾渗滤液的处理装置见图 11-3。

四、步骤

(1) 用活性炭粉末（活性炭粉末的粒径≤60 目）对垃圾渗滤液进行第一吸附处理,得到第一吸附后液;搅拌速率为 100~200r/min。垃圾渗滤液的 pH 值为 7.0~8.6,COD_{Cr} 为 2929~6360mg/L。

(2) 在水热反应釜中对第一吸附后液进行水热处理,冷却后得到水热处理后液;水热处理的温度为 150~250℃,压强为 0.5~2.0MPa,时间为 60~120min。

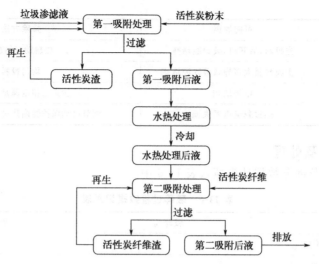

图 11-3　垃圾渗滤液处理装置

（3）用活性炭纤维对水热处理后液进行第二吸附处理，得到第二吸附后液，第二吸附后液可直接排放。搅拌速率为 100～200r/min。

五、数据处理

参照国家污水排放标准《**生活垃圾填埋场污染控制标准**》（GB 16889—2024）。

六、思考题

（1）活性炭吸附作用的原理是什么？可否换成其他材料？

（2）水热处理需要注意哪些事项？可否改变处理条件？能否换成其他处理方式？

附　录

附录一　《社会生活环境噪声排放标准》（GB 22337—2008）内容摘录

附表 1-1　社会生活噪声排放源边界噪声排放限值　　　单位：dB（A）

边界外声环境功能区类别	时段		边界外声环境功能区类别	时段	
	昼间	夜间		昼间	夜间
0	50	40	3	65	55
1	55	45	4	70	55
2	60	50			

按区域的使用功能特点和环境质量要求，声环境功能区分为以下五种类型。

0 类声环境功能区：指康复疗养区等特别需要安静的区域。

1 类声环境功能区：指以居民住宅、医疗卫生、文化教育、科研设计、行政办公为主要功能，需要保持安静的区域。

2 类声环境功能区：指以商业金融、集市贸易为主要功能，或者居住、商业、工业混杂，需要维护住宅安静的区域。

3 类声环境功能区：指以工业生产、仓储物流为主要功能，需要防止工业噪声对周围环境产生严重影响的区域。

4 类声环境功能区：指交通干线两侧一定距离之内，需要防止交通噪声对周围环境产生严重影响的区域，包括 4a 类和 4b 类两种类型。4a 类为高速公路、一级公路、二级公路、城市快速路、城市主干路、城市次干路、城市轨道交通（地面段）、内河航道两侧区域；4b 类为铁路干线两侧区域。

附表 1-2　结构传播固定设备室内噪声排放限值（等效声级）　　单位：dB（A）

噪声敏感建筑物声环境所处功能区	A 类房间		B 类房间	
	昼间	夜间	昼间	夜间
0	40	30	40	30
1	40	30	45	35
2、3、4	45	35	50	40

注：1. A 类房间指以睡眠为主要目的，需要保证夜间安静的房间，包括住宅卧室、医院病房、宾馆客房等。

2. B 类房间指主要在昼间使用，需要保证思考与精神集中、正常讲话不被干扰的房间，包括学校教室、会议室、办公室、住宅中卧室以外的其他房间等。

附表 1-3　结构传播固定设备室内噪声排放限值（倍频带声压级）　　单位：dB

噪声敏感建筑所处声环境功能区类别	时段	房间类型	室内噪声倍频带声压级限值				
0	昼间	A、B类房间	76	59	48	39	34
0	夜间	A、B类房间	69	51	39	30	24
1	昼间	A类房间	76	59	48	39	34
1	昼间	B类房间	79	63	52	44	38
1	夜间	A类房间	69	51	39	30	24
1	夜间	B类房间	72	55	43	35	29
2、3、4	昼间	A类房间	79	63	52	44	38
2、3、4	昼间	B类房间	82	67	56	49	43
2、3、4	夜间	A类房间	72	55	43	35	29
2、3、4	夜间	B类房间	76	59	48	39	34

附录二　《工业企业厂界环境噪声排放标准》（GB 12348—2008）内容摘录

附表 2-1　工业企业厂界环境噪声排放限值　　单位：dB（A）

厂界外声环境功能区类别	时段		厂界外声环境功能区类别	时段	
	昼间	夜间		昼间	夜间
0	50	40	3	65	55
1	55	45	4	70	55
2	60	50			

附录三　《环境空气质量标准》（GB 3095—2012）内容摘录

附表 3-1　环境空气污染物基本项目浓度限值

序号	污染物项目	平均时间	浓度限值		单位
			一级	二级	
1	二氧化硫（SO_2）	年平均	20	60	$\mu g/m^3$
1	二氧化硫（SO_2）	24h平均	50	150	$\mu g/m^3$
1	二氧化硫（SO_2）	1h平均	150	500	$\mu g/m^3$
2	二氧化氮（NO_2）	年平均	40	40	$\mu g/m^3$
2	二氧化氮（NO_2）	24h平均	80	80	$\mu g/m^3$
2	二氧化氮（NO_2）	1h平均	200	200	$\mu g/m^3$

续表

序号	污染物项目	平均时间	浓度限值 一级	浓度限值 二级	单位
3	一氧化碳(CO)	24h平均	4	4	mg/m^3
		1h平均	10	10	
4	臭氧(O_3)	日最大8h平均	100	160	
		1h平均	160	200	
5	颗粒物(粒径小于等于10 μm)	年平均	40	70	$\mu g/m^3$
		24h平均	50	150	
6	颗粒物(粒径小于等于2.5 μm)	年平均	15	35	
		24h平均	35	75	

注：一级浓度限值适用于一类区，为自然保护区、风景名胜区和其他需要特殊保护的区域；二级浓度限值适用于二类区，为居住区、商业交通居民混合区、文化区、工业区和农村地区。

附表3-2 污染物浓度数据有效性的最低要求

污染物	平均时间	数据有效性规定
SO_2,NO_x,NO_2,PM_{10},$PM_{2.5}$	年平均	每年至少有324个日平均浓度值；每月至少有27个日平均浓度值(二月份至少有25个日平均浓度值)
SO_2,NO_x,NO_2,CO,PM_{10},$PM_{2.5}$	24h平均	每日至少有20个小时平均浓度值或采样时间
O_3	8h平均	每8h至少有6h平均浓度值
SO_2,NO_x,NO_2,CO,O_3	1h平均	每小时至少有45min的采样时间
TSP,苯并[a]芘,Pb	年平均	每年至少有分布均匀的60个日平均浓度值；每月至少有分布均匀的5个日平均浓度值
Pb	季平均	每季至少有分布均匀的15个日平均浓度值；每月至少有分布均匀的5个日平均浓度值
TSP,苯并[a]芘,Pb	24h平均	每日应有24h的采样时间

附录四 《大气污染物综合排放标准》(GB 16297—1996) 内容摘录

附表4-1 现有污染源大气污染物排放限值

序号	污染物	最高允许排放浓度/(mg/m^3)	最高允许排放速率 排气筒高度/m	一级/(kg/h)	二级/(kg/h)	三级/(kg/h)	无组织排放监控浓度限值 监控点	浓度/(mg/m^3)
1	二氧化硫	1200(硫、二氧化硫、硫酸和其他含硫化合物生产)	15	1.6	3.0	4.1	无组织排放源上风向设参照点，下风向设监控点[①]	0.50(监控点与参照点浓度差值)
			20	2.6	5.1	7.7		
			30	8.8	17	26		
			40	15	30	45		
			50	23	45	69		
		700(硫、二氧化硫、硫酸和其他含硫化合物使用)	60	33	64	98		
			70	47	91	140		
			80	63	120	190		
			90	82	160	240		
			100	100	200	310		

续表

序号	污染物	最高允许排放浓度/(mg/m³)	最高允许排放速率				无组织排放监控浓度限值	
			排气筒高度/m	一级/(kg/h)	二级/(kg/h)	三级/(kg/h)	监控点	浓度/(mg/m³)
2	氮氧化物	1700(硝酸、氮肥和火炸药生产)	15	0.47	0.91	1.4	无组织排放源上风向设参照点,下风向设监控点	0.15(监控点与参照点浓度差值)
			20	0.77	1.5	2.3		
			30	2.6	5.1	7.7		
			40	4.6	8.9	14		
			50	7.0	14	21		
		420(硝酸使用和其他)	60	9.9	19	29		
			70	14	27	41		
			80	19	37	56		
			90	24	47	72		
			100	31	61	92		
3	颗粒物	22(碳黑尘、染料尘)	15	禁排	0.60	0.87	周界外浓度最高点②	肉眼不可见
			20		1.0	1.5		
			30		4.0	5.9		
			40		6.8	10		
		80③(玻璃棉尘、石英粉尘、矿渣棉尘)	15	禁排	2.2	3.1	无组织排放源上风向设参照点,下风向设监控点	2.0(监控点与参照点浓度差值)
			20		3.7	5.3		
			30		14	21		
			40		25	37		
		150(其他)	15	2.1	4.1	5.9	无组织排放源上风向设参照点,下风向设监控点	5.0(监控点与参照点浓度差值)
			20	3.5	6.9	10		
			30	14	27	40		
			40	24	46	69		
			50	36	70	110		
			60	51	100	150		
4	氯化氢	150	15	禁排	0.30	0.46	周界外浓度最高点	0.25
			20		0.51	0.77		
			30		1.7	2.6		
			40		3.0	4.5		
			50		4.5	6.9		
			60		6.4	9.8		
			70		9.1	14		
			80		12	19		
5	铬酸雾	0.080	15	禁排	0.009	0.014	周界外浓度最高点	0.0075
			20		0.015	0.023		
			30		0.051	0.078		
			40		0.089	0.13		
			50		0.14	0.21		
			60		0.19	0.29		

续表

序号	污染物	最高允许排放浓度/(mg/m³)	最高允许排放速率				无组织排放监控浓度限值	
			排气筒高度/m	一级/(kg/h)	二级/(kg/h)	三级/(kg/h)	监控点	浓度/(mg/m³)
6	硫酸雾	1000(火炸药厂) 70(其他)	15 20 30 40 50 60 70 80	禁排	1.8 3.1 10 18 27 39 55 74	2.8 4.6 16 27 41 59 83 110	周界外浓度最高点	1.5
7	氟化物	100 (普钙工业) 11 (其他)	15 20 30 40 50 60 70 80	禁排	0.12 0.20 0.69 1.2 1.8 2.6 3.6 4.9	0.18 0.31 1.0 1.8 2.7 3.9 5.5 7.5	无组织排放源上风向设参照点,下风向设监控点	20μg/m³ (监控点与参照点浓度差值)
8	氯气④	85	25 30 40 50 60 70 80	禁排	0.60 1.0 3.4 5.9 9.1 13 18	0.90 1.5 5.2 9.0 14 20 28	周界外浓度最高点	0.50
9	铅及其化合物	0.90	15 20 30 40 50 60 70 80 90 100	禁排	0.005 0.007 0.031 0.055 0.085 0.12 0.17 0.23 0.31 0.39	0.007 0.011 0.048 0.083 0.13 0.18 0.26 0.35 0.47 0.60	周界外浓度最高点	0.0075
10	汞及其化合物	0.015	15 20 30 40 50 60	禁排	1.8×10^{-3} 3.1×10^{-3} 10×10^{-3} 18×10^{-3} 27×10^{-3} 39×10^{-3}	2.8×10^{-3} 4.6×10^{-3} 16×10^{-3} 27×10^{-3} 41×10^{-3} 59×10^{-3}	周界外浓度最高点	0.0015

续表

序号	污染物	最高允许排放浓度/(mg/m³)	最高允许排放速率				无组织排放监控浓度限值	
			排气筒高度/m	一级/(kg/h)	二级/(kg/h)	三级/(kg/h)	监控点	浓度/(mg/m³)
11	镉及其化合物	1.0	15 20 30 40 50 60 70 80	禁排	0.060 0.10 0.34 0.59 0.91 1.3 1.8 2.5	0.090 0.15 0.52 0.90 1.4 2.0 2.8 3.7	周界外浓度最高点	0.050
12	铍及其化合物	0.015	15 20 30 40 50 60 70 80	禁排	1.3×10^{-3} 2.2×10^{-3} 7.3×10^{-3} 13×10^{-3} 19×10^{-3} 27×10^{-3} 39×10^{-3} 52×10^{-3}	2.0×10^{-3} 3.3×10^{-3} 11×10^{-3} 19×10^{-3} 29×10^{-3} 41×10^{-3} 58×10^{-3} 79×10^{-3}	周界外浓度最高点	0.0010
13	镍及其化合物	5.0	15 20 30 40 50 60 70 80	禁排	0.18 0.31 1.0 1.8 2.7 3.9 5.5 7.4	0.28 0.46 1.6 2.7 4.1 5.9 8.2 11	周界外浓度最高点	0.050
14	锡及其化合物	10	15 20 30 40 50 60 70 80	禁排	0.36 0.61 2.1 3.5 5.4 7.7 11 15	0.55 0.93 3.1 5.4 8.2 12 17 22	周界外浓度最高点	0.30
15	苯	17	15 20 30 40	禁排	0.60 1.0 3.3 6.0	0.90 1.5 5.2 9.0	周界外浓度最高点	0.50
16	甲苯	60	15 20 30 40	禁排	3.6 6.1 21 36	5.5 9.3 31 54	周界外浓度最高点	3.0

续表

序号	污染物	最高允许排放浓度/(mg/m³)	最高允许排放速率				无组织排放监控浓度限值	
			排气筒高度/m	一级/(kg/h)	二级/(kg/h)	三级/(kg/h)	监控点	浓度/(mg/m³)
17	二甲苯	90	15 20 30 40	禁排	1.2 2.0 6.9 12	1.8 3.1 10 18	周界外浓度最高点	1.5
18	酚类	115	15 20 30 40 50 60	禁排	0.12 0.20 0.68 1.2 1.8 2.6	0.18 0.31 1.0 1.8 2.7 3.9	周界外浓度最高点	0.10
19	甲醛	30	15 20 30 40 50 60	禁排	0.30 0.51 1.7 3.0 4.5 6.4	0.46 0.77 2.6 4.5 6.9 9.8	周界外浓度最高点	0.25
20	乙醛	150	15 20 30 40 50 60	禁排	0.060 0.10 0.34 0.59 0.91 1.3	0.090 0.15 0.52 0.90 1.4 2.0	周界外浓度最高点	0.050
21	丙烯腈	26	15 20 30 40 50 60	禁排	0.91 1.5 5.1 8.9 14 19	1.4 2.3 7.8 13 21 29	周界外浓度最高点	0.75
22	丙烯醛	20	15 20 30 40 50 60	禁排	0.61 1.0 3.4 5.9 9.1 13	0.92 1.5 5.2 9.0 14 20	周界外浓度最高点	0.50
23	氰化氢[5]	2.3	25 30 40 50 60 70 80	禁排	0.18 0.31 1.0 1.8 2.7 3.9 5.5	0.28 0.46 1.6 2.7 4.1 5.9 8.3	周界外浓度最高点	0.030

续表

序号	污染物	最高允许排放浓度/(mg/m^3)	最高允许排放速率				无组织排放监控浓度限值	
			排气筒高度/m	一级/(kg/h)	二级/(kg/h)	三级/(kg/h)	监控点	浓度/(mg/m^3)
24	甲醇	220	15 20 30 40 50 60	禁排	6.1 10 34 59 91 130	9.2 15 52 90 140 200	周界外浓度最高点	15
25	苯胺类	25	15 20 30 40 50 60	禁排	0.61 1.0 3.4 5.9 9.1 13	0.92 1.5 5.2 9.0 14 20	周界外浓度最高点	0.50
26	氯苯类	85	15 20 30 40 50 60 70 80 90 100	禁排	0.67 1.0 2.9 5.0 7.7 11 15 21 27 34	0.92 1.5 4.4 7.6 12 17 23 32 41 52	周界外浓度最高点	0.50
27	硝基苯类	20	15 20 30 40 50 60	禁排	0.060 0.10 0.34 0.59 0.91 1.3	0.090 0.15 0.52 0.90 1.4 2.0	周界外浓度最高点	0.050
28	氯乙烯	65	15 20 30 40 50 60	禁排	0.91 1.5 5.0 8.9 14 19	1.4 2.3 7.8 13 21 29	周界外浓度最高点	0.75
29	苯并[a]芘	0.50×10^{-3}（沥青及碳素制品生产和加工）	15 20 30 40 50 60	禁排	0.06×10^{-3} 0.10×10^{-3} 0.34×10^{-3} 0.59×10^{-3} 0.90×10^{-3} 1.3×10^{-3}	0.09×10^{-3} 0.15×10^{-3} 0.51×10^{-3} 0.89×10^{-3} 1.4×10^{-3} 2.0×10^{-3}	周界外浓度最高点	$0.01 \mu g/m^3$
30	光气⑥	5.0	25 30 40 50	禁排	0.12 0.20 0.69 1.2	0.18 0.31 1.0 1.8	周界外浓度最高点	0.10

续表

序号	污染物	最高允许排放浓度/(mg/m³)	最高允许排放速率				无组织排放监控浓度限值	
			排气筒高度/m	一级/(kg/h)	二级/(kg/h)	三级/(kg/h)	监控点	浓度/(mg/m³)
31	沥青烟	280(吹制沥青) 80(熔炼、浸涂) 150(建筑搅拌)	15 20 30 40 50 60 70 80	0.11 0.19 0.82 1.4 2.2 3.0 4.5 6.2	0.22 0.36 1.6 2.8 4.3 5.9 8.7 12	0.34 0.55 2.4 4.2 6.6 9.0 13 18	生产设备不得有明显的无组织排放存在	
32	石棉尘	2根(纤维)/cm³ 或 20mg/m³	15 20 30 40 50	禁排	0.65 1.1 4.2 7.2 11	0.98 1.7 6.4 11 17	生产设备不得有明显的无组织排放存在	
33	非甲烷总烃	150(使用溶剂汽油或其他混合烃类物质)	15 20 30 40	6.3 10 35 61	12 20 63 120	18 30 100 170	周界外浓度最高点	5.0

① 一般应于无组织排放源上风向 2～50m 范围内设参考点，排放源下风向 2～50m 范围内设监控点。
② 周界外浓度最高点一般应设于排放源下风向的单位周界外 10m 范围内。如预计无组织排放的最大落地浓度点超出 10m 范围，可将监控点移至该预计浓度最高点。
③ 均指含游离二氧化硅 10% 以上的各种尘。
④ 排放氯气的排气筒不得低于 25m。
⑤ 排放氰化氢的排气筒不得低于 25m。
⑥ 排放光气的排气筒不得低于 25m。

附表 4-2　新污染源大气污染物排放限值

序号	污染物	最高允许排放浓度/(mg/m³)	最高允许排放速率			无组织排放监控浓度限值	
			排气筒高度/m	二级/(kg/h)	三级/(kg/h)	监控点	浓度/(mg/m³)
1	二氧化硫	960(硫、二氧化硫、硫酸和其他含硫化合物生产) 550(硫、二氧化硫、硫酸和其他含硫化合物使用)	15 20 30 40 50 60 70 80 90 100	2.6 4.3 15 25 39 55 77 110 130 170	3.5 6.6 22 38 58 83 120 160 200 270	周界外浓度最高点[①]	0.40

续表

序号	污染物	最高允许排放浓度/(mg/m³)	最高允许排放速率			无组织排放监控浓度限值	
			排气筒高度/m	二级/(kg/h)	三级/(kg/h)	监控点	浓度/(mg/m³)
2	氮氧化物	1400（硝酸、氮肥和火炸药生产）	15	0.77	1.2	周界外浓度最高点	0.12
			20	1.3	2.0		
			30	4.4	6.6		
			40	7.5	11		
			50	12	18		
		240（硝酸使用和其他）	60	16	25		
			70	23	35		
			80	31	47		
			90	40	61		
			100	52	78		
3	颗粒物	18（碳黑尘、染料尘）	15	0.51	0.74	周界外浓度最高点	肉眼不可见
			20	0.85	1.3		
			30	3.4	5.0		
			40	5.8	8.5		
		60[②]（玻璃棉尘、石英粉尘、矿渣棉尘）	15	1.9	2.6	周界外浓度最高点	1.0
			20	3.1	4.5		
			30	12	18		
			40	21	31		
		120(其他)	15	3.5	5.0	周界外浓度最高点	1.0
			20	5.9	8.5		
			30	23	34		
			40	39	59		
			50	60	94		
			60	85	130		
4	氯化氢	100	15	0.26	0.39	周界外浓度最高点	0.20
			20	0.43	0.65		
			30	1.4	2.2		
			40	2.6	3.8		
			50	3.8	5.9		
			60	5.4	8.3		
			70	7.7	12		
			80	10	16		
5	铬酸雾	0.070	15	0.008	0.012	周界外浓度最高点	0.0060
			20	0.013	0.020		
			30	0.043	0.066		
			40	0.076	0.12		
			50	0.12	0.18		
			60	0.16	0.25		

续表

序号	污染物	最高允许排放浓度/(mg/m³)	最高允许排放速率			无组织排放监控浓度限值	
			排气筒高度/m	二级/(kg/h)	三级/(kg/h)	监控点	浓度/(mg/m³)
6	硫酸雾	430(火炸药厂) 45(其他)	15 20 30 40 50 60 70 80	1.5 2.6 8.8 15 23 33 46 63	2.4 3.9 13 23 35 50 70 95	周界外浓度最高点	1.2
7	氟化物	90(普钙工业) 9.0(其他)	15 20 30 40 50 60 70 80	0.10 0.17 0.59 1.0 1.5 2.2 3.1 4.2	0.15 0.26 0.88 1.5 2.3 3.3 4.7 6.3	周界外浓度最高点	20μg/m³
8	氯气[3]	65	25 30 40 50 60 70 80	0.52 0.87 2.9 5.0 7.7 11 15	0.78 1.3 4.4 7.6 12 17 23	周界外浓度最高点	0.40
9	铅及其化合物	0.70	15 20 30 40 50 60 70 80 90 100	0.004 0.006 0.027 0.047 0.072 0.10 0.15 0.20 0.26 0.33	0.006 0.009 0.041 0.071 0.11 0.15 0.22 0.30 0.40 0.51	周界外浓度最高点	0.0060
10	汞及其化合物	0.012	15 20 30 40 50 60	1.5×10^{-3} 2.6×10^{-3} 7.8×10^{-3} 15×10^{-3} 23×10^{-3} 33×10^{-3}	2.4×10^{-3} 3.9×10^{-3} 13×10^{-3} 23×10^{-3} 35×10^{-3} 50×10^{-3}	周界外浓度最高点	0.0012

续表

序号	污染物	最高允许排放浓度/(mg/m³)	最高允许排放速率			无组织排放监控浓度限值	
			排气筒高度/m	二级/(kg/h)	三级/(kg/h)	监控点	浓度/(mg/m³)
11	镉及其化合物	0.85	15 20 30 40 50 60 70 80	0.050 0.090 0.29 0.50 0.77 1.1 1.5 2.1	0.080 0.13 0.44 0.77 1.2 1.7 2.3 3.2	周界外浓度最高点	0.040
12	铍及其化合物	0.012	15 20 30 40 50 60 70 80	1.1×10^{-3} 1.8×10^{-3} 6.2×10^{-3} 11×10^{-3} 16×10^{-3} 23×10^{-3} 33×10^{-3} 44×10^{-3}	1.7×10^{-3} 2.8×10^{-3} 9.4×10^{-3} 16×10^{-3} 25×10^{-3} 35×10^{-3} 50×10^{-3} 67×10^{-3}	周界外浓度最高点	0.0008
13	镍及其化合物	4.3	15 20 30 40 50 60 70 80	0.15 0.26 0.88 1.5 2.3 3.3 4.6 6.3	0.24 0.34 1.3 2.3 3.5 5.0 7.0 10	周界外浓度最高点	0.040
14	锡及其化合物	8.5	15 20 30 40 50 60 70 80	0.31 0.52 1.8 3.0 4.6 6.6 9.3 13	0.47 0.79 2.7 4.6 7.0 10 14 19	周界外浓度最高点	0.24
15	苯	12	15 20 30 40	0.50 0.90 2.9 5.6	0.80 1.3 4.4 7.6	周界外浓度最高点	0.40
16	甲苯	40	15 20 30 40	3.1 5.2 18 30	4.7 7.9 27 46	周界外浓度最高点	2.4

续表

序号	污染物	最高允许排放浓度/(mg/m³)	最高允许排放速率			无组织排放监控浓度限值	
			排气筒高度/m	二级/(kg/h)	三级/(kg/h)	监控点	浓度/(mg/m³)
17	二甲苯	70	15 20 30 40	1.0 1.7 5.9 10	1.5 2.6 8.8 15	周界外浓度最高点	1.2
18	酚类	100	15 20 30 40 50 60	0.10 0.17 0.58 1.0 1.5 2.2	0.15 0.26 0.88 1.5 2.3 3.3	周界外浓度最高点	0.080
19	甲醛	25	15 20 30 40 50 60	0.26 0.43 1.4 2.6 3.8 5.4	0.39 0.65 2.2 3.8 5.9 8.3	周界外浓度最高点	0.20
20	乙醛	125	15 20 30 40 50 60	0.050 0.090 0.29 0.50 0.77 1.1	0.080 0.13 0.44 0.77 1.2 1.6	周界外浓度最高点	0.040
21	丙烯腈	22	15 20 30 40 50 60	0.77 1.3 4.4 7.5 12 16	1.2 2.0 6.6 11 18 25	周界外浓度最高点	0.60
22	丙烯醛	16	15 20 30 40 50 60	0.52 0.87 2.9 5.0 7.7 11	0.78 1.3 4.4 7.6 12 17	周界外浓度最高点	0.40
23	氰化氢[4]	1.9	25 30 40 50 60 70 80	0.15 0.26 0.88 1.5 2.3 3.3 4.6	0.24 0.39 1.3 2.3 3.5 5.0 7.0	周界外浓度最高点	0.024

续表

序号	污染物	最高允许排放浓度/ (mg/m^3)	最高允许排放速率			无组织排放监控浓度限值	
			排气筒高度/m	二级 /(kg/h)	三级 /(kg/h)	监控点	浓度 /(mg/m^3)
24	甲醇	190	15	5.1	7.8	周界外浓度最高点	12
			20	8.6	13		
			30	29	44		
			40	50	70		
			50	77	120		
			60	100	170		
25	苯胺类	20	15	0.52	0.78	周界外浓度最高点	0.40
			20	0.87	1.3		
			30	2.9	4.4		
			40	5.0	7.6		
			50	7.7	12		
			60	11	17		
26	氯苯类	60	15	0.52	0.78	周界外浓度最高点	0.40
			20	0.87	1.3		
			30	2.5	3.8		
			40	4.3	6.5		
			50	6.6	9.9		
			60	9.3	14		
			70	13	20		
			80	18	27		
			90	23	35		
			100	29	44		
27	硝基苯类	16	15	0.050	0.080	周界外浓度最高点	0.040
			20	0.090	0.13		
			30	0.29	0.44		
			40	0.50	0.77		
			50	0.77	1.2		
			60	1.1	1.7		
28	氯乙烯	36	15	0.77	1.2	周界外浓度最高点	0.60
			20	1.3	2.0		
			30	4.4	6.6		
			40	7.5	11		
			50	12	18		
			60	16	25		
29	苯并[a]芘	0.30×10^{-3}（沥青及碳素制品生产和加工）	15	0.05×10^{-3}	0.08×10^{-3}	周界外浓度最高点	0.008 $\mu g/m^3$
			20	0.085×10^{-3}	0.13×10^{-3}		
			30	0.29×10^{-3}	0.43×10^{-3}		
			40	0.50×10^{-3}	0.76×10^{-3}		
			50	0.77×10^{-3}	1.2×10^{-3}		
			60	1.1×10^{-3}	1.7×10^{-3}		

续表

序号	污染物	最高允许排放浓度/(mg/m³)	最高允许排放速率			无组织排放监控浓度限值	
			排气筒高度/m	二级/(kg/h)	三级/(kg/h)	监控点	浓度/(mg/m³)
30	光气[5]	3.0	25 30 40 50	0.10 0.17 0.59 1.0	0.15 0.26 0.88 1.5	周界外浓度最高点	0.080
31	沥青烟	140(吹制沥青) 40(熔炼、浸涂) 75(建筑搅拌)	15 20 30 40 50 60 70 80	0.18 0.30 1.3 2.3 3.6 5.6 7.4 10	0.27 0.45 2.0 3.5 5.4 7.5 11 15	生产设备不得有明显的 无组织排放存在	
32	石棉尘	1根(纤维)/cm³ 或 10mg/m³	15 20 30 40 50	0.55 0.93 3.6 6.2 9.4	0.83 1.4 5.4 9.3 14	生产设备不得有明显的 无组织排放存在	
33	非甲烷总烃	120(使用溶剂汽油或 其他混合烃类物质)	15 20 30 40	10 17 53 100	16 27 83 150	周界外浓度最高点	4.0

① 周界外浓度最高点一般应设置于无组织排放源下风向的单位周界外 10m 范围内,若预计无组织排放的最大落地浓度点超出 10m 范围,可将监控点移至该预计浓度最高点。
② 均指含游离二氧化硅超过 10% 的各种尘。
③ 排放氯气的排气筒不得低于 25m。
④ 排放氰化氢的排气筒不得低于 25m。
⑤ 排放光气的排气筒不得低于 25m。

附录五 《室内空气质量标准》(GB/T 18883—2022)内容摘录

附表 5-1 室内空气质量指标及要求

序号	指标分类	指标	计量单位	要求	备注
1	物理性	温度	℃	22～28	夏季
				16～24	冬季
2		相对湿度	%	40～80	夏季
				30～60	冬季
3		风速	m/s	≤0.3	夏季
				≤0.2	冬季
4		新风量	m³/(h·人)	≥30	—

续表

序号	指标分类	指标	计量单位	要求	备注
5	化学性	臭氧(O_3)	mg/m^3	≤ 0.16	1h 平均
6		二氧化氮(NO_2)	mg/m^3	≤ 0.20	1h 平均
7		二氧化硫(SO_2)	mg/m^3	≤ 0.50	1h 平均
8		二氧化碳(CO_2)	%[①]	≤ 0.10	1h 平均
9		一氧化碳(CO)	mg/m^3	≤ 10	1h 平均
10		氨(NH_3)	mg/m^3	≤ 0.20	1h 平均
11		甲醛(HCHO)	mg/m^3	≤ 0.08	1h 平均
12		苯(C_6H_6)	mg/m^3	≤ 0.03	1h 平均
13		甲苯(C_7H_8)	mg/m^3	≤ 0.20	1h 平均
14		二甲苯(C_8H_{10})	mg/m^3	≤ 0.20	1h 平均
15		总挥发性有机化合物(TVOC)	mg/m^3	≤ 0.60	8h 平均
16		三氯乙烯(C_2HCl_3)	mg/m^3	≤ 0.006	8h 平均
17		四氯乙烯(C_2Cl_4)	mg/m^3	≤ 0.12	8h 平均
18		苯并[a]芘(BaP)[②]	mg/m^3	≤ 1.0	24h 平均
19		可吸入颗粒物(PM_{10})	mg/m^3	≤ 0.10	24h 平均
20		细颗粒物($PM_{2.5}$)	mg/m^3	≤ 0.05	24h 平均
21	生物性	细菌总数	CFU/m^3	≤ 1500	—
22	放射性	氡(^{222}Rn)	Bq/m^3	≤ 300	年平均[③](参考水平)[④]

① 指体积分数。
② 指可吸入颗粒物中的苯并[a]芘。
③ 至少采样 3 个月（包括冬季）。
④ 表示室内可接受的最大年平均氡浓度，并非安全与危险的严格界限。当室内氡浓度超过该参考水平时，宜采取行动降低室内氡浓度。当室内氡浓度低于该参考水平时，也可以采取防护措施降低室内氡浓度，体现辐射防护最优化原则。

附录六 《生活饮用水卫生标准》(GB 5749—2022) 内容摘录

附表 6-1 生活饮用水水质常规指标及限值

序号	指标	限值
一、微生物指标		
1	总大肠菌群/(MPN/100mL 或 CFU/100mL)[①]	不应检出
2	大肠埃希氏菌/(MPN/100mL 或 CFU/100mL)[①]	不应检出
3	菌落总数/(MPN/mL 或 CFU/mL)[②]	100
二、毒理指标		
4	砷/(mg/L)	0.01
5	镉/(mg/L)	0.005

续表

序号	指标	限值
6	铬(六价)/(mg/L)	0.05
7	铅/(mg/L)	0.01
8	汞/(mg/L)	0.001
9	氰化物/(mg/L)	0.05
10	氟化物/(mg/L)②	1.0
11	硝酸盐(以N计)/(mg/L)②	10
12	三氯甲烷/(mg/L)③	0.06
13	一氯二溴甲烷/(mg/L)③	0.1
14	二氯一溴甲烷/(mg/L)③	0.06
15	三溴甲烷/(mg/L)③	0.1
16	三卤甲烷(三氯甲烷、一氯二溴甲烷、二氯一溴甲烷、三溴甲烷的总和)③	该类化合物中各种化合物的实测浓度与其各自限值的比值之和不超过1
17	二氯乙酸/(mg/L)③	0.05
18	三氯乙酸/(mg/L)③	0.1
19	溴酸盐/(mg/L)③	0.01
20	亚氯酸盐/(mg/L)③	0.7
21	氯酸盐/(mg/L)③	0.7
三、感官性状和一般化学指标④		
22	色度(铂钴色度单位)/度	15
23	浑浊度(散射浑浊度单位)/NTU②	1
24	臭和味	无异臭、异味
25	肉眼可见物	无
26	pH	不小于6.5且不大于8.5
27	铝/(mg/L)	0.2
28	铁/(mg/L)	0.3
29	锰/(mg/L)	0.1
30	铜/(mg/L)	1.0
31	锌/(mg/L)	1.0
32	氯化物/(mg/L)	250
33	硫酸盐/(mg/L)	250
34	溶解性总固体/(mg/L)	1000
35	总硬度(以$CaCO_3$计)/(mg/L)	450
36	高锰酸盐指数(以O_2计)/(mg/L)	3
37	氨(以N计)/(mg/L)	0.5

续表

序号	指标	限值
四、放射性指标[5]		
38	总 α 放射性/(Bq/L)	0.5(指导值)
39	总 β 放射性/(Bq/L)	1(指导值)

① MPN 表示最可能数；CFU 表示菌落形成单位。当水样检出总大肠菌群时，应进一步检验大肠埃希氏菌；当水样未检出总大肠菌群时，不必检验大肠埃希氏菌。

② 小型集中式供水和分散式供水因水源与净水技术受限时，菌落总数指标限值按 500MPN/mL 或 500CFU/mL 执行，氟化物指标限值按 1.2mg/L 执行，硝酸盐（以 N 计）指标限值按 20mg/L 执行，浑浊度指标限值按 3NTU 执行。

③ 水处理工艺流程中预氧化或消毒方式：

——采用液氯、次氯酸钙及氯胺时，应测定三氯甲烷、一氯二溴甲烷、二氯一溴甲烷、三溴甲烷、三卤甲烷、二氯乙酸、三氯乙酸；

——采用次氯酸钠时，应测定三氯甲烷、一氯二溴甲烷、二氯一溴甲烷、三溴甲烷、三卤甲烷、二氯乙酸、三氯乙酸、氯酸盐；

——采用臭氧时，应测定溴酸盐；

——采用二氧化氯时，应测定亚氯酸盐；

——采用二氧化氯与氯混合消毒剂发生器时，应测定亚氯酸盐、氯酸盐、三氯甲烷、一氯二溴甲烷、二氯一溴甲烷、三溴甲烷、三卤甲烷、二氯乙酸、三氯乙酸；

——当原水中含有上述污染物，可能导致出厂水和末梢水的超标风险时，无论采用何种预氧化或消毒方式，都应对其进行测定。

④ 当发生影响水质的突发公共事件时，经风险评估，感官性状和一般化学指标可暂时适当放宽。

⑤ 放射性指标超过指导值（总 β 放射性扣除 ^{40}K 后仍然大于 1Bq/L），应进行核素分析和评价，判定能否饮用。

附录七 《地表水环境质量标准》(GB 3838—2002) 内容摘录

附表 7-1 地表水环境质量标准基本项目标准限值

序号	项目		Ⅰ类	Ⅱ类	Ⅲ类	Ⅳ类	Ⅴ类
1	水温/℃		人为造成的环境水温变化应限制在：周平均最大温升≤1 周平均最大温降≤2				
2	pH 值		6～9				
3	溶解氧/(mg/L)	≥	饱和率 90% (或 7.5)	6	5	3	2
4	高锰酸盐指数/(mg/L)	≤	2	4	6	10	15
5	化学需氧量(COD)/(mg/L)	≤	15	15	20	30	40
6	五日生化需氧量(BOD_5)/(mg/L)	≤	3	3	4	6	10
7	氨氮(NH_3-N)/(mg/L)	≤	0.15	0.5	1.0	1.5	2.0
8	总磷(以 P 计)/(mg/L)	≤	0.02(湖、库 0.01)	0.1(湖、库 0.025)	0.2(湖、库 0.05)	0.3(湖、库 0.1)	0.4(湖、库 0.2)
9	总氮(湖、库,以 N 计)/(mg/L)	≤	0.2	0.5	1.0	1.5	2.0

续表

序号	项目		Ⅰ类	Ⅱ类	Ⅲ类	Ⅳ类	Ⅴ类
10	铜/(mg/L)	≤	0.01	1.0	1.0	1.0	1.0
11	锌/(mg/L)	≤	0.05	1.0	1.0	2.0	2.0
12	氟化物(以 F^- 计)/(mg/L)	≤	1.0	1.0	1.0	1.5	1.5
13	硒/(mg/L)	≤	0.01	0.01	0.01	0.02	0.02
14	砷/(mg/L)	≤	0.05	0.05	0.05	0.1	0.1
15	汞/(mg/L)	≤	0.00005	0.00005	0.0001	0.001	0.001
16	镉/(mg/L)	≤	0.001	0.005	0.005	0.005	0.01
17	铬(六价)/(mg/L)	≤	0.01	0.05	0.05	0.05	0.1
18	铅/(mg/L)	≤	0.01	0.01	0.05	0.05	0.1
19	氰化物/(mg/L)	≤	0.005	0.05	0.2	0.2	0.2
20	挥发酚/(mg/L)	≤	0.002	0.002	0.005	0.01	0.1
21	石油类/(mg/L)	≤	0.05	0.05	0.05	0.5	1.0
22	阴离子表面活性剂/(mg/L)	≤	0.2	0.2	0.2	0.3	0.3
23	硫化物/(mg/L)	≤	0.05	0.1	0.2	0.5	1.0
24	粪大肠菌群(个/L)	≤	200	2000	10000	20000	40000

附表 7-2　集中式生活饮用水地表水源地补充项目标准限值　　单位：mg/L

序号	项目	标准值	序号	项目	标准值
1	硫酸盐(以 SO_4^{2-} 计)	250	4	铁	0.3
2	氯化物(以 Cl^- 计)	250	5	锰	0.1
3	硝酸盐(以 N 计)	10			

附表 7-3　集中式生活饮用水地表水源地特定项目标准限值　　单位：mg/L

序号	项目	标准值	序号	项目	标准值
1	三氯甲烷	0.06	14	苯乙烯	0.02
2	四氯化碳	0.002	15	甲醛	0.9
3	三溴甲烷	0.1	16	乙醛	0.05
4	二氯甲烷	0.02	17	丙烯醛	0.1
5	1,2-二氯乙烷	0.03	18	三氯乙醛	0.01
6	环氧氯丙烷	0.02	19	苯	0.01
7	氯乙烯	0.005	20	甲苯	0.7
8	1,1-二氯乙烯	0.03	21	乙苯	0.3
9	1,2-二氯乙烯	0.05	22	二甲苯[①]	0.5
10	三氯乙烯	0.07	23	异丙苯	0.25
11	四氯乙烯	0.04	24	氯苯	0.3
12	氯丁二烯	0.002	25	1,2-二氯苯	1.0
13	六氯丁二烯	0.0006	26	1,4-二氯苯	0.3

续表

序号	项目	标准值	序号	项目	标准值
27	三氯苯②	0.02	54	环氧七氯	0.0002
28	四氯苯③	0.02	55	对硫磷	0.003
29	六氯苯	0.05	56	甲基对硫磷	0.002
30	硝基苯	0.017	57	马拉硫磷	0.05
31	二硝基苯④	0.5	58	乐果	0.08
32	2,4-二硝基甲苯	0.0003	59	敌敌畏	0.05
33	2,4,6-三硝基甲苯	0.5	60	敌百虫	0.05
34	硝基氯苯⑤	0.05	61	内吸磷	0.03
35	2,4-二硝基氯苯	0.5	62	百菌清	0.01
36	2,4-二氯苯酚	0.093	63	甲萘威	0.05
37	2,4,6-三氯苯酚	0.2	64	溴氰菊酯	0.02
38	五氯酚	0.009	65	阿特拉津	0.003
39	苯胺	0.1	66	苯并[a]芘	2.8×10^{-6}
40	联苯胺	0.0002	67	甲基汞	1.0×10^{-6}
41	丙烯酰胺	0.0005	68	多氯联苯⑥	2.0×10^{-5}
42	丙烯腈	0.1	69	微囊藻毒素-LR	0.001
43	邻苯二甲酸二丁酯	0.003	70	黄磷	0.003
44	邻苯二甲酸二(2-乙基己基)酯	0.008	71	钼	0.07
45	水合肼	0.01	72	钴	1.0
46	四乙基铅	0.0001	73	铍	0.002
47	吡啶	0.2	74	硼	0.5
48	松节油	0.2	75	锑	0.005
49	苦味酸	0.5	76	镍	0.02
50	丁基黄原酸	0.005	77	钡	0.7
51	活性氯	0.01	78	钒	0.05
52	滴滴涕	0.001	79	钛	0.1
53	林丹	0.002	80	铊	0.0001

① 二甲苯：指对-二甲苯、间-二甲苯、邻-二甲苯。
② 三氯苯：指1,2,3-三氯苯、1,2,4-三氯苯、1,3,5-三氯苯。
③ 四氯苯：指1,2,3,4-四氯苯、1,2,3,5-四氯苯、1,2,4,5-四氯苯。
④ 二硝基苯：指对-二硝基苯、间-二硝基苯、邻-二硝基苯。
⑤ 硝基氯苯：指对-硝基氯苯、间-硝基氯苯、邻-硝基氯苯。
⑥ 多氯联苯：指 PCB-1016、PCB-1221、PCB-1232、PCB-1242、PCB-1248、PCB-1254、PCB-1260。

附录八 《地下水质量标准》(GB/T 14848—2017) 内容摘录

依据我国地下水质量状况和人体健康风险，参照生活饮用水、工业、农业等用水质量要求，依据各组分含量高低（pH 除外），分为五类。

Ⅰ类：地下水化学组分含量低，适用于各种用途；

Ⅱ类：地下水化学组分含量较低，适用于各种用途；

Ⅲ类：地下水化学组分含量中等，以 GB 5749 为依据，主要适用于集中式生活饮用水水源及工农业用水；

Ⅳ类：地下水化学组分含量较高，以农业和工业用水质量要求以及一定水平的人体健康风险为依据，适用于农业和部分工业用水，适当处理后可作生活饮用水；

Ⅴ类：地下水化学组分含量高，不宜作为生活饮用水水源，其他用水可根据使用目的选用。

附表 8-1 地下水质量常规指标及限值

序号	指标	Ⅰ类	Ⅱ类	Ⅲ类	Ⅳ类	Ⅴ类
一、感官性状及一般化学指标						
1	色(铂钴色度单位)	≤5	≤5	≤15	≤25	>25
2	嗅和味	无	无	无	无	有
3	浑浊度/NTU[①]	≤3	≤3	≤3	≤10	>10
4	肉眼可见物	无	无	无	无	有
5	pH		6.5≤pH≤8.5		5.5≤pH<6.5 8.5<pH≤9.0	pH<5.5 或 pH>9.0
6	总硬度(以 $CaCO_3$ 计)/(mg/L)	≤150	≤300	≤450	≤650	>650
7	溶解性总固体/(mg/L)	≤300	≤500	≤1000	≤2000	>2000
8	硫酸盐/(mg/L)	≤50	≤150	≤250	≤350	>350
9	氯化物/(mg/L)	≤50	≤150	≤250	≤350	>350
10	铁/(mg/L)	≤0.1	≤0.2	≤0.3	≤2.0	>2.0
11	锰/(mg/L)	≤0.05	≤0.05	≤0.10	≤1.50	>1.50
12	铜/(mg/L)	≤0.01	≤0.05	≤1.00	≤1.50	>1.50
13	锌/(mg/L)	≤0.05	≤0.5	≤1.00	≤5.00	>5.00
14	铝/(mg/L)	≤0.01	≤0.05	≤0.20	≤0.50	>0.50
15	挥发性酚类(以苯酚计)/(mg/L)	≤0.001	≤0.001	≤0.002	≤0.01	>0.01
16	阴离子表面活性剂/(mg/L)	不得检出	≤0.1	≤0.3	≤0.3	>0.3
17	耗氧量(COD_{Mn} 法，以 O_2 计)/(mg/L)	≤1.0	≤2.0	≤3.0	≤10.0	>10.0
18	氨氮(以 N 计)/(mg/L)	≤0.02	≤0.10	≤0.50	≤1.50	>1.50
19	硫化物/(mg/L)	≤0.005	≤0.01	≤0.02	≤0.10	>0.10
20	钠/(mg/L)	≤100	≤150	≤200	≤400	>400
二、微生物指标						
21	总大肠菌群/($MPN^②$/100mL 或 $CFU^③$/100mL)	≤3.0	≤3.0	≤3.0	≤100	>100
22	菌落总数/(CFU/mL)	≤100	≤100	≤100	≤1000	>1000
三、毒理学指标						
23	亚硝酸盐(以 N 计)/(mg/L)	≤0.01	≤0.10	≤1.00	≤4.80	>4.80
24	硝酸盐(以 N 计)/(mg/L)	≤2.0	≤5.0	≤20.0	≤30.0	>30.0

续表

序号	指标	Ⅰ类	Ⅱ类	Ⅲ类	Ⅳ类	Ⅴ类
25	氰化物/(mg/L)	≤0.001	≤0.01	≤0.05	≤0.1	>0.1
26	氟化物/(mg/L)	≤1.0	≤1.0	≤1.0	≤2.0	>2.0
27	碘化物/(mg/L)	≤0.04	≤0.04	≤0.08	≤0.50	>0.50
28	汞/(mg/L)	≤0.0001	≤0.0001	≤0.001	≤0.002	>0.002
29	砷/(mg/L)	≤0.001	≤0.001	≤0.01	≤0.05	>0.05
30	硒/(mg/L)	≤0.01	≤0.01	≤0.01	≤0.1	>0.1
31	镉/(mg/L)	≤0.0001	≤0.001	≤0.005	≤0.01	>0.01
32	铬(六价)/(mg/L)	≤0.005	≤0.01	≤0.05	≤0.10	>0.10
33	铅/(mg/L)	≤0.005	≤0.005	≤0.01	≤0.10	>0.10
34	三氯甲烷/(μg/L)	≤0.5	≤6	≤60	≤300	>300
35	四氯化碳/(μg/L)	≤0.5	≤0.5	≤2.0	≤50.0	>50.0
36	苯/(μg/L)	≤0.5	≤1.0	≤10.0	≤120	>120
37	甲苯/(μg/L)	≤0.5	≤140	≤700	≤1400	>1400
四、放射性指标④						
38	总α放射性/(Bq/L)	≤0.1	≤0.1	≤0.5	>0.5	>0.5
39	总β放射性/(Bq/L)	≤0.1	≤1.0	≤1.0	>1.0	>1.0

① NTU 为散射浊度单位。
② MPN 表示最可能数。
③ CFU 表示菌落形成单位。
④ 放射性指标超过指导值,应进行核素分析和评价。

附录九 《农田灌溉水质标准》(GB 5084—2021)内容摘录

附表 9-1 农田灌溉水质基本控制项目限值

序号	项目类别		作物种类		
			水田作物	旱地作物	蔬菜
1	pH 值		5.5~8.5		
2	水温/℃	≤	35		
3	悬浮物/(mg/L)	≤	80	100	60①,15②
4	五日生化需氧量(BOD₅)/(mg/L)	≤	60	100	40①,15②
5	化学需氧量(COD_Cr)/(mg/L)	≤	150	200	100①,60②
6	阴离子表面活性剂/(mg/L)	≤	5	8	5
7	氯化物(以Cl⁻计)/(mg/L)	≤	350		
8	硫化物(以S²⁻计)/(mg/L)	≤	1		
9	全盐量/(mg/L)	≤	1000(非盐碱土地区),2000(盐碱土地区)		

续表

序号	项目类别		作物种类		
			水田作物	旱地作物	蔬菜
10	总铅/(mg/L)	≤	0.2		
11	总镉/(mg/L)	≤	0.01		
12	铬(六价)/(mg/L)	≤	0.1		
13	总汞/(mg/L)	≤	0.001		
14	总砷/(mg/L)	≤	0.05	0.1	0.05
15	粪大肠菌群数/(MPN/L)	≤	40000	40000	20000[1],10000[2]
16	蛔虫卵数/(个/10L)	≤	20		20[1],10[2]

[1] 加工、烹调及去皮蔬菜。
[2] 生食类蔬菜、瓜类和草本水果。

附表 9-2 农田灌溉水质选择控制项目限值

序号	项目类别		作物种类		
			水田作物	旱地作物	蔬菜
1	氰化物(以 CN⁻计)/(mg/L)	≤	0.5		
2	氟化物(以 F⁻计)/(mg/L)	≤	2(一般地区),3(高氟区)		
3	石油类/(mg/L)	≤	5	10	1
4	挥发酚/(mg/L)	≤	1		
5	总铜/(mg/L)	≤	0.5	1	
6	总锌/(mg/L)	≤	2		
7	总镍/(mg/L)	≤	0.2		
8	硒/(mg/L)	≤	0.02		
9	硼/(mg/L)	≤	1[1],2[2],3[3]		
10	苯/(mg/L)	≤	2.5		
11	甲苯/(mg/L)	≤	0.7		
12	二甲苯/(mg/L)	≤	0.5		
13	异丙苯/(mg/L)	≤	0.25		
14	苯胺/(mg/L)	≤	0.5		
15	三氯乙醛/(mg/L)	≤	1	0.5	
16	丙烯醛/(mg/L)	≤	0.5		
17	氯苯/(mg/L)	≤	0.3		
18	1,2-二氯苯/(mg/L)	≤	1.0		
19	1,4-二氯苯/(mg/L)	≤	0.4		
20	硝基苯/(mg/L)	≤	2.0		

[1] 对硼敏感作物,如黄瓜、豆类、马铃薯、笋瓜、韭菜、洋葱、柑橘等。
[2] 对硼耐受性较强的作物,如小麦、玉米、青椒、小白菜、葱等。
[3] 对硼耐受性强的作物,如水稻、萝卜、油菜、甘蓝等。

附录十 《城镇污水处理厂污染物排放标准》（GB 18918—2002）内容摘录

附表 10-1 基本控制项目最高允许排放浓度（日均值）

序号	基本控制项目	一级标准 A 标准	一级标准 B 标准	二级标准	三级标准
1	化学需氧量(COD)/(mg/L)	50	60	100	120①
2	生化需氧量(BOD_5)/(mg/L)	10	20	30	60①
3	悬浮物(SS)/(mg/L)	10	20	30	50
4	动植物油/(mg/L)	1	3	5	20
5	石油类/(mg/L)	1	3	5	15
6	阴离子表面活性剂/(mg/L)	0.5	1	2	5
7	总氮(以 N 计)/(mg/L)	15	20	—	—
8	氨氮(以 N 计)②/(mg/L)	5(8)	8(15)	25(30)	—
9	总磷(以 P 计)/(mg/L) 2005 年 12 月 31 日前建设的	1	1.5	3	5
9	总磷(以 P 计)/(mg/L) 2006 年 1 月 1 日起建设的	0.5	1	3	5
10	色度(稀释倍数)	30	30	40	50
11	pH	6～9			
12	粪大肠菌群数/(个/L)	10^3	10^4	10^4	—

① 下列情况下按去除率指标执行：当进水 COD 大于 350mg/L 时，去除率应大于 60%；BOD 大于 160mg/L 时，去除率应大于 50%。

② 括号外数值为水温＞12℃时的控制指标，括号内数值为水温≤12℃时的控制指标。

附表 10-2 部分一类污染物最高允许排放浓度（日均值）　　单位：mg/L

序号	项目	标准值
1	总汞	0.001
2	烷基汞	不得检出
3	总镉	0.01
4	总铬	0.1
5	六价铬	0.05
6	总砷	0.1
7	总铅	0.1

附表 10-3　选择控制项目最高允许排放浓度（日均值）　　　单位：mg/L

序号	选择控制项目	标准值	序号	选择控制项目	标准值
1	总镍	0.05	23	三氯乙烯	0.3
2	总铍	0.002	24	四氯乙烯	0.1
3	总银	0.1	25	苯	0.1
4	总铜	0.5	26	甲苯	0.1
5	总锌	1.0	27	邻-二甲苯	0.4
6	总锰	2.0	28	对-二甲苯	0.4
7	总硒	0.1	29	间-二甲苯	0.4
8	苯并[a]芘	0.00003	30	乙苯	0.4
9	挥发酚	0.5	31	氯苯	0.3
10	总氰化物	0.5	32	1,4-二氯苯	0.4
11	硫化物	1.0	33	1,2-二氯苯	1.0
12	甲醛	1.0	34	对硝基氯苯	0.5
13	苯胺类	0.5	35	2,4-二硝基氯苯	0.5
14	总硝基化合物	2.0	36	苯酚	0.3
15	有机磷农药（以 P 计）	0.5	37	间-甲酚	0.1
16	马拉硫磷	1.0	38	2,4-二氯酚	0.6
17	乐果	0.5	39	2,4,6-三氯酚	0.6
18	对硫磷	0.05	40	邻苯二甲酸二丁酯	0.1
19	甲基对硫磷	0.2	41	邻苯二甲酸二辛酯	0.1
20	五氯酚	0.5	42	丙烯腈	2.0
21	三氯甲烷	0.3	43	可吸附有机卤化物（AOX 以 Cl 计）	1.0
22	四氯化碳	0.03			

附表 10-4　城镇污水处理厂厂界（防护带边缘）废气排放最高允许浓度

序号	控制项目	一级标准	二级标准	三级标准
1	氨/(mg/m^3)	1.0	1.5	4.0
2	硫化氢/(mg/m^3)	0.03	0.06	0.32
3	臭气浓度（无量纲）	10	20	60
4	甲烷(厂区最高体积分数)/%	0.5	1	1

注：1. 位于 GB 3095 一类区的所有（包括现有和新建、改建、扩建）城镇污水处理厂，自本标准实施之日（2003 年 7 月 1 日）起，执行一级标准。

2. 位于 GB 3095 二类区和三类区的城镇污水处理厂，分别执行二级标准和三级标准。其中 2003 年 6 月 30 日之前建设（包括改、扩建）的城镇污水处理厂，实施标准的时间为 2006 年 1 月 1 日；2003 年 7 月 1 日起新建（包括改、扩建）的城镇污水处理厂，自本标准实施之日起开始执行。

3. 新建（包括改、扩建）城镇污水处理厂周围应建设绿化带，并设有一定的防护距离，防护距离的大小由环境影响评价确定。

附表 10-5 污泥稳定化控制指标

稳定化方法	控制项目	控制指标
厌氧消化	有机物降解率/%	>40
好氧消化	有机物降解率/%	>40
好氧堆肥	含水率/%	<65
	有机物降解率/%	>50
	蠕虫卵死亡率/%	>95
	粪大肠菌群菌值	>0.01

附表 10-6 污泥农用时污染物控制标准限值

序号	控制项目	最高允许含量(以干污泥质量计)	
		酸性土壤(pH<6.5)	中性和碱性土壤(pH≥6.5)
1	总镉	5mg/kg	20mg/kg
2	总汞	5mg/kg	15mg/kg
3	总铅	300mg/kg	1000mg/kg
4	总铬	600mg/kg	1000mg/kg
5	总砷	75mg/kg	75mg/kg
6	总镍	100mg/kg	200mg/kg
7	总锌	2000mg/kg	3000mg/kg
8	总铜	800mg/kg	1500mg/kg
9	硼	150mg/kg	150mg/kg
10	石油类	3000mg/kg	3000mg/kg
11	苯并[a]芘	3mg/kg	3mg/kg
12	多氯代二苯并二噁英/多氯代二苯并呋喃(PCDD/PCDF)	100ng/kg	100ng/kg
13	可吸附有机卤化物(AOX)(以Cl计)	500mg/kg	500mg/kg
14	多氯联苯(PCB)	0.2mg/kg	0.2mg/kg

附录十一 常用原始数据记录表参考样式

附表 11-1 重量法水质分析原始记录表

采样日期：　　　　　　分析日期：　　　　　　分析方法：

采样地点	样品编号	分析编号	取样体积 V/mL	初重 W_1/g				终重 W_2/g				差值 (W_2-W_1)/g	浓度 /(mg/L)	平均浓度 /(mg/L)	相对偏差 /%
				1	2	3	最终值	1	2	3	最终值				
		平行样													
		平行样													
		平行样													
		平行样													
		平行样													
		平行样													

样品浓度计算公式：

分析人员：　　　　　　　　　　　　　　　校核人员：

附表 11-2　基准溶液称量配制原始记录表

试剂名称：			试剂等级：		化学式：		分子量 M：	
基本单元：			干燥条件：			标定对象：		
理论值	浓度			称量记录	称量瓶质量			g
	配制体积		mL		（称量瓶＋试剂）质量			g
	试剂质量		g		试剂质量			g
实际配制浓度 c：					实际配制体积 V：			mL
计算公式								
备注								

配制日期：　　　　　　　配制人员：　　　　　　　校核人员：

附表 11-3　容量法分析原始记录

样品名称：　　　测定项目：　　　分析方法：　　　分析日期：

采样编号	采样地点	样品编号	取样体积 V_0/mL	稀释倍数	稀释后取样体积 V/mL	___mol/L 溶液滴定读数/mL			样品浓度 /(mg/L)	平均浓度 /(mg/L)	相对偏差
						$V_始$	$V_终$	$V_始-V_终$			
空白1											
空白2											

质控样	质控样编号	浓度范围	滴定记录/mL			计算结果			
			$V_始$	$V_终$	$V_始-V_终$				

加标回收率测定	原样品编号	加标量	滴定记录/mL			加标试样测定值(I)	试样测定值(O)	$I-O$	加标回收率
			$V_始$	$V_终$	$V_始-V_终$				

计算公式：

使用标准溶液浓度

备注：

分析人员：　　　　　　　　　　　　　　　校核人员：

附表 11-4　标准溶液标定原始记录表

内容		待标定溶液	基准溶液
溶液或试剂名称			
试剂等级			
基本单元			
配制日期			
溶液用量/mL	b_1		a_1
	b_2		a_2
	b_3		a_3
溶液浓度/(mol/L)			

计算公式：

备注：

标定日期：　　　　　　　分析人员：　　　　　　　校核人员：

附表 11-5　分光光度法分析原始记录

测定项目：　　　　分析方法：　　　　采样日期：　　　　分析日期：

仪器名称：　　　　仪器编号：　　　　选用波长：____ nm　　　比色皿规格：____ mm

标准曲线　　绘制日期：　　　　$r=$　　　　截距 $a=$　　　　斜率 $b=$

采样地点	前处理			吸光度读数		样品浓度（　）	样品平均浓度（　）	备注
	取样 V_1/mL	定容 V_2/mL	测定 V_3/mL	A_i	$A_i - A_0$			
空白 1		A_{01}			A_0			
空白 2		A_{02}						

计算公式：

分析人员：　　　　　　　　　　　　校核人员：

参考文献

[1] 国家环境保护总局,《水和废水监测分析方法》编委会. 水和废水监测分析方法 [M]. 4版. 北京：中国环境科学出版社, 2002.
[2] 国家环境保护总局,《空气和废气监测分析方法》编委会. 空气和废气监测分析方法 [M]. 4版. 北京：中国环境科学出版社, 2003.
[3] 王英健, 杨永红. 环境监测 [M]. 3版. 北京：化学工业出版社, 2015.
[4] 秦文淑. 环境监测与治理综合实训指导书 [M]. 武汉：武汉理工大学出版社, 2015.
[5] 张小凡, 袁海平. 环境微生物学实验 [M]. 北京：化学工业出版社, 2021.
[6] 奚旦立. 环境监测实验 [M]. 2版. 北京：高等教育出版社, 2019.
[7] 马海艳. 水环境化学实验 [M]. 北京：化学工业出版社, 2022.
[8] 孙红杰, 仉春华. 环境综合实验教程 [M]. 北京：化学工业出版社, 2021.
[9] 孙红文. 环境化学实验 [M]. 北京：化学工业出版社, 2023.
[10] 王灿, 黄建军. 环境分析监测实验 [M]. 北京：化学工业出版社, 2024.